协和听课笔记

生物化学与分子生物学

张　丽　主　审

李晗歌　吴春虎　主　编

中国协和医科大学出版社

图书在版编目（CIP）数据

生物化学与分子生物学 / 李晗歌，吴春虎主编. —北京：中国协和医科大学出版社，2020. 11

（协和听课笔记）

ISBN 978-7-5679-1581-7

Ⅰ. ①生… Ⅱ. ①李… ②吴… Ⅲ. ①生物化学-医学院校-教学参考资料 ②分子生物学-医学院校-教学参考资料 Ⅳ. ①Q5②Q7

中国版本图书馆 CIP 数据核字（2020）第 160822 号

协和听课笔记

生物化学与分子生物学

主　　审：张　丽

主　　编：李晗歌　吴春虎

责任编辑：张　宇

出版发行：中国协和医科大学出版社

（北京市东城区东单三条 9 号　邮编 100730　电话 010-65260431）

网　　址：www. pumcp. com

经　　销：新华书店总店北京发行所

印　　刷：北京玺诚印务有限公司

开　　本：889×1194　　1/32

印　　张：13. 75

字　　数：310 千字

版　　次：2020 年 11 月第 1 版

印　　次：2020 年 11 月第 1 次印刷

定　　价：62. 00 元

ISBN 978-7-5679-1581-7

编者名单

主　审　张　丽

主　编　李晗歌　吴春虎

编　委（按姓氏笔画排序）

王雅雯（中国医学科学院肿瘤医院）

白熠洲（清华大学附属北京清华长庚医院）

朱一鸣（中国医学科学院肿瘤医院）

朱晨雨（北京协和医院）

李　炎（北京协和医院）

李晗歌（北京协和医学院）

杨　寒（中山大学肿瘤防治中心）

吴春虎（阿虎医学研究中心）

张　镭（南方医科大学南方医院）

陈　玮（中日友好医院）

夏小雨（中国人民解放军总医院第七医学中心）

蔺　晨（北京协和医院）

管　慧（北京协和医院）

前 言

北京协和医学院是中国最早的一所八年制医科大学，在100多年的办学过程中积累了相当多的教学经验，在很多科目上有着独特的教学方法。尤其是各个学科的任课老师，都是其所在领域的专家、教授。刚进入协和的时候，就听说协和有三宝：图书馆、病历和教授。更有人索性就把协和的教授誉为“会走路的图书馆”。作为协和的学生，能够在这样的环境中学习，能够聆听大师们的教诲，我们感到非常幸运。同时，我们也想与大家分享自己的所学所获，由此，推出本套丛书。

本套丛书是以对老师上课笔记的整理为基础，再根据第9版教材进行精心编写，实用性极强。

本套丛书的特点如下：

1. 结合课堂教学，重难点突出

总结核心问题，突出重难点，使读者能够快速抓住重点内容；精析主治语录，提示考点，减轻读者学习负担；精选执业医师历年真题，未列入执业医师考试科目的学科，选用练习题，以加深学习记忆，力求简单明了，使读者易于理解。

2. 紧贴临床，实用为主

医学的学习，尤其是桥梁学科的学习，主要目的在于为临床工作打下牢固的基础，无论是在病情的诊断、解释上，还是在治疗方法和药物的选择上，都离不开对人体最基本的认识。

桥梁学科学好了，在临床上才能融会贯通，举一反三。学有所用，学以致用。

3. 图表形式，加强记忆

通过图表的对比归类，不但可以加强、加快相关知识点的记忆，通过联想来降低记忆的“损失率”，也可以通过表格中的对比来区分相近知识点，避免混淆，帮助大家理清思路，最大限度帮助读者理解和记忆。

随着相关学科的发展，生物化学发展进入了分子生物学时期。学习和掌握生物化学知识，除理解生命现象的本质与人体正常生理过程的分子机制外，更重要的是为进一步学习基础医学其他各课程和临床医学打下扎实的生物化学基础。全书共分27章，基本涵盖了教材的重点内容。每个章节都由本章核心问题、内容精要等部分组成，重点章节配执业医师历年真题，重点内容以下划线标注，有助于学生更好地把握学习重点。

本套丛书可供各大医学院校本科生、专科生及七年制、八年制学生使用，也可作为执业医师和研究生考试的复习参考用书，对住院医师也具有很高的学习参考价值。

由于编者水平有限，如有错漏，敬请各位读者不吝赐教，以便修订、补充和完善。如有疑问，可扫描下方二维码，会有专属微信客服解答。

编　者

2020 年 8 月

目 录

第一篇 生物大分子的结构与功能 …… (1)
第一章 蛋白质的结构和功能 …… (1)
第一节 蛋白质的分子组成 …… (1)
第二节 蛋白质的分子结构 …… (6)
第三节 蛋白质结构与功能的关系 …… (12)
第四节 蛋白质的理化性质 …… (19)
第二章 核酸的结构与功能 …… (23)
第一节 核酸的化学组成以及一级结构 …… (23)
第二节 DNA 的空间结构与功能 …… (27)
第三节 RNA 的空间结构与功能 …… (32)
第四节 核酸的理化性质 …… (37)
第三章 酶与酶促反应 …… (41)
第一节 酶的分子结构与功能 …… (41)
第二节 酶的工作原理 …… (44)
第三节 酶促反应动力学 …… (47)
第四节 酶的调节 …… (52)
第五节 酶的分类与命名 …… (55)
第六节 酶在医学中的应用 …… (56)
第四章 聚糖的结构与功能 …… (59)
第一节 糖蛋白分子中聚糖及其合成过程 …… (59)

第二节　蛋白聚糖分子中的糖胺聚糖 …………………（62）
第三节　糖脂由鞘糖脂、甘油糖脂和类固醇衍生糖脂组成 ………………………………（64）
第四节　聚糖结构中蕴藏大量生物信息 ……………（66）
第二篇　物质代谢及其调节 ………………………………（68）
第五章　糖代谢 ………………………………………（68）
第一节　糖的摄取与利用 …………………………（69）
第二节　糖的无氧氧化 ……………………………（70）
第三节　糖的有氧氧化 ……………………………（77）
第四节　磷酸戊糖途径 ……………………………（85）
第五节　糖原的合成与分解 ………………………（87）
第六节　糖异生 ……………………………………（92）
第七节　葡萄糖的其他代谢途径 …………………（98）
第八节　血糖及其调节 ……………………………（98）
第六章　生物氧化 ……………………………………（102）
第一节　线粒体氧化体系与呼吸链 ………………（102）
第二节　氧化磷酸化与 ATP 的生成 ………………（107）
第三节　氧化磷酸化的影响因素 …………………（110）
第四节　其他氧化与抗氧化体系 …………………（115）
第七章　脂质代谢 ……………………………………（118）
第一节　脂质的结构、功能及分析 ………………（118）
第二节　脂质的消化和吸收 ………………………（122）
第三节　甘油三酯代谢 ……………………………（123）
第四节　磷脂代谢 …………………………………（134）
第五节　胆固醇代谢 ………………………………（136）
第六节　血浆脂蛋白代谢 …………………………（139）
第八章　蛋白质消化吸收与氨基酸代谢 ……………（145）
第一节　蛋白质的营养价值与消化、吸收 ………（145）

第二节 氨基酸的一般代谢 …………………………… (150)
第三节 氨的代谢 ………………………………………… (156)
第四节 个别氨基酸的代谢 …………………………… (161)
第九章 核苷酸代谢 ………………………………………… (171)
第一节 核苷酸代谢概述 ……………………………… (171)
第二节 嘌呤核苷酸的合成与分解代谢 ……………… (173)
第三节 嘧啶核苷酸的合成与分解代谢 ……………… (181)
第十章 代谢的整合与调整 ……………………………… (186)
第一节 代谢的整体性 ………………………………… (186)
第二节 代谢调节的主要方式 ………………………… (189)
第三节 体内重要组织和器官的代谢特点 ………… (201)
第三篇 遗传信息的传递 ………………………………… (206)
第十一章 真核基因与基因组 …………………………… (206)
第一节 真核基因的结构与功能 ……………………… (206)
第二节 真核基因组的结构与功能 …………………… (209)
第十二章 DNA 的合成 …………………………………… (214)
第一节 DNA 复制的基本规律 ……………………… (215)
第二节 DNA 复制的酶学和拓扑学变化 ………… (218)
第三节 原核生物 DNA 复制过程 …………………… (224)
第四节 真核生物 DNA 复制过程 …………………… (226)
第五节 反转录 ………………………………………… (228)
第十三章 DNA 损伤和损伤修复 ……………………… (231)
第一节 DNA 损伤 …………………………………… (231)
第二节 DNA 损伤修复 ……………………………… (234)
第三节 DNA 损伤与修复的意义 …………………… (237)
第十四章 RNA 的合成 …………………………………… (239)
第一节 原核生物转录的模板和酶 ………………… (239)
第二节 原核生物的转录过程 ………………………… (242)

第三节　真核生物 RNA 的合成 …………………… (244)
第四节　真核生物前体 RNA 的加工和降解 ………… (247)
第十五章　蛋白质的合成 …………………… (253)
第一节　蛋白质合成体系 …………………… (253)
第二节　氨基酸与 tRNA 的连接 …………………… (256)
第三节　肽链的合成过程 …………………… (257)
第四节　蛋白质合成后的加工和靶向运输 ………… (261)
第五节　蛋白质合成的干扰和抑制 …………………… (266)
第十六章　基因表达调控 …………………… (270)
第一节　基因表达调控基本概念与特点 ………… (270)
第二节　原核基因表达调控 …………………… (274)
第三节　真核基因表达调控 …………………… (277)
第十七章　细胞信息转导的分子机制 …………………… (285)
第一节　细胞信号转导概述 …………………… (285)
第二节　细胞内信号转导分子 …………………… (289)
第三节　细胞受体介导的细胞内信号转导 ………… (294)
第四节　细胞信号转导的基本规律 …………………… (300)
第五节　细胞信号转导异常与疾病 …………………… (301)
第四篇　医学生化专题 …………………… (304)
第十八章　血液的生物化学 …………………… (304)
第一节　血浆蛋白质 …………………… (304)
第二节　血红素的合成 …………………… (307)
第三节　血细胞物质代谢 …………………… (310)
第十九章　肝的生物化学 …………………… (314)
第一节　肝在物质代谢中的作用 …………………… (314)
第二节　肝的生物转化作用 …………………… (318)
第三节　胆汁与胆汁酸的代谢 …………………… (324)
第四节　胆色素的代谢与黄疸 …………………… (327)

第二十章　维生素 ……………………………………（335）
　第一节　脂溶性维生素 ……………………………（335）
　第二节　水溶性维生素 ……………………………（340）
第二十一章　钙、磷及微量元素 ………………………（348）
　第一节　钙、磷代谢 ………………………………（348）
　第二节　微量元素 …………………………………（352）
第二十二章　癌基因和抑癌基因 ………………………（361）
　第一节　癌基因 ……………………………………（361）
　第二节　抑癌基因 …………………………………（366）
第五篇　医学分子生物学专题 ……………………（371）
第二十三章　DNA 重组和重组 DNA 技术 …………（371）
　第一节　自然界的 DNA 重组与基因转移 …………（371）
　第二节　重组 DNA 技术 …………………………（375）
　第三节　重组 DNA 技术在医学中的应用 …………（383）
第二十四章　常用分子生物学技术的原理及其应用……（386）
　第一节　分子杂交与印迹技术 ……………………（386）
　第二节　PCR 技术的原理与应用 …………………（388）
　第三节　DNA 测序技术 …………………………（392）
　第四节　生物芯片技术 ……………………………（394）
　第五节　蛋白质的分离、纯化与结构分析 …………（394）
　第六节　生物大分子相互作用研究技术 ……………（397）
第二十五章　基因结构功能分析和疾病相关基因
　　　　　　鉴定克隆 ………………………………（400）
　第一节　基因结构分析 ……………………………（400）
　第二节　基因功能研究 ……………………………（403）
　第三节　疾病相关基因鉴定和克隆原则 ……………（404）
　第四节　疾病相关基因鉴定克隆的策略和方法 ……（405）
第二十六章　基因诊断与基因治疗 ……………………（408）

第一节　基因诊断 ………………………………………………（408）
第二节　基因治疗 ………………………………………………（412）
第二十七章　组学与系统生物医学 ……………………………（417）
第一节　基因组学 ………………………………………………（417）
第二节　转录物组学 ……………………………………………（419）
第三节　蛋白质组学 ……………………………………………（421）
第四节　代谢组学 ………………………………………………（423）
第五节　其他组学 ………………………………………………（424）
第六节　系统生物医学及其应用 ………………………………（425）

第一篇　生物大分子的结构与功能

第一章　蛋白质的结构和功能

核心问题

1. 掌握蛋白质的组成、分子结构和理化性质。

2. 熟悉蛋白质结构与功能的关系，氨基酸的理化性质。

3. 了解蛋白质的分离纯化方法。

内容精要

蛋白质是重要的生物大分子，其组成的基本单位为*L*-α-氨基酸（除甘氨酸外）。

第一节　蛋白质的分子组成

一、构成蛋白质的元素

1. 共有的元素有 C（50%～55%）、H（6%～7%）、O（19%～24%）、N（13%～19%）、S（0～4%），有些还含有少量

P 或金属元素 Fe、Cu、Zn 等。

2. 各种蛋白质的含氮量很接近，平均为 16%。

3. 100g 样品中蛋白质含量（g%）= 每克样品含氮克数×6.25×100。

二、*L*-α-氨基酸是蛋白质的基本组成单位

1. 人体蛋白质是以 20 种氨基酸为原料合成的多聚体，氨基酸是组成蛋白质的基本单位。蛋白质受酸、碱或蛋白酶作用水解产生游离氨基酸。参与蛋白质合成的氨基酸一般有 20 种，通常是 *L*-α-氨基酸（除甘氨酸外）。

2. 硒代半胱氨酸　也可用于合成蛋白质，存在于少数天然蛋白质，包括过氧化物酶和电子传递链中的还原酶。

3. *D* 型氨基酸　至今仅发现存在于微生物膜内的 *D*-谷氨酸、短杆菌肽的 *D*-苯丙氨酸及蚯蚓 *D*-丝氨酸。

4. 其他不参与蛋白质合成的 *L*-α-氨基酸　如合成尿素的鸟氨酸、瓜氨酸和精氨酸代琥珀酸。

三、氨基酸可根据其侧链结构和理化性质进行分类

1. 非极性脂肪族氨基酸　甘氨酸（Gly）、丙氨酸（Ala）、缬氨酸（Val）、亮氨酸（Leu）、异亮氨酸（Ile）、脯氨酸（Pro）、甲硫氨酸（Met）。本类氨基酸在水溶液中的溶解度小于极性中性氨基酸。

2. 极性中性氨基酸　丝氨酸（Ser）、半胱氨酸（Cys）、天冬酰胺（Asn）、谷氨酰胺（Gln）、苏氨酸（Thr）。

3. 含芳香环的氨基酸　苯丙氨酸（Phe）、酪氨酸（Tyr）、色氨酸（Trp）。

4. 酸性氨基酸　天冬氨酸（Asp）、谷氨酸（Glu）。本类氨基酸的侧链都含有羧基。

5. 碱性氨基酸　精氨酸（Arg）、赖氨酸（Lys）、组氨酸（His）。

注意，脯氨酸和半胱氨酸结构较为特殊。脯氨酸在蛋白质合成加工时可被修饰成羟脯氨酸；赖氨酸可变为羟赖氨酸；2 个半胱氨酸通过脱氢后以二硫键相连接，形成胱氨酸。

主治语录：在识记时可以只记第一个字，如碱性氨基酸包括赖、精、组。

四、氨基酸具有共同或特异的理化性质

1. 氨基酸具有两性解离的性质

（1）由于所有氨基酸都含有碱性的 α-氨基和酸性的 α-羧基，可在酸性溶液中与质子（H^+）结合呈带正电荷的阳离子（$-NH_3^+$），也可在碱性溶液中与 OH^- 结合，失去质子变成带负电荷的阴离子（$-COO^-$），因此具有两性解离的特性。在某种 pH 环境中，氨基酸可能不游离，也可能游离成阳离子及阴离子的程度及趋势相等，成为氨基酸的兼性离子，呈电中性。此时，氨基酸所处环境的 pH 称为该氨基酸的等电点（pI）（图 1-1-1）。

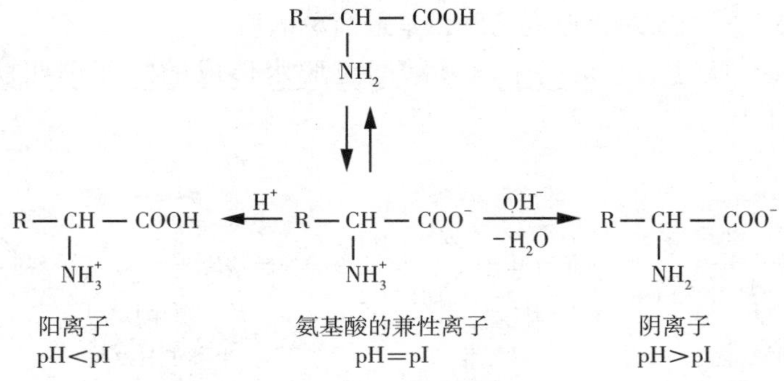

$$\begin{array}{c} R-\underset{\displaystyle NH_2}{\underset{|}{CH}}-COOH \\ \downarrow\uparrow \\ R-\underset{\displaystyle NH_3^+}{\underset{|}{CH}}-COOH \xleftarrow{H^+} R-\underset{\displaystyle NH_3^+}{\underset{|}{CH}}-COO^- \xrightarrow[-H_2O]{OH^-} R-\underset{\displaystyle NH_2}{\underset{|}{CH}}-COO^- \end{array}$$

阳离子 pH<pI　　氨基酸的兼性离子 pH=pI　　阴离子 pH>pI

图 1-1-1　pH 与 pI

（2）氨基酸的 pI 是由 α-羧基和 α-氨基的解离常数的负对数 pK_1 和 pK_2 决定的。

pI 的计算：$pI=1/2\ (pK_1+pK_2)$

如：甘氨酸 $pK-COOH=2.34$，$pK-NH_2=9.60$，则：$pI=1/2\ (2.34+9.60)=5.97$。

2. 含共轭双键的氨基酸具有紫外吸收性质

（1）含有共轭双键的色氨酸、酪氨酸最大吸收峰在 280nm。

（2）测定蛋白质溶液 280nm 的光吸收值，是分析溶液中蛋白质含量的快速简便的方法。

3. 茚三酮反应

（1）茚三酮反应：茚三酮水合物在弱酸溶液中与氨基酸共加热时，氨基酸被氧化脱氨、脱羧，而茚三酮水合物被还原，其还原物可以与氨基酸加热分解产生的氨结合，再与另一分子茚三酮合成为蓝紫色的化合物。该化合物最大吸收峰在 570nm 波长处。

（2）此法可作为氨基酸定量分析方法。

五、氨基酸通过肽键连接而形成蛋白质或肽

1. 二肽　1 分子氨基酸的 α-羧基与 1 分子氨基酸的 α-氨基脱去 1 分子水缩合形成的肽，是最简单的肽。

2. 肽键　连接两个氨基酸通过脱水形成的酰胺键叫肽键（图 1-1-2）。

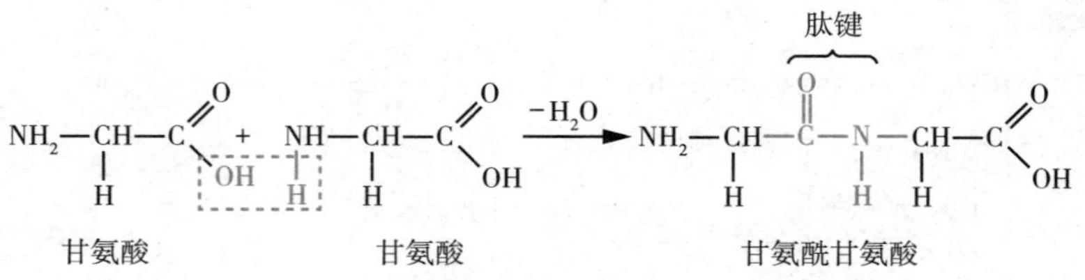

$$\underset{\text{甘氨酸}}{NH_2-\underset{|\atop H}{CH}-C(=O)-OH} + \underset{\text{甘氨酸}}{\underset{|\atop H}{NH}-\underset{|\atop H}{CH}-C(=O)-OH} \xrightarrow{-H_2O} \underset{\text{甘氨酰甘氨酸}}{NH_2-\underset{|\atop H}{CH}-\overbrace{C(=O)-\underset{|\atop H}{N}}^{\text{肽键}}-\underset{|\atop H}{CH}-C(=O)-OH}$$

图 1-1-2　肽与肽键

3. 由2~20个氨基酸相连而成的肽称为寡肽，而更多的氨基酸相连而成的肽称为多肽。多肽链有两端：氨基末端或N-端，羧基末端或C-端。肽链中的氨基酸分子因脱水缩合而基团不全，称为氨基酸残基。

4. 多肽　蛋白质的氨基酸残基数通常在50个以上，50个氨基酸残基以下仍称为多肽。例如，39个氨基酸残基组成的促肾上腺皮质激素为多肽，51个氨基酸残基组成的胰岛素为蛋白质。

六、生物活性肽具有生理活性及多样性

人体内存在许多具有生物活性的肽，重要的如下。

1. 谷胱甘肽（GSH）

（1）谷胱甘肽是由谷氨酸、半胱氨酸和甘氨酸组成的3肽。

（2）第一个肽键是由谷氨酸γ-羧基（而不是α-羧基）与半胱氨酸的氨基组成。

（3）分子中半胱氨酸的巯基（—SH）是该化合物的主要功能基团。

（4）功能

1）GSH的巯基（—SH）具有还原性：可作为体内重要的还原剂保护体内蛋白质或酶分子中巯基免遭氧化，使蛋白质或酶处在活性状态。

2）GSH的巯基还有嗜核特性：能与外源的嗜电子毒物如致癌剂或药物等结合，从而阻断这些化合物与DNA、RNA或蛋白质结合，保护机体免遭毒物破坏。

2. 多肽类激素及神经肽体

（1）多肽类激素：属于下丘脑-垂体-肾上腺皮质轴的催产素（9肽）、加压素（9肽）、促肾上腺皮质激素（39肽）、促甲状腺激素释放激素（3肽）等。

（2）促甲状腺激素释放激素：是一个特殊结构的3肽，其

N-端的谷氨酸环化成为焦谷氨酸，C-端的脯氨酸残基酰化成为脯氨酰胺，它由下丘脑分泌，可促进腺垂体分泌促甲状腺激素。

(3) 神经肽：在神经传导过程中起信号转导作用的肽类。如脑啡肽（5 肽）、β-内啡肽（31 肽）和强啡肽（17 肽）等，与中枢神经系统产生痛觉抑制有密切关系。

第二节 蛋白质的分子结构

蛋白质分子是由许多氨基酸通过肽键相连形成的生物大分子。氨基酸排列顺序及肽链的空间排布等构成蛋白质分子结构，共分为一级、二级、三级、四级结构，后三者统称为高级结构或空间构象。并非所有的蛋白质都有四级结构，由一条肽链形成的蛋白质只有一、二、三级结构，由 2 条或 2 条以上肽链形成的蛋白质才有四级结构。

一、氨基酸的排列顺序决定蛋白质的一级结构

1. 在蛋白质分子中，从 N-端至 C-端的氨基酸排列顺序称为蛋白质一级结构。

2. 蛋白质一级结构中的主要化学键是肽键。此外，蛋白质分子中所有二硫键的位置也属于一级结构范畴。

3. 一级结构是蛋白质空间构象和特异生物学功能的基础。

4. 牛胰岛素是第一个被测定的蛋白质分子。其分子中含有二硫键，有链内二硫键与链间二硫键。

5. 蛋白质数据库　EMBL、Genbank、PIR 等。

6. 蛋白质一级结构并不是决定蛋白质空间构象的唯一因素。

主治语录：蛋白质一级结构是指多肽链中氨基酸残基的排列顺序，是蛋白质空间构象和特异生物学功能的基础。

二、多肽链的局部有规则重复的主链构象为蛋白质二级结构

1. 蛋白质的二级结构指蛋白质分子中某一段肽链的局部空间结构，也就是该段肽链主链骨架原子的相对空间位置，并不涉及氨基酸残基侧链的构象。

2. 蛋白质分子中肽链主链骨架原子是 N（氨基氮原子）、C_α（α-碳原子）和 C（羰基碳原子）3 个原子依次排列。蛋白质的二级结构主要包括 α-螺旋、β-折叠、β-转角、Ω 环。且一个蛋白质分子可含有多种二级结构或多个同种二级结构，而且在蛋白质分子内空间上相邻的 2 个以上的二级结构还可协同完成特定的功能。

3. 肽单元

（1）参与肽键的 6 个原子 $C_{\alpha1}$、C、O、N、H、$C_{\alpha2}$位于同一平面，$C_{\alpha1}$和 $C_{\alpha2}$在平面上所处的位置为反式构型，此同一平面上的 6 个原子构成了所谓的肽单元。

（2）肽键（C—N）的键长 0. 132nm，有一定程度的双键性能，不能自由旋转。

（3）C_α—C、N—C_α，典型单键，可以旋转。

4. α-螺旋是常见的蛋白质二级结构

（1）蛋白质分子肽链中的某些段落，可以沿着中心轴作有规律的螺旋式上升，螺旋的走向为顺时针方向，即右手螺旋方式，进行反复、规律、周期性的排列。α-角蛋白中肽链螺旋结构就是这样，故称为 α-螺旋。蛋白质中的 α-螺旋几乎都是右手螺旋，右手螺旋比左手螺旋稳定。

（2）典型的 α-螺旋有如下特征

1）二面角：$\phi=-57°$，$\psi=-47°$，是一种右手螺旋。

2）每圈螺旋含 3. 6 个氨基酸残基，螺距为 0. 54nm。

3）氨基酸残基侧链向外。

4）α-螺旋的每个肽键的 N—H 和第 4 个肽键的羰基氧形成氢键，以稳固 α-螺旋结构。

5）氢键的方向几乎与螺旋长轴平行。

6）α-螺旋的一侧为疏水性氨基酸，另一侧为亲水性氨基酸。

主治语录：具有 α-螺旋结构的蛋白质有角蛋白、肌球蛋白、纤维蛋白、肌红蛋白、血红蛋白等。

5. β-折叠使多肽链形成片层结构

(1) 多肽链充分伸展，每个肽单元以 C_α 为旋转点，折叠成的锯齿状结构叫 β-折叠。

(2) β-折叠的特点

1）多肽链伸展，各肽键之间折叠成锯齿状，氨基酸残基侧链交替地位于锯齿状结构上下方。

2）肽链（段）之间平行排列，肽链羰基上的 O 与亚氨基上的 H 形成氢键，氢键的方向与长轴垂直。

3）肽链之间可以顺平行折叠，也可以是反平行折叠，反平行折叠通过形成氢键从而比顺平行折叠更为稳定。

4）许多蛋白质既有 α-螺旋又有 β-折叠结构。

5）具有 β-折叠的蛋白质是蚕丝蛋白。

6. β-转角与 Ω 环存在于球状蛋白质中

(1) β-转角：在蛋白质分子中，肽链进行 180°回折时出现的结构即 β-转角。这个结构包括的长度为 4 个氨基酸残基，且其第一个残基的羰基氧（O）与第 4 个残基的氨基氢（H）可形成氢键。第二个残基常为脯氨酸，其他常见残基有甘氨酸、天冬氨酸、天冬酰胺和色氨酸。

(2) Ω 环：球状蛋白中的一种二级结构，总出现在蛋白质

分子表面，且以亲水残基为主，在分子识别中可能起重要作用。

主治语录：从结构的稳定性上看，α-右手螺旋>β-折叠>β-转角；从功能上看，α-右手螺旋和β-折叠一般只起支持作用。

7. 氨基酸残基的侧链影响二级结构的形成　蛋白质二级结构是以一级结构为基础的。一段肽链其氨基酸残基的侧链适合形成α-螺旋或β-折叠，它就会出现相应的二级结构。例如，一段肽链有多个谷氨酸或天冬氨酸残基相邻，则在pH 7.0时，这些残基的游离羧基都带有负电荷，彼此相斥，妨碍α-螺旋的形成。

三、多肽链进一步折叠成蛋白质三级结构

1. 三级结构

（1）整条肽链中全部氨基酸残基的相对空间位置，也就是整条肽链中所有原子在三维空间的整体排布位置，称为三级结构。

主要化学键（维持三级结构的作用力）：疏水键（最主要）、盐键、氢键和范德华力。

（2）特点

1）折叠成紧密的球状或椭球状。

2）含有多种二级结构并具有明显的折叠层次，即一级结构上相邻的二级结构常在三级结构中彼此靠近并形成超二级结构，进一步折叠成相对独立的三维空间结构。

3）疏水侧链常分布在分子内部。

2. 结构模体可由2个或2个以上二级结构肽段组成

（1）结构模体：指蛋白质分子中具有特定空间构象和特定功能的结构成分。如亮氨酸拉链、锌指结构。

（2）常见结构模体的形式

1）α-螺旋-β-转角（或环）-α-螺旋模体：见于多种 DNA 结合蛋白。

2）链-β-转角-链：见于反平行 β-折叠的蛋白质。

3）链-β-转角-α-螺旋-β-转角-链模体：见于多种 α-螺旋/β-折叠蛋白质。

（3）2 个或 2 个以上具有二级结构的肽段在空间上相互接近，形成一个有规则的二级结构组合，称为超二级结构，有 αα、βαβ 和 ββ。

（4）亮氨基酸拉链：出现在 DNA 结合蛋白和其他蛋白质中的一种结构模体。来自同一个或不同多肽链的两个两用性的 α-螺旋的疏水面（常含有亮氨酸残基）相互作用形成一个圈对圈的二聚体结构，亮氨酸有规律地每隔 6 个氨基酸就出现 1 次。

（5）钙结合蛋白分子中含有一个结合钙离子的模体，由螺旋-环-螺旋 3 个肽段组成。

（6）锌指结构由 1 个 α-螺旋和 2 个反平行的 β-折叠 3 个肽段组成，具有结合锌离子的能力。

3. 结构域是三级结构层次上具有独立结构与功能的区域

分子量较大的蛋白质常可折叠成多个结构较为紧密且稳定的区域，并各行其功能，称为结构域。结构域也可看作球状蛋白质的独立折叠单位，有较为独立的三维空间结构。

4. 分子伴侣

（1）能提供保护环境，从而加速蛋白质折叠成天然构象或形成四级结构的蛋白质分子叫分子伴侣。

（2）分子伴侣参与蛋白质折叠的作用机制

1）分子伴侣可逆地与未折叠肽段的疏水部分结合，防止错误折叠。

2）分子伴侣可与错误聚集的肽段结合，使之解聚后，再诱

导其正确折叠。

3）分子伴侣对蛋白质分子折叠过程中二硫键正确形成起到重要的作用，已经发现有些分子伴侣具有形成二硫键的酶活性。

主治语录：并非所有蛋白质的结构域都明显可分。

5. 蛋白质的多肽链须折叠成正确的空间构象

（1）理论上讲，如果蛋白质的多肽链随机折叠，可能产生成千上万种可能的空间构象。而实际上，蛋白质合成后，在一定的条件下，可能只形成一种正确的空间构象。

（2）除一级结构为决定因素外，还需要在一类称为分子伴侣的蛋白质辅助下，合成中的蛋白质才能折叠成正确的空间构象。

（3）只有形成正确的空间构象的蛋白质才具有生物学功能。

四、含有两条以上多肽链的蛋白质可具有四级结构

1. 在体内有许多蛋白质分子含有二条或多条肽链，每一条多肽链都有其完整的三级结构，称为蛋白质的亚基。亚基与亚基之间呈特定的三维空间排布，并以非共价键相连接。这种蛋白质分子中各个亚基的空间排布及亚基接触部位的布局和相互作用，称为蛋白质四级结构。各亚基间的结合力主要是氢键和离子键。

2. 同二聚体　2 个亚基组成的四级结构蛋白质中，亚基结构相同。

3. 异二聚体　2 个亚基组成的四级结构蛋白质中，亚基分子不同。

举例：成人血红蛋白的 α 亚基与 β 亚基分别含有 141 个和 146 个氨基酸，两种亚基三级结构相似，每个亚基都可结合 1 个血红素辅基。4 个亚基由 8 个离子键相连，形成血红蛋白四聚体，具有运输 O_2 和 CO_2 的功能。

5. 四级结构特点　单独亚基，多无生物学功能，2 个以上亚基聚合成为有完整四级结构的蛋白质，才有功能。

五、蛋白质可依其组成、结构或功能进行分类

1. 蛋白质按组成、形状分类　见表 1-1-1。

表 1-1-1　蛋白质按组成、形状分类

组成分类	单纯蛋白质	仅由氨基酸构成
	结合蛋白质	①辅基（非蛋白质）+蛋白质，大部分辅基通过共价键方式与蛋白质相连 ②细胞色素 c 是含有色素的结合蛋白质；免疫球蛋白是一类糖蛋白质
形状分类	球状蛋白质	①似球形或椭球形，多可溶于水 ②多有生理活性，如酶、转运蛋白、蛋白质类激素、代谢调节蛋白、基因表达调节蛋白等
	纤维状蛋白质	①似纤维，多为结构蛋白质，较难溶于水 ②作为细胞坚实的支架或连接各细胞、组织和器官的细胞外成分，如胶原蛋白、角蛋白等

2. 根据功能的相似，产生蛋白质家族。同源蛋白质指同一家族的成员。超家族指 2 个或 2 个以上的蛋白质家族之间，氨基酸序列的相似性并不高，但含有发挥相似作用的同一模体结构。

第三节　蛋白质结构与功能的关系

一、蛋白质的主要功能

1. 构成细胞和生物体结构　蛋白质是组成人体各种组织、器官、细胞的重要成分。人体每天需要摄入一定量的蛋白质，

作为构成和补充组织细胞的原料。

2. 物质运输　体内的各种物质主要通过血液运输，如血红蛋白、载脂蛋白、运铁蛋白等。

3. 催化功能　人体内每时每刻都进行着化学反应来实施新陈代谢。大量的酶类快速精准地催化化学反应，所有的生命活动都离不开酶和水的参与，没有酶就没有生命。

4. 信息交流　存在于细胞膜上使细胞对外界刺激产生相应的效应的受体是蛋白质。信号转导通路中的衔接蛋白，含有各种能与其他蛋白质结合的结构域，能形成各种信号复合体。

5. 免疫功能　保护机体抵抗相应病原体的感染的抗体、淋巴因子等免疫分子都是蛋白质。

6. 氧化供能　体内的蛋白质可以彻底氧化分解为水、二氧化碳，并释放能量。

7. 维持机体的酸碱平衡　机体内组织细胞必须处于合适的酸碱度范围内，才能完成其正常的生理活动。机体的这种维持酸碱平衡的能力是通过肺、肾以及血液缓冲系统来实现的。

8. 维持正常的血浆渗透压　血浆胶体渗透压主要由蛋白质分子构成。其中，血浆清蛋白分子量较小，数目较多，决定血浆胶体渗透压的大小。

二、蛋白质执行功能的主要方式

1. 蛋白质与小分子的相互作用　细胞在特定时间或环境下含有众多低分子量代谢物，其中包括各种代谢路径的酶催化底物、抑制剂、代谢中间物和产物、副产物等小分子代谢物。

2. 蛋白质与核酸的相互作用　蛋白质和核酸是组成生物体的两种重要的生物大分子。蛋白质模体结合 DNA 发挥生物学效应，如锌指模体、亮氨酸拉链、螺旋-转角-螺旋等。大部分 RNA 都与蛋白质形成 RNA-蛋白质复合物。如核糖体由蛋白质和

rRNA 组成；剪接体由小分子的核 RNA 和蛋白质组成。

3. 蛋白质相互作用是蛋白质执行功能的主要方式　蛋白质-蛋白质相互作用指 2 个或 2 个以上的蛋白质分子通过非共价键相互作用并发挥功能的过程。通过蛋白质间相互作用，可改变细胞内酶的动力学特征，也可产生新的结合位点，改变蛋白质对底物的亲和力。

4. 举例

（1）主要组织相容性复合物参与的分子识别

1）主要组织相容性复合物（MHC）：表达于脊椎动物细胞表面的一类具有高度多态性的蛋白质，分为Ⅰ型 MHC 蛋白和Ⅱ型 MHC 蛋白。

2）Ⅰ型 MHC 蛋白：广泛表达于一般细胞表面，如果该细胞遭受病毒感染，则病毒外壳蛋白碎片的免疫原性多肽透过跨膜的 MHC 提呈在细胞外侧，以便 T 淋巴细胞的识别并执行一系列免疫功能。

3）T 淋巴细胞按功能分为 Tc 细胞（细胞毒性 T 细胞）及 Th 细胞（辅助性 T 细胞）。

4）Tc 细胞表面含有特定的 T 细胞受体，可识别免疫原性多肽与 MHC Ⅰ类分子形成的复合物。Tc 细胞对靶细胞的杀伤作用是特异性的，T 细胞受体（TCR）与 MHC 若不匹配则无法结合 MHC 上提呈的抗原肽，Tc 细胞则不被激活。

（2）抗原与抗体的特异性结合

1）免疫球蛋白（Ig）：具有抗体活性的蛋白质，存在于血浆中，也见于其他体液、组织和一些分泌液中。能识别、结合特异抗原，形成抗原-抗体复合物，激活补体系统从而解除抗原对机体的损伤。

2）抗体：机体免疫细胞被抗原激活后，由 B 细胞分化成熟为浆细胞后所合成、分泌的一类能与相应抗原特异性结合的具

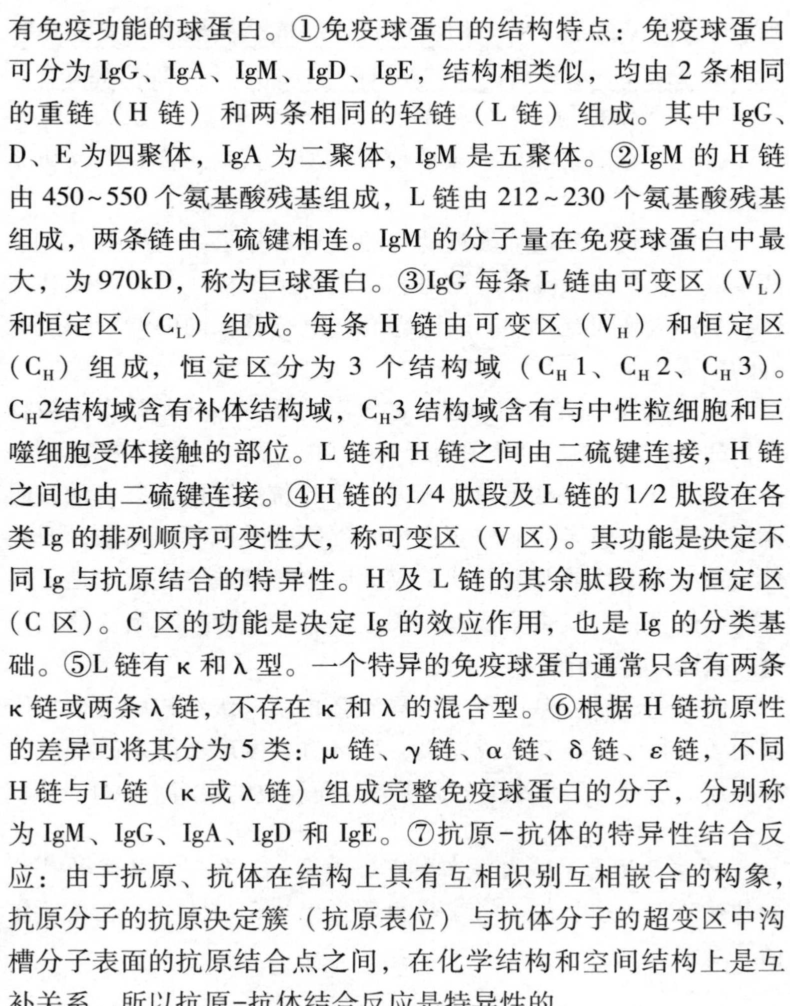

有免疫功能的球蛋白。①免疫球蛋白的结构特点：免疫球蛋白可分为IgG、IgA、IgM、IgD、IgE，结构相类似，均由2条相同的重链（H链）和两条相同的轻链（L链）组成。其中IgG、D、E为四聚体，IgA为二聚体，IgM是五聚体。②IgM的H链由450~550个氨基酸残基组成，L链由212~230个氨基酸残基组成，两条链由二硫键相连。IgM的分子量在免疫球蛋白中最大，为970kD，称为巨球蛋白。③IgG每条L链由可变区（V_L）和恒定区（C_L）组成。每条H链由可变区（V_H）和恒定区（C_H）组成，恒定区分为3个结构域（C_H1、C_H2、C_H3）。C_H2结构域含有补体结构域，C_H3结构域含有与中性粒细胞和巨噬细胞受体接触的部位。L链和H链之间由二硫键连接，H链之间也由二硫键连接。④H链的1/4肽段及L链的1/2肽段在各类Ig的排列顺序可变性大，称可变区（V区）。其功能是决定不同Ig与抗原结合的特异性。H及L链的其余肽段称为恒定区（C区）。C区的功能是决定Ig的效应作用，也是Ig的分类基础。⑤L链有κ和λ型。一个特异的免疫球蛋白通常只含有两条κ链或两条λ链，不存在κ和λ的混合型。⑥根据H链抗原性的差异可将其分为5类：μ链、γ链、α链、δ链、ε链，不同H链与L链（κ或λ链）组成完整免疫球蛋白的分子，分别称为IgM、IgG、IgA、IgD和IgE。⑦抗原-抗体的特异性结合反应：由于抗原、抗体在结构上具有互相识别互相嵌合的构象，抗原分子的抗原决定簇（抗原表位）与抗体分子的超变区中沟槽分子表面的抗原结合点之间，在化学结构和空间结构上是互补关系，所以抗原-抗体结合反应是特异性的。

三、蛋白质一级结构是高级结构与功能的基础

1. 一级结构是空间构象的基础　在研究核糖核酸酶时发现，蛋白质的功能与其三级结构密切相关，而特定三级结构是以氨

基酸顺序为基础的。空间构象遭破坏的核糖核酸酶只要其一级结构未被破坏，就可能回复到原来的三级结构，功能依然存在。

2. 一级结构与功能的关系

（1）一级结构相似的多肽或蛋白质，其空间构象以及功能也相似。

（2）举例：不同哺乳类动物的胰岛素分子结构都由 A 和 B 两条链组成，且二硫键的配对和空间构象也极相似，一级结构仅有个别氨基酸有差异，因而它们都执行着相同的调节糖代谢等的生理功能。

3. 有时蛋白质分子中起关键作用的氨基酸残基缺失或被替代，都会严重影响空间构象乃至生理功能，甚至导致疾病的产生。

（1）正常人血红蛋白 β 亚基的第 6 位氨基酸是谷氨酸，而镰状细胞贫血患者的血红蛋白中，谷氨酸变成了缬氨酸，即酸性氨基酸被中性氨基酸替代，仅此一个氨基酸之差，本是水溶性的血红蛋白，就聚集成丝，相互黏着，导致红细胞变形成为镰刀状而极易破碎，产生贫血。

（2）分子病：基因突变可导致蛋白质一级结构的变化，使蛋白质生物学功能降低或丧失，甚至引起生理功能的改变而发生疾病。这种分子水平上的微观差异而导致的疾病，称分子病。

主治语录：体内存在数万种蛋白质，各有其特定的结构和特殊的生物学功能。一级结构是空间构象的基础，也是功能的基础。

四、蛋白质的功能依赖特定空间结构

1. 肌红蛋白（Mb）和血红蛋白（Hb）亚基的结构相似

（1）肌红蛋白与血红蛋白都是含有血红素辅基的蛋白质。血红素是铁卟啉化合物。

（2）肌红蛋白：只有三级结构的单链蛋白质，水溶性较好，有 8 个螺旋结构肽段，分别用字母 A～H 命名。分子内部有一个袋形空穴，血红素居于其中。

（3）血红蛋白

1）具有 4 个亚基组成的四级结构蛋白质，一分子 Hb 共结合 4 分子氧。成年人红细胞中的 Hb 由两条 α-肽链（141 个氨基酸残基）和两条 β-肽链（146 个氨基酸残基）组成。

2）胎儿期主要为 $\alpha_2\gamma_2$，胚胎期为 $\alpha_2\varepsilon_2$。

3）Hb 各亚基的三级结构与 Mb 极为相似。

4）Hb 亚基之间通过 8 对盐键，使 4 个亚基紧密结合而形成亲水的球状蛋白。

2. 血红蛋白亚基构象变化可影响亚基与氧结合

（1）Hb 与 Mb 一样可逆地与 O_2 结合，氧合 Hb 与总 Hb 的百分数（称百分饱和度）随 O_2 浓度变化而变化。

（2）Hb 和 Mb 的氧解离曲线，前者为 S 形曲线，后者为直角双曲线。

（3）Mb 易与 O_2 结合，而 Hb 与 O_2 的结合在氧分压较低时较难。

（4）Hb 的氧解离曲线

1）Hb 与 O_2 结合的 S 形曲线提示 Hb 的 4 个亚基与 4 个 O_2 结合时平衡常数并不相同，而是有 4 个不同的平衡常数。

2）Hb 最后一个亚基与 O_2 结合时其常数最大。

3）根据 S 形曲线的特征可知，Hb 中第一个亚基与 O_2 结合以后，促进第二及第三个亚基与 O_2 的结合，当前 3 个亚基与 O_2 结合后，又大大促进第四个亚基与 O_2 结合，这种效应称为正协同效应。

协同效应是指一个亚基与其配体（Hb 中的配体为 O_2）结合后，能影响此寡聚体中另一亚基与配体的结合能力。如果是促进作用则称为正协同效应，反之则为负协同效应。

（5）注意

1）血红蛋白由4个亚基组成，其结合氧具有协同效应。

2）肌红蛋白只有一条多肽链，不具有协同效应。

（6）机制

1）未结合O_2时，Hb的α_1/β_1和α_2/β_2呈对角排列，结构较为紧密，称为紧张态（T态），T态Hb与O_2的亲和力小。

2）随着O_2的结合，4个亚基羧基末端之间的盐键断裂，其二级、三级和四级结构也发生变化，使α_1/β_1和α_2/β_2的长轴形成15°的夹角，结构显得相对松弛，称为松弛态（R态）。

3）当第1个O_2与血红素Fe^{2+}结合后，使Fe^{2+}的半径变小，进入到卟啉环中间的小孔中，引起肽段等一系列微小的移动，同时影响附近肽段的构象，造成两个α亚基间盐键断裂，使亚基间结合松弛，可促进第二个亚基与O_2结合。

（7）别构效应

1）定义：一个氧分子与Hb亚基结合后引起亚基构象变化，称为别构效应。小分子O_2称为别构剂或效应剂，Hb则被称为别构蛋白。

2）意义：别构效应不仅发生在Hb与O_2之间，一些酶与别构剂的结合，配体与受体结合也存在着别构效应，所以它具有普遍生物学意义。

（8）要点注意

1）别构蛋白的曲线呈S形，Hb的主要功能是运输氧。

2）Mb不是别构蛋白，其氧解离曲线为直角双曲线，其主要功能是贮存氧。

3．蛋白质构象改变可引起疾病

（1）蛋白质构象病

1）若蛋白质的折叠发生错误，尽管其一级结构不变，但蛋

白质的构象发生改变，仍可影响其功能，严重时可导致疾病发生，有人将此类疾病称为蛋白质构象病。

2）有些蛋白质错误折叠后相互聚集，常形成抗蛋白水解酶的淀粉样纤维沉淀，产生毒性而致病，包括人纹状体脊髓变性病、阿尔茨海默病、亨廷顿舞蹈病、牛海绵状脑病等。

（2）牛海绵状脑病

1）定义：由朊病毒蛋白（PrP）引起的一组人和动物神经退行性病变，这类疾病具有传染性、遗传性或散在发病的特点，其在动物间的传播是由 PrP 组成的传染性蛋白颗粒（不含核酸）完成的。

2）正常 PrP 分子量 33～35kD 的蛋白质，二级结构为多个 α-螺旋，称为 PrP^{C}。

3）富含 α-螺旋的 PrP^{C} 在某种蛋白质的作用下变为 β-折叠的 PrP 称为 PrP^{sc}，并形成聚合体。

4）PrP^{C} 和 PrP^{sc}：两者的一级结构完全相同。

5）PrP^{sc}：对蛋白酶不敏感，水溶性差，对热稳定，可以相互聚集，最终形成淀粉样纤维沉淀而致病。

主治语录：PrP 是染色体基因编码的蛋白质。

第四节　蛋白质的理化性质

一、蛋白质具有两性电离性质

1. 蛋白质两端的氨基和羧基及侧链中的某些基团，在一定的溶液 pH 条件下可解离成带负电荷或正电荷的基团。如谷氨酸、天冬氨酸残基中的 γ 和 β-羧基，赖氨酸残基中的 ε-氨基、精氨酸残基的胍基和组氨酸残基的咪唑基，在一定的溶液 pH 条件下都可解离成带负电荷或正电荷的基团。

2. 蛋白质解离成正、负离子的趋势相等，即成为兼性离子，净电荷为零。此时溶液的 pH 称为蛋白质的等电点（pI）。

3. 蛋白质溶液的 pH 大于 pI 时，该蛋白质颗粒带负电荷，反之则带正电荷。

4. 体内各种蛋白质的等电点不同，但大多数接近于 pH 5.0。

5. 在人体体液 pH 7.4 的环境下，大多数蛋白质解离成阴离子。

少数蛋白质含碱性氨基酸较多，其等电点偏于碱性，被称为碱性蛋白质，如鱼精蛋白、组蛋白等。也有少量蛋白质含酸性氨基酸较多，其等电点偏于酸性，被称为酸性蛋白质，如胃蛋白酶和丝蛋白等。

二、蛋白质具有胶体性质

1. 蛋白质属于生物大分子之一，分子量为 1 万~100 万，其分子的直径可达 1~100nm，为胶粒范围之内。

2. 蛋白质胶体颗粒表面电荷和水化膜是维持蛋白质胶体稳定的重要因素。

（1）蛋白质颗粒表面大多为亲水基团，可吸引水分子，使颗粒表面形成一层水化膜，从而阻断蛋白质颗粒的相互聚集，防止溶液中蛋白质的沉淀析出。

（2）蛋白质胶粒表面可带有电荷，也可起胶粒稳定的作用。

（3）去除蛋白质胶体颗粒表面电荷和水化膜两个稳定因素，蛋白质极易从溶液中析出。

三、蛋白质的变性与复性

蛋白质的二级结构以氢键维系局部主链构象稳定，三、四级结构主要依赖氨基酸残基侧链之间的相互作用，从而保持蛋白质的天然构象。

1. 蛋白质变性

（1）定义：在某些物理和化学因素作用下，其特定的空间构象被破坏，从而导致其理化性质的改变和生物活性的丧失。

（2）实质：主要为二硫键和非共价键的破坏，不涉及一级结构中氨基酸序列的改变。

（3）特点：蛋白质变性后，其溶解度降低、黏度增加、结晶能力消失、生物活性丧失，易被蛋白酶水解。

（4）导致变性的常见因素：加热、乙醇等有机溶剂、强酸、强碱、重金属离子及生物碱试剂等。

2. 蛋白质的沉淀　蛋白质变性后，疏水侧链暴露在外，肽链融汇相互缠绕继而聚集，因而从溶液中析出，这一现象被称为蛋白质沉淀。

3. 复性　若蛋白质变性程度较轻，去除变性因素后，有些蛋白质仍可恢复或部分恢复其原有的构象和功能。

4. 不可逆性变性　蛋白质变性后，空间构象被严重破坏，不能复原。

5. 蛋白质的凝固作用

（1）蛋白质经强酸、强碱作用发生变性后，仍能溶解于强酸或强碱溶液中，若将 pH 调至等电点，则变性蛋白质立即结成絮状的不溶解物。此絮状物仍可溶解于强酸和强碱中。

（2）再加热则絮状物可变成比较坚固的凝块，此凝块不易再溶于强酸和强碱中。

（3）实际上凝固是蛋白质变性后进一步发展的不可逆的结果。

主治语录：变性蛋白质一般易于沉淀，但也可不变性而使蛋白质沉淀。在一定条件下，变性的蛋白质也可不发生沉淀。

四、蛋白质的紫外吸收

由于蛋白质分子中含有共轭双键的酪氨酸和色氨酸，因此在280nm处有特征性吸收峰，可用于蛋白质定量测定。

五、蛋白质的呈色效应

1. 茚三酮反应　蛋白质经水解后产生的氨基酸可发生此反应，呈蓝紫色。

2. 双缩脲反应

（1）蛋白质和多肽分子中肽键在稀碱溶液中与硫酸铜共热，呈现紫色或红色。

（2）氨基酸不出现此反应。

（3）当蛋白溶液中蛋白质的水解不断增多时，氨基酸浓度升高，其双缩脲呈色的深度逐渐下降，可检测蛋白质水解程度。

历年真题

1. 不存在于人体蛋白质分子中的氨基酸是
   A. 鸟氨酸
   B. 丙氨酸
   C. 亮氨酸
   D. 谷氨酸
   E. 甘氨酸
2. 下列有关蛋白质变性的叙述，错误的是
   A. 蛋白质变性时的生物学活性降低或丧失
   B. 蛋白质变性时理化性质发生变化
   C. 蛋白质变性时一级结构不受影响
   D. 去除变性因素后，所有变性蛋白质都能复性
   E. 球蛋白变性后其水溶性降低
3. 维持蛋白质分子中α-螺旋和β-折叠的化学键是
   A. 肽键
   B. 离子键
   C. 二硫键
   D. 氢键
   E. 疏水键

参考答案： 1. A　2. D　3. D

第二章　核酸的结构与功能

核心问题

1. 核酸的分类及功能。

2. DNA 的二级结构特点。

3. tRNA 的三级结构特点。

4. 核酸的理化性质及相关的重要概念，如 DNA（热）变性、复性。

内容精要

1. 核苷酸是核酸的基本组成单位。

2. DNA 的一级结构是脱氧核糖核苷酸的排列顺序。DNA 的二级结构为双螺旋结构模型。

3. DNA 在真核生物细胞核内的组装——核小体。

第一节　核酸的化学组成以及一级结构

核酸是以核苷酸为基本组成单位的生物信息大分子。核酸分为两类，一类为脱氧核糖核酸（DNA），另一类为核糖核酸（RNA）。DNA 存在于细胞核和线粒体内，携带遗传信息；RNA 存在于细胞质和细胞核中，参与细胞内遗传信息的表达。

一、核苷酸和脱氧核苷酸是构成核酸的基本组成单位

核酸的基本组成单位是核苷酸，而核苷酸又是由碱基、戊糖、磷酸组成（图 1-2-1）。

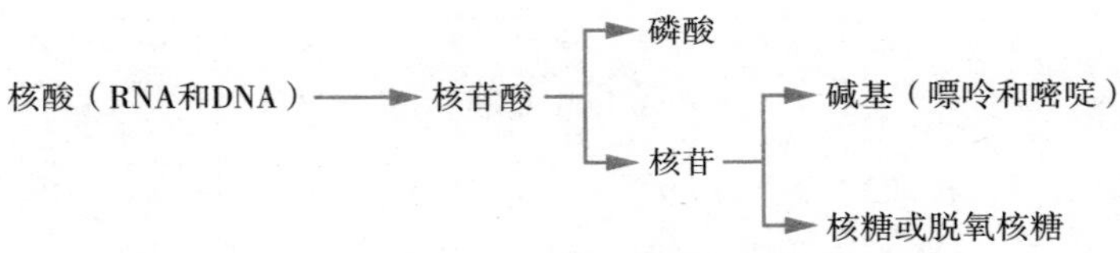

图 1-2-1　核酸的基本组成

1. 碱基

（1）碱基分类：嘌呤和嘧啶。

（2）常见嘌呤：腺嘌呤（A）、鸟嘌呤（G）。

（3）常见嘧啶：尿嘧啶（U）、胸腺嘧啶（T）、胞嘧啶（C）。

（4）其中 A、G、C 和 T 是构成 DNA 的碱基，A、G、C 和 U 是构成 RNA 的碱基。

（5）受所处环境 pH 影响，碱基的酮基和氨基可以形成酮-烯醇互变异构体或氨基-亚氨基互变异构体，这为碱基之间以及碱基与其他化学功能团之间形成氢键提供了结构基础。

2. 核糖

（1）核糖是构成核苷酸的另一基本组分。

（2）核糖分为 β-*D*-核糖和 β-*D*-2′-脱氧核糖。核糖存在于 RNA 中，而脱氧核糖存在于 DNA 中（图 1-2-2）。

（3）脱氧核糖的化学稳定性优于核糖。

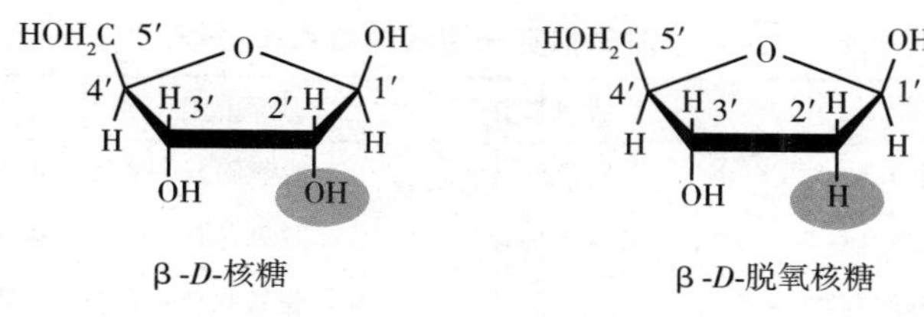

图 1-2-2　构成核苷酸的核糖和脱氧核糖的化学结构式

3. 核苷

（1）核苷是碱基与核糖的缩合反应的产物，脱氧核苷是碱基与脱氧核糖的产物。

（2）核苷或脱氧核苷 C-5′原子上的羟基可以与磷酸反应，脱水后形成一个磷脂键，生成核苷酸或脱氧核苷酸。

4. 核苷酸的分类

（1）根据磷酸基团数目多少可分为核苷一磷酸（NMP）、核苷二磷酸（NDP）、核苷三磷酸（NTP）。

（2）根据碱基成分的不同可分为 AMP、GMP、CMP、UMP。

构成核酸的碱基、核苷（或脱氧核苷）以及核苷酸（或脱氧核苷酸）的名称及符号，见表 1-2-1 和表 1-2-2。

表 1-2-1　构成 RNA 的碱基、核苷以及核苷一磷酸的名称和符号

碱基	核苷	核苷一磷酸（NMP）
腺嘌呤（A）	腺苷	腺苷一磷酸（AMP）
鸟嘌呤（G）	鸟苷	鸟苷一磷酸（GMP）
胞嘧啶（C）	胞苷	胞苷一磷酸（CMP）
尿嘧啶（U）	尿苷	尿苷一磷酸（UMP）

表 1-2-2 构成 DNA 的碱基、脱氧核苷以及脱氧核苷一磷酸的名称和符号

碱　基	脱氧核苷	脱氧核苷一磷酸（NMP）
腺嘌呤（A）	脱氧腺苷	脱氧腺苷一磷酸（dAMP）
鸟嘌呤（G）	脱氧鸟苷	脱氧鸟苷一磷酸（dGMP）
胞嘧啶（C）	脱氧胞苷	脱氧胞苷一磷酸（dCMP）
胸腺嘧啶（T）	脱氧胸苷	脱氧胸苷一磷酸（dTMP）

（3）核苷二磷酸和核苷三磷酸均属于高能有机磷酸化合物。细胞活动所需的化学能主要来自核苷三磷酸，其中 ATP 是最重要的能量载体。

5. 核苷酸的作用

（1）调控基因表达（如环腺苷酸、环鸟苷酸）。

（2）是细胞内化学能的载体（如 ATP）。

（3）是一些辅酶中的成分（如烟酰胺腺嘌呤二核苷酸、烟酰胺腺嘌呤二核苷酸磷酸）。

（4）核苷酸与其衍生物具有临床药用价值（如 6-巯基嘌呤、阿糖胞苷）。

二、DNA、RNA 是线性大分子

1. DNA　脱氧核糖核苷酸之间通过 3′, 5′-磷酸二酯键连接，形成多聚核苷酸。其 5′-端为磷酸基团，3′端为羟基。即 DNA 链具有 5′→3′的方向。其磷酸二酯键连接是在 C-3′原子的羟基和另一个核苷酸的 α-磷酸基团之间缩合形成。

2. RNA　核糖核苷酸之间通过 3′, 5′-磷酸二酯键连接，形成多聚核苷酸，具有 5′→3′的方向，但其磷酸二酯键连接是在 C-3′和 C-5′之间形成。

三、核酸的一级结构是核苷酸的排列顺序

1. 核苷酸在多肽链上的排列顺序为核酸的一级结构，即其从5′→3′的排列顺序。由于核苷酸间的差异主要是碱基不同，所以也为碱基序列。

2. 书写方式　DNA（RNA）的书写规则为从5′末端到3′末端。

3. 核酸分子的大小常用核苷酸数目（nt，用于单链DNA和RNA）或碱基对数目（bp或kb，用于双链DNA）来表示。长度短于50个核苷酸的核酸的片段常被称为寡核苷酸。

4. DNA和RNA对遗传信息的携带和传递，是依靠碱基排列顺序变化而实现的。

第二节　DNA的空间结构与功能

DNA的空间结构是指构成DNA的所有原子在三维空间的相对位置关系，可分为二级结构、高级结构。

一、DNA的二级结构是双螺旋结构

1. DNA双螺旋结构的实验基础

（1）Chargaff规则

1）不同生物个体的DNA，其碱基组成不同。

2）同一个体的不同器官或不同组织的DNA具有相同的碱基组成。

3）对于一个特定组织的DNA，其碱基组分不随其年龄、营养状态和环境而变化。

4）对于一个特定的生物体，A与T的摩尔数相等、G与C的摩尔数相等。

（2）DNA是遗传物质，能够自我复制。

（3）Watson 与 Crick 的 DNA 二级结构模型。

2. DNA 双螺旋结构模型的要点　双螺旋结构特点：双链结构、反向平行、碱基互补、右手螺旋。

（1）DNA 由两条多聚脱氧核苷酸链组成

1）两条多聚脱氧核苷酸链围绕着同一个螺旋轴形成反平行的右手螺旋结构。

2）一条链的 $5'\rightarrow3'$ 方向是自上而下，另外一条链的 $5'\rightarrow3'$ 方向为自下而上，呈反向平行的特征。

3）DNA 双螺旋结构的直径为 2. 37nm，螺距为 3. 54nm。

（2）DNA 的两条多聚脱氧核苷酸链之间形成了互补碱基对

1）碱基的化学结构特征决定了两条链之间的特有相互作用方式，一条链上的腺嘌呤与另一条链上的胸腺嘧啶形成了 2 对氢键；一条链上的鸟嘌呤与另一条链上的胞嘧啶形成了 3 对氢键。这种特定的碱基之间的作用关系称为互补碱基对，DNA 的两条链则称为互补链。

2）碱基对平面与双螺旋结构的螺旋轴近乎垂直。平均而言，每一个螺旋有 10. 5 个碱基对，碱基对平面之间的垂直距离为 0. 34nm。

（3）两条多聚脱氧核苷酸链的亲水性骨架将互补碱基对包埋在 DNA 双螺旋结构内部

1）亲水骨架为脱氧核糖+磷酸基团。该骨架位于双螺旋结构的外侧，碱基在内侧。互补的碱基间通过氢键链接。

2）碱基对与磷酸骨架的连接呈现非对称性：表面产生一个大沟和一个小沟。

（4）两个碱基对平面重叠产生了碱基堆积作用：横向靠互补碱基的氢键维系，纵向则靠碱基平面间的疏水性堆积力维持，尤以后者为重要。

3. DNA 双螺旋结构的多样性　A 型-DNA（右手螺旋、环境

湿度降低后 DNA 的空间结构参数不同）、B 型-DNA（右手螺旋、J. Watson 和 F. Crick 提出）、Z 型-DNA（左手螺旋、A. Rich 发现）。

4. DNA 的多链结构

（1）DNA 的三链结构：如果再有一条富含嘧啶的单链（其序列与富含嘧啶链具有极高的相似度），并且环境条件为酸性时，这条链上的嘧啶就会与双链中的嘌呤形成 Hoogsteen 氢键，从而生成了 DNA 的三链结构。

（2）G-四链结构

1）端粒自身回折（端粒：真核生物染色体 3′-端是一段高度重复的富含 GT 的单链）。

2）G-四链结构的核心是由 4 个鸟嘌呤通过 8 对 Hoogsteen 氢键形成的 G-平面。

主治语录：DNA 两条链的碱基间严格按 A═T（2 个氢键）、G≡C（3 个氢键）配对存在，因此 A+G 与 T+C 的比值为 1。

二、DNA 双链经过盘绕折叠形成致密的高级结构

DNA 双链可以盘绕形成超螺旋结构。当盘绕方向与 DNA 双螺旋方同相同时，其超螺旋结构为正超螺旋，反之则为负超螺旋。

1. 封闭环状的 DNA 具有超螺旋结构

（1）绝大部分原核生物的 DNA 是环状的双螺旋分子。在细胞核内经过盘绕后，形成了类核结构，占据了细胞的大部分，并通过与蛋白质的相互作用黏附在细胞内壁。

（2）在细菌 DNA 中，不同的 DNA 区域可以有不同程度的超螺旋结构，超螺旋结构可以相互独立存在（图 1-2-3）。

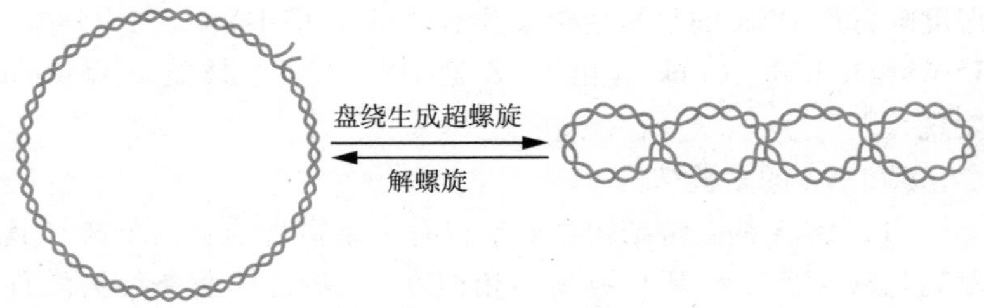

图 1-2-3　原核生物的超螺旋结构

（3）线粒体 DNA 具有封闭环状的双头螺旋结构。

2. 真核生物 DNA 被逐渐有序地组装成高级结构

（1）在细胞周期的大部分时间里，细胞核内的 DNA 以松散的染色质形式存在，只有在细胞分裂期间，细胞核内的 DNA 才形成高度致密的染色体。

（2）染色质的基本组成单位被称为核小体，由 DNA 和 4 种组蛋白（H）共同构成。

（3）核小体

1）八个组蛋白分子［（H2A、H2B、H3 和 H4）×2］共同构成八聚体的核心组蛋白，DNA 双螺旋链缠绕在这一核心上形成核小体的核心颗粒。

2）核小体的核心颗粒之间再由连接段 DNA（0～50bp）和组蛋白 H1 构成的连接区连接起来形成串珠样的结构。

（4）DNA 的折叠层次

1）第一层次折叠：核小体是 DNA 在核内形成致密结构的第一层次折叠，使 DNA 的长度压缩了约 7 倍。

2）第二层次的折叠：核小体卷曲（每周 6 个核小体）形成直径 30nm、内径为 10nm 的中空状螺线管，DNA 的压缩程度达到 40～60 倍。

3）第三、四层次的折叠：染色质纤维螺线管的进一步卷曲

和折叠形成了直径为400nm的超螺线管，这一过程将DNA的长度又压缩了40倍。之后，超螺线管的再度盘绕和压缩形成染色单体，在核内组装成染色体，使DNA长度又压缩了5~6倍。最终将约2m长的DNA分子压缩，容纳于直径只有数微米的细胞核中。

（5）真核生物染色体有端粒和着丝粒两个功能区

1）端粒：染色体端膨大的粒状结构，由染色体端DNA（也称端粒DNA）与DNA结合蛋白共同构成。端粒DNA由简单重复序列构成，人的端粒DNA的重复序列是TTAGGG，以G-四链体的结构存在。端粒在维持染色体结构的稳定性和维持复制过程中的DNA的完整性方面具有重要作用。

2）着丝粒：两个染色单体的连接位点，富含AT序列。细胞分裂时，着丝粒可分开使染色体均等有序地进入子代细胞。

三、DNA是主要的遗传物质

1. 生物体的遗传信息是以基因的形式存在的。基因是编码RNA或多肽链的DNA片段，即DNA中特定的核苷酸序列。它为DNA复制和RNA生物合成提供了模板。DNA的核苷酸序列以遗传密码的方式决定了蛋白质的氨基酸排列顺序。

2. DNA利用四种碱基的不同排列编码了生物体的遗传信息，并通过复制的方式遗传给子代。此外，DNA还利用转录过程，合成出各种RNA。后者将参与蛋白质的合成，确保细胞内的生命活动的有序进行和遗传信息的世代相传。

3. 一个生物体的基因组是指包含在该生物的DNA（部分病毒除外）中的全部遗传信息，即一套染色体中的完整的核苷酸序列。

4. 病毒颗粒的基因组可以由DNA组成，也可以由RNA组成，两者一般不共存。病毒基因组的DNA和RNA可以是单链的，也可以是双链的，可以是环形分子，也可以是线性分子。

5. DNA的基本功能就是作为生物遗传信息复制的模板和基

因转录的模板，它是生命遗传繁殖的物质基础，也是个体生命活动的基础。

6. DNA 中的核糖和磷酸构成的分子骨架是没有差别的，不同区段的 DNA 分子只是碱基的排列顺序不同。DNA 具有高度稳定性与复杂性的特点。

第三节　RNA 的空间结构与功能

一、概述

主要 RNA 种类及功能见表 1-2-3。

表 1-2-3　主要 RNA 种类及功能

主要 RNA	细胞核和细胞质	功　能
核糖体 RNA	rRNA	核糖体组成部分
信使 RNA	mRNA	蛋白质合成模板
转运 RNA	tRNA	转运氨基酸
不均一核 RNA	hnRNA	成熟 mRNA 的前体

二、信使 RNA（mRNA）是蛋白质生物合成的模板

1. 真核细胞 mRNA 的 5′-端帽子结构　大部分真核细胞的 mRNA 的 5′-端以反式 7-甲基鸟嘌呤-三磷酸核苷（m^7Gppp）为起始结构，这种 m^7Gppp 结构被称为 5′-帽结构。

2. 真核生物和有些原核生物 mRNA 的 3′-端的多聚腺苷酸尾结构　在真核生物 mRNA 的 3′末端，是一段由 80~250 个腺苷酸连接而成的多聚腺苷酸结构，称为多聚（A）尾。

3. 真核生物细胞核内的 hnRNA 经过一系列的修饰和剪接成

为成熟的 mRNA

（1）比较 hnRNA 和成熟 mRNA 发现，前者的长度远远大于后者。

（2）细胞核内的初级转录产物 hnRNA 含有许多交替相隔的外显子和内含子。外显子是构成 mRNA 的序列片段，而内含子是非编码序列。

（3）在 hnRNA 向细胞质转移的过程中，内含子被剪切掉，外显子连接在一起。再经过加帽和加尾修饰后，hnRNA 成为成熟 mRNA。

4. mRNA 的碱基序列决定蛋白质的氨基酸序列

（1）一条成熟的真核 mRNA 包括 5′-非翻译区、编码区和 3′-非翻译区。

（2）可读框：由起始密码子和终止密码子所限定的区域定义为 mRNA 的编码区。

（3）三联体密码：mRNA 分子上每 3 个核苷酸为一组，决定其链上相应的氨基酸。

（4）起始密码：AUG、CUG。

（5）终止密码：UAA、UAG、UGA。

三、转运 RNA（tRNA）是蛋白质合成中氨基酸的载体

tRNA 为氨基酸的载体参与蛋白质的生物合成，并为合成中的多肽链提供活化的氨基酸。

1. tRNA 含有多种稀有碱基

（1）包括双氢尿嘧啶（DHU）、假尿嘧啶（ψ）和甲基化的嘌呤（m^7G、m^7A）等。

（2）嘧啶核苷酸是杂环的 N-1 原子与戊糖 C-1′原子连接形成糖苷酸，而假尿嘧啶核苷酸则是杂环的 C-5 原子与戊糖 C-1′原子相连。

2. tRNA 具有特定的空间结构

（1）有茎环或发卡结构为三叶草形，位于左右两侧的环状结构分别称为 DHU 环和 TψC 环，位于上方的茎称为氨基酸臂，位于下方的环叫反密码环。

（2）反密码环中间的 3 个碱基为反密码子，与 mRNA 上相应的三联体密码子形成碱基互补。

（3）三级结构为倒 L 形。功能是在细胞蛋白质合成过程中作为各种氨基酸的载体并将其转呈给 mRNA。

3. tRNA 的 3′-端连接着氨基酸

（1）所有 tRNA 的 3′-端都是以 CCA 3 个核苷酸结束，且其所携带的氨基酸种类是由 tRNA 的反密码子决定。

（2）只有连接在 tRNA 的氨基酸才能参与蛋白质的生物合成。

4. tRNA 的反密码子能够识别 mRNA 的密码子

（1）密码子与反密码子的结合使 tRNA 转运正确的氨基酸参与蛋白质多肽链的合成。

（2）反密码子：tRNA 反密码环中间的 3 个碱基，可与 mRNA 上相对应的三联体密码子形成碱基互补。例如，携带酪氨酸的 tRNA 反密码子是-GUA-，可以与 mRNA 上编码酪氨酸的密码子-UAC-互补配对。

四、以核糖体 RNA（rRNA）为主要成分的核糖体是蛋白质合成的场所

1. 核糖体 RNA（rRNA）是细胞内含量最多的 RNA。

2. 核糖体将蛋白质生物合成所需要的 mRNA、tRNA 以及多种蛋白质因子募集在一起，为蛋白质生物合成提供了必需的场所。

3. 原核细胞有 3 种 rRNA，依照分子量的大小分为 5S、16S 和 23S，与不同的核糖体蛋白结合分别形成了核糖体的大亚基和小亚基。真核细胞有 4 种 4rRNA。

4. rRNA 的二级结构有许多茎环结构，茎环结构为核糖体蛋白结合和组装在 rRNA 上提供了结构基础。

5. 核糖体的 3 个重要的部位

（1）A 位：结合氨酰-tRNA 的氨酰位。

（2）P 位：结合肽酰-tRNA 的肽酰位。

（3）E 位：释放已经卸载了氨基酸的 tRNA 的排出位。

6. 核糖体的组成见表 1-2-4。

表 1-2-4　核糖体的组成

组　成	原核生物（以大肠杆菌为例）		真核生物（以小鼠肝为例）	
小亚基	30S		40S	
rRNA	16S	1542 个核苷酸	18S	1874 个核苷酸
蛋白质	21 种	占总重量的 40%	33 种	占总重量的 50%
大亚基	50S		60S	
rRNA	23S	2940 个核苷酸	28S	4718 个核苷酸
	5S	120 个核苷酸	5. 85S	160 个核苷酸
			5S	120 个核苷酸
蛋白质	31 种	占总重量的 30%	49 种	占总重量的 35%

注：S 是大分子物质在超速离心沉降中的沉降系数。

五、组成性非编码 RNA 是保障遗传信息传递的关键因子

除了 tRNA、mRNA 外，真核细胞中还有其他组成性非编码 RNA。这些 RNA 作为关键因子参与了 RNA 的剪接和修饰、蛋白质的转运以及调控基因表达。

1. 催化小 RNA（核酶）　催化特定 RNA 降解。

2. 核仁小 RNA（snoRNA）　主要参与 rRNA 的加工。tRNA 的核糖 C-2′的甲基化过程和假尿嘧啶化修饰都需要

snoRNA 的参与。

3. 核小 RNA（snRNA） 参与真核细胞 mRNA 的成熟过程。与蛋白质组成核小核糖核蛋白，可识别 hnRNA 上的外显子和内含子的接点，切除内含子。

4. 胞质小 RNA（scRNA） 与蛋白质形成复合体并发挥生物学功能。例如，SRP-RNA 与六种蛋白质共同形成信号识别颗粒（SRP），引导含有信号肽的蛋白质进入内质网进行合成。

六、调控性非编码 RNA 参与了基因表达调控

1. 非编码小 RNA（sncRNA） 一般长度<200nt，分为 miRNA（对基因表达的调控作用表现在转录后水平上）、siRNA（可与 AGO 蛋白集合并诱导 mRNA 降解、还可抑制转录）、piRNA（与 PIWI 蛋白结合、调控基因沉默）。

2. 长非编码 RNA（lncRNA） 长度 200～100 000nt，定位于细胞核内和细胞质内。具有强烈的组织特异性与时空特异性。作用机制如下。

（1）结合在编码蛋白质的基因上游启动子区，干扰下游基因的表达。

（2）抑制 RNA 聚合酶Ⅱ或者介导染色质重构以及组蛋白修饰，影响下游基因的表达。

（3）与编码蛋白质基因的转录本形成互补双链，干扰 mRNA 的剪切，形成不同的剪切形式。

（4）与编码蛋白质基因的转录本形成互补双链，在 Dicer 酶的作用下产生内源性 siRNA。

（5）与特定蛋白质结合，lncRNA 转录本可调节相应蛋白质的活性。

（6）作为结构组分与蛋白质形成核酸蛋白质复合体。

（7）结合到特定蛋白质上，改变该蛋白质的细胞定位。

（8）作为小分子 RNA 的前体分子。

3. 环状 RNA（circRNA）

（1）呈封闭环状结构，没有 5′-端与 3′-端。具有序列的高度保守性，具有一定的组织、时序和疾病特异性。

（2）其功能为转录调控、RNA 剪切和修饰、mRNA 的翻译、蛋白质的稳定和转运、染色体的形成和结构稳定等。

（3）竞争性内源 RNA（ceRNA）机制：如 circRNA 通过结合 miRNA，进而解除 miRNA 对其靶细胞基因的抑制作用，升高靶基因的表达水平，进而产生相应的生物学效应。

主治语录：最小的一种 RNA 是 tRNA；rRNA 含量最多；mRNA 半衰期最短。

第四节　核酸的理化性质

一、核酸具有强烈的紫外线吸收

1. 嘌呤和嘧啶环中均含有共轭双键，碱基、核苷、核苷酸和核酸在 240~290nm 的紫外波段有强烈的吸收，最大吸收值在260nm 附近。

2. 这一重要的理化性质被广泛用来对核酸、核苷酸、核苷和碱基进行定性定量分析。

3. 根据 260nm 处的紫外吸收光密度值，可以计算出溶液中的 DNA 或 RNA 含量。

4. DNA 是线性高分子，因此黏度极大；而 RNA 分子远小于 DNA，黏度也小得多。

5. DNA 分子在机械力的作用下易发生断裂，为基因组 DNA 的提取带来一定困难。溶液中的核酸分子在引力场中可以下沉。

二、DNA 的变性是一条 DNA 双链解离为两条 DNA 单链的过程

1. 定义　在某些理化因素（温度、pH、离子强度等）作用下，DNA 双链的互补碱基对之间的氢键断裂以及破坏碱基堆积力，使 DNA 双螺旋结构松散，成为单链的现象即为 DNA 变性。

2. 实质　双键间氢键的断裂。即 DNA 变性只改变其二级结构，不改变它的核苷酸排列即一级结构不变。

3. 监测 DNA 双链是否发生变性的一个最常用的方法——增色效应。

（1）定义与机制：在 DNA 解链过程中，有更多的包埋在双螺旋结构内部的碱基得以暴露，因此含有 DNA 的溶液在 260nm 处的吸光度随之增加。

（2）方法：在实验室内最常用的使 DNA 分子变性的方法是加热。

4. T_m

（1）定义：DNA 的变性从开始解链到完全解链，是在一个相当窄的温度内完成的。在这一范围内，紫外光吸收值达到最大变化值的 50%时的温度称为 DNA 的解链温度。由于这一现象和结晶体的融解过程类似，又称融解温度（T_m）。

（2）在达到 T_m时，DNA 分子内 50%的双链结构被打开。

（3）影响 T_m的因素

1）DNA 分子的 T_m值的高低与其分子大小及所含碱基中的 G 和 C 所占比例相关。

2）G 和 C 的含量越高，T_m值越高［T_m与（G+C）含量成正比］；分子越长，T_m越高。

（4）蛋白质的变性与 DNA 的变性的特点（表 1-2-5）。

表 1-2-5　蛋白质的变性与 DNA 的变性的特点

变性的特点	蛋白质的变性	DNA 的变性
变性条件	一些理化因素	一些理化因素
变性的本质	非共价键、二硫键破坏	氢键被破坏
变性的结果	空间结构破坏，生物学活性丧失，但一级结构不变	空间结构发生改变，生物学功能丧失但一级结构不变
变性的标志	易被蛋白酶水解	增色效应（$\Delta A_{260}\uparrow$）

主治语录：DNA 变性后出现增色效应，但核苷酸序列没有改变。

三、变性的核酸可以复性或形成杂交双链

1. 复性或退火　把变性条件缓慢地除去后，两条解离的 DNA 互补链可重新互补配对形成 DNA 双链，恢复原来的双螺旋结构。

2. 核酸分子杂交

（1）不同来源的变性核酸单链在退火条件下，结合形成杂合双链的过程。杂交可发生于 DNA-DNA 之间，RNA-RNA 之间以及 RNA-DNA 之间。

（2）蛋白质和核酸的比较，见表 1-2-6。

表 1-2-6　蛋白质和核酸的比较

对比项目	蛋白质	核　　酸
元素	C、H、O、N、S	C、H、O、N、P
基本单位	氨基酸	4 种脱氧核苷酸和核糖核苷酸

续 表

对比项目	蛋白质	核 酸
高分子特性	亲水胶体；pH>pI：负电荷；pH<pI：正电荷	酸性解离，一般带负电荷；分子杂交
方向	N→C	5′→3′
紫外线吸收（含共轭双键）	280nm	260nm
变性	空间结构改变，紫外吸收增加；生物活性下降；黏度增加；一级结构不变	双螺旋结构解链，紫外吸收增加；黏度下降
功能	代谢酶；激素蛋白；运输蛋白；防御蛋白；营养蛋白；结构蛋白；调控蛋白	遗传信息贮存、传递、决定种属特异性

历年真题

1. 细胞内含量最丰富的 RNA 是
   A. hnRNA
   B. miRNA
   C. mRNA
   D. tRNA
   E. rRNA
2. 组成核酸分子的碱基主要有
   A. 2 种
   B. 3 种
   C. 4 种
   D. 5 种
   E. 6 种
3. 反密码子 UAG 识别的 mRNA 上的密码子是
   A. GTC
   B. ATC
   C. AUC
   D. CUA
   E. CTA

参考答案：1. E 2. D 3. D

第三章　酶与酶促反应

核心问题

1. 酶的组成、分类。
2. 影响酶促反应动力学的因素及其动力学特点。
3. 酶的基本概念、化学本质及酶促反应特点。

内容精要

1. 酶促反应的特点　高效性，特异性，可调节性。
2. 酶浓度、温度、pH 对反应速度均会产生一定影响。

第一节　酶的分子结构与功能

一、概述

1. 酶　是催化特定反应的蛋白质，属于生物催化剂。酶能通过降低反应的活化能加快反应速率，但不改变反应的平衡点。酶的化学本质是蛋白质。

2. 酶的不同形式　见表 1-3-1。

表 1-3-1　酶的不同形式

形　式	含　义	举　例
单体酶	由一条肽链构成的酶	牛胰核糖核酸酶 A、溶菌酶

续 表

形 式	含 义	举 例
寡聚酶	由多个相同或不同亚基以非共价键连接组成的酶	蛋白激酶 A、磷酸果糖激酶-1
多酶体系	由几种不同催化功能的酶彼此聚合形成的一个结构和功能上的整体	—
多功能酶或串联酶	一些酶在一条肽链中同时具有多种不同的催化功能	氨基甲酰硫酸合成酶Ⅱ、天冬氨酸氨基甲酰转移酶

二、酶的分子组成中常含有辅因子

1. 酶按其分子组成可分为单纯酶和缀合酶

（1）单纯酶

1）水解后仅有氨基酸组分而无其他组分的酶。

2）举例：脲酶、某些蛋白酶、淀粉酶、脂酶、核酸酶等。

（2）缀合酶（结合酶）

1）结合酶由蛋白质部分和非蛋白质部分组成，前者称为酶蛋白，后者称为辅因子。辅因子多为金属离子或小分子有机化合物。

2）辅因子按其与酶蛋白结合的紧密程度及作用特点不同分为辅酶和辅基。①辅酶：辅酶与酶蛋白的结合疏松，可以用透析或超滤的方法除去。辅酶在反应中作为底物接受质子或基团后离开酶蛋白，参加另一酶促反应并将所携带的质子或基团转移出去，或者相反。②辅基：辅基与酶蛋白结合紧密，不能通过透析或超滤将其除去，在反应中辅基不能离开酶蛋白。

3）酶蛋白与辅因子结合形成的复合物称为全酶，只有全酶才有催化作用。

4）酶蛋白主要决定酶促反应的特异性及其催化机制，辅因

子主要决定酶促反应的类型。

5）体内酶的种类多，而辅因子的种类少，通常一种酶蛋白只能与一种辅因子结合成为一种专一性结合酶，一种辅因子往往能与不同的酶蛋白结合构成许多不同专一性的结合酶。

（3）金属离子

1）金属离子是最多见的辅因子，约 2/3 的酶含有金属离子。

2）常见的金属离子有 K^+、Na^+、Mg^{2+}、Cu^{2+}（Cu^+）、Zn^{2+}、Fe^{2+} 等。

3）有的金属离子与酶结合紧密，提取过程中不易丢失，这类酶称为金属酶。

4）有的金属离子虽为酶的活性所必需，但与酶的结合是可逆结合，这类酶称为金属激活酶。

5）金属辅因子的作用：①作为酶活性中心的催化基团参与催化反应、传递电子。②作为连接酶与底物的桥梁，便于酶对底物起作用。③稳定酶的构象。④中和电荷，降低反应中的静电斥力等。

主治语录：酶蛋白决定反应的特异性；辅因子决定反应的种类与性质。

三、酶的活性中心是酶分子执行其催化功能的部位

1. 酶的活性中心　酶分子中能与底物特异地结合并催化底物转变为产物的具有特定三维结构的区域称为酶的活性中心或酶的活性部位。

2. 必需基团　是酶分子中与催化作用直接相关、不可缺少的化学基团，如丝氨酸残基的羟基、组氨酸残基的咪唑基、半胱氨酸残基的巯基以及酸性氨基酸残基的羧基等（图 1-3-1）。

必需基团
- 结合基团：识别和结合底物和辅酶
- 催化基团：影响底物中某些化学键的稳定

图 1-3-1　必需基团的分类

3. 酶的活性中心具有三维结构，往往形成裂缝或凹陷。这些裂缝或凹陷由酶的特定空间构象所维持，深入到酶分子内部，且多由氨基酸残基的疏水基团组成，形成疏水“口袋”。如溶菌酶的活性中心，可以容纳 6 个 *N*-乙酰氨基葡糖环。

四、同工酶催化相同的化学反应

1. 同工酶是指催化相同的化学反应，但酶蛋白的分子结构、理化性质、免疫学性质不同的一种酶。

2. 同工酶一级结构有差别，但其三维结构相似或相同。由同一基因转录的 mRNA 前体经过不同的剪接过程，生成的多种不同 mRNA 的翻译产物，也是同工酶。

3. 举例

（1）动物乳酸脱氢酶（LDH）有心肌型（H 型）和骨骼肌型（M 型）两种类型的亚基，可以组成 5 种同工酶 LDH1（H_4）、LDH2（H_3M）、LDH3（H_2M_2）、LDH4（HM_3）、LDH5（M_4）。

（2）肌酸激酶（CK）有 3 种同工酶，脑中含 CK_1（BB 型）、心肌中含 CK_2（MB 型）、骨骼肌中含 CK_3（MM 型），其中 CK_2 为诊断心肌梗死的指标之一。

第二节　酶的工作原理

一、酶和一般催化剂的共同点

1. 化学反应前后都没有质和量的改变。

2. 它们都只能催化热力学允许的化学反应。

3．只能加速可逆反应的进程，而不改变反应的平衡点，即不改变反应的平衡常数。

4．作用机制都是降低反应的活化能。

二、酶具有不同于一般催化剂的显著特点

1．酶对底物具有极高的催化效率　酶的催化效率通常比一般催化剂高出 10^7 ~ 10^{13} 倍，比非催化反应高 10^8 ~ 10^{20} 倍。通过降低活化能实现。

2．酶对底物具有高度的特异性

（1）特异性（专一性）：一种酶只能催化一种或一类化合物或化学键，或一定的化学键，催化一定的化学反应并产生一定的产物。

（2）根据酶对其底物结构选择的严格程度不同，酶的特异性分为以下两种类型。

1）绝对特异性：有的酶只能作用于特定结构的底物，进行一种专一的反应，生成一种特定结构的产物。这种特异性称为绝对特异性。

2）相对特异性：有一些酶的特异性相对较差，这种酶作用于一类化合物或一种化学键，这种不太严格的选择性称为相对特异性。

3．酶具有可调节性

（1）酶的酶活性和酶的含量受体内代谢物或激素的调节。

（2）机体通过对酶的活性与酶量的调节使得体内代谢过程受到精确调控，使机体适应内外环境的不断变化。

（3）酶促反应受多种因素调控，使酶原在适当的环境中被激活并发挥作用。

4．酶具有不稳定性　酶的化学本质是蛋白质，在某些理化因素（如高温、强酸、强碱等）的作用下会发生变性而失去催

化活性。

三、酶通过促进底物形成过渡态而提高反应效率

1. 酶比一般催化剂降低活化能效率更高

（1）酶与一般催化剂一样，通过降低反应的活化能，从而提高反应速率，但酶能使其底物分子获得更少的能量便可进入过渡态（图 1-3-2）。

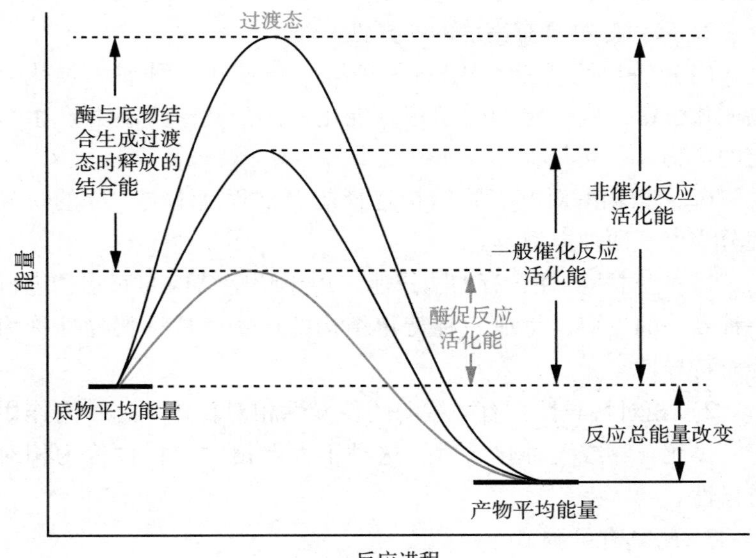

图 1-3-2 酶促反应活化能的变化

（2）活化能

1）指在一定温度下，1mol 反应物从基态转变成过渡态所需要的自由能，即过渡态中间物比基态反应物高出的那部分能量。活化能是决定化学反应速率的内因。

2）在 25℃时活化能每减少 4. 184kJ/mol，反应速率可增高

5.4 倍。

（3）结合能：衍生于酶与底物相互作用的能量。这种结合能的释放是酶降低反应活化能所利用的自由能的主要来源。

2. 酶与底物结合形成中间产物

（1）诱导契合作用使酶与底物结合。

（2）邻近效应与定向排列使诸底物准确定位于酶的活性中心。

（3）表面效应使底物去溶剂化。

3. 酶的催化机制为多元化

（1）普通酸-碱催化作用。

（2）共价催化：指催化剂与反应物形成共价结合的中间产物，降低反应活化能，把被转移基团传递给另外一个反应物的催化作用。

（3）酶既可以起亲核催化作用，又可起亲电子催化作用。

主治语录：生物催化剂具有高效性、特异性、易失活、受调控（如别构调节、共价修饰调节、酶原激活、同工酶）等特点，活力与辅酶、辅基、金属离子有关。

第三节 酶促反应动力学

酶促反应动力学研究各种因素对酶反应的影响（哪些因素影响、如何影响），如酶浓度、底物浓度、pH、温度等。

一、底物浓度［S］对酶促反应速率 v 的影响呈矩形双曲线

1. 在其他条件在最适、不变的情况下

（1）当［S］较低时，v 与［S］成正比，即呈直线关系。

（2）当［S］增加至一定程度时，v 随［S］增加而提高，但不呈直线关系。

（3）当［S］再增加，v 达到最大 v_{max}。

2. 米-曼方程揭示单底物反应的动力学特性

（1）米-曼方程式：$v=v_{max}[S]/(K_m+[S])$。

（2）式中 v_{max} 为最大反应速度，［S］为底物浓度，K_m 为米式常数，v 是在不同［S］时的反应速度。

（3）当底物浓度很低（［S］<<K_m）时，$v=v_{max}[S]/K_m$，反应速度和底物浓度成正比。

（4）当底物浓度很高（［S］>>K_m）时，$v \approx v_{max}$，反应速度达最大速度，再增加底物浓度也不会再影响反应速度。

3. K_m 与 v_{max} 是重要的酶促反应动力学参数

（1）当 v 为 v_{max} 的一半时，米氏方程可以转换为：$1/2v_{max}=v_{max}[S]/(K_m+[S])$，即 K_m =［S］。K_m 值等于酶促反应速度为最大速度一半时的底物浓度。

（2）$K_m=(k_2+k_3)/k_1$，当 $k_2>>k_3$ 时，即 ES 解离成 E 和 S 的速度大大超过分解成 E 和 P 的速度时，k_3 可以忽略不计。此时 K_m 值近似于 ES 的解离常数 K。这种情况下，K_m 可用来表示酶对底物的亲和力。K_m 值越小，酶与底物的亲和力越大。

（3）K_m 值是酶的特性常数，只与酶的结构、底物和反应环境（如温度、pH、离子强度）有关，与酶的浓度无关。对于同一底物，不同的酶有不同的 K_m 值。多底物反应的酶对不同底物的 K_m 值也各不相同。

（4）v_{max} 是酶被底物完全饱和时的反应速度。

（5）k_3 称为酶的转换数：当酶被底物充分饱和时，单位时间内每个酶分子（或活性中心）催化底物转变为产物的分子数，k_3 可用来表示酶的催化效率。

二、底物足够时酶浓度对酶促反应速率的影响呈直线关系

在酶促反应系统中，当底物浓度大大超过酶浓度，使酶被底物饱和时，反应速度与酶的浓度成正比关系。

三、温度对酶促反应速率的影响具有双重性

1. 双重影响　温度升高，酶促反应速度升高；由于酶的本质是蛋白质，温度升高，可引起酶的变性，从而反应速度降低，酶的活性虽然随温度的下降而降低，但低温一般不使酶破坏。

2. 最适温度　指酶促反应速率达最大时的反应系统的温度。酶的最适温度不是酶的特征性常数，它与反应进行的时间有关。能在较高温度生存的生物，细胞内酶的最适反应温度亦较高。

四、pH 通过改变酶分子及底物分子的解离状态影响酶促反应速率

1. 酶分子中的许多极性基团，在不同的 pH 条件下解离状态不同，其所带电荷的种类和数量也各不相同，酶活性中心的某些必需基团往往仅在某一解离状态时才最容易同底物结合或具有最大的催化作用。

2. 许多具有可解离基团的底物与辅酶（如 ATP、NAD^+、辅酶 A、氨基酸等）荷电状态也受 pH 改变的影响，从而影响它们与酶的亲和力。

3. pH 可以影响酶活性中心的空间构象，从而影响酶的活性。

4. pH 的改变对酶的催化作用影响很大，酶催化活性最大时的环境 pH 称为酶促反应的最适 pH。

5. 虽然不同酶的最适 pH 各不相同，但除少数（如胃蛋白酶的最适 pH 约为 1.8，肝精氨酸酶最适 pH 为 9.8）外，动物体内多数酶的最适 pH 接近中性。

6. 最适 pH 不是酶的特征性常数，受底物浓度、缓冲液的种类与浓度、酶的纯度等因素的影响。

7. 溶液的 pH 高于或低于最适 pH 时，酶的活性降低，远离最适 pH 时还会导致酶的变性失活。

8. 在测定酶的活性时，应选用适宜的缓冲液以保持酶活性的相对恒定。

五、抑制剂可降低酶促反应速率

凡能使酶的催化活性下降而不引起酶蛋白变性的物质统称为酶的抑制剂。

1. 不可逆性抑制作用与酶共价结合

（1）不可逆性抑制作用的抑制剂通常与酶活性中心上的必需基团以共价键相结合，使酶失活。不能用透析、超滤等方法去除。

（2）专一性抑制剂

1）有机磷农药（美曲膦酯、敌敌畏、乐果和马拉硫磷等）能特异地与胆碱酯酶活性中心丝氨酸残基的羟基结合，使酶失活。乙酰胆碱的积蓄造成迷走神经的兴奋毒性状态。

2）解救：M 受体阻断药阿托品和胆碱酯酶复活药解磷定。

（3）非专一性抑制剂

1）低浓度的重金属离子（如 Hg^{2+}、Ag^{+} 等）及 As^{3+} 可与酶分子的巯基结合，使酶失活。由于这些抑制剂所结合的巯基不局限于必需基团，所以此类抑制剂又称为非专一性抑制剂。

2）化学毒气路易士气是一种含砷的化合物，它能抑制体内的巯基酶而使人畜中毒。

3）解救：二巯丙醇（BAL）。

2. 可逆性抑制剂与酶非共价结合　抑制剂与酶蛋白以非共价方式结合，引起酶活性暂时性丧失。抑制剂可以通过透析等方法被除去，并且能部分或全部恢复酶的活性。

（1）竞争性抑制剂与底物竞争结合酶的活性中心

1）有些抑制剂与酶的底物结构相似，可与底物竞争酶的活性中心，从而阻碍酶与底物结合成中间产物。这种抑制作用称为竞争性抑制作用。

2）抑制作用特点：抑制作用大小取决于抑制剂与酶的相对亲和力及与底物浓度的相对比例，加大酶的底物可使抑制作用降低。

3）动力学特点：抑制作用并不影响酶促反应的 v_{max}，而使 K_m 值增大。即 v_{max} 不变，K_m 值增大。

（2）非竞争性抑制剂结合活性中心之外的调节位点

1）有些抑制剂与酶活性中心外的必需基团结合，不影响酶与底物的结合，底物也不影响酶与抑制剂的结合。底物与抑制剂之间无竞争关系。这种抑制作用称作非竞争性抑制作用。

2）抑制作用特点

抑制程度只与抑制剂的浓度成正比，与底物浓度无关。这种结合并不影响底物和酶结合。

3）动力学特点

抑制剂存在时，K_m 不变，v_{max} 降低。

（3）反竞争性抑制剂的结合位点由底物诱导产生

1）仅与酶和底物形成的中间产物（ES）结合，使中间产物 ES 的量下降。这种抑制作用称为反竞争性抑制作用。

2）抑制作用特点：抑制剂与酶-底物复合物结合。抑制程度与抑制剂的浓度成正比，也与底物浓度成正比。

3）动力学特点：抑制剂存在时，K_m 和 v_{max} 都随抑制剂的增加而减小。

3. 3 种可逆性抑制作用的比较　见表 1-3-2。

表 1-3-2　3 种可逆性抑制作用的比较

不同点	竞争性抑制	非竞争性抑制	反竞争性抑制
抑制剂结构	结构与底物相似	不一定相似	不一定相似
与抑制剂 I 结合的组分	E	E、ES	ES
抑制剂结合部位	酶活性中心	酶及 ES 活性中心外的基团	酶-底物复合物
解除抑制	增加［S］解除	去除抑制剂	去除抑制剂
动力学特征	K_m↑、v_{max}不变	K_m不变、v_{max}↓	K_m↓、v_{max}↓

六、激活剂可提高酶促反应速率

1. 使酶由无活性变为有活性或使酶活性增加的物质称为酶的激活剂，大多为金属离子，也有许多有机化合物激活剂。分为必需激活剂和非必需激活剂。

2. 必需激活剂　大多数金属离子激活剂对酶促反应是不可缺少的，否则将测不到酶的活性。

3. 非必需激活剂　有些酶即使激活剂不存在时，仍有一定的催化活性，激活剂则可使其活性增加。

第四节　酶的调节

一、酶活性的调节是对酶促反应速率的快速调节

1. 别构效应剂通过改变酶的构象而调节酶活性

（1）体内一些代谢物可与某些酶的活性中心外的某个部位

非共价可逆结合，引起酶的构象改变，从而改变酶的活性，酶的这种调节方式称为酶的别构调节。

（2）受别构调节的酶称为别构酶，引起别构效应的物质称为别构效应剂，根据别构效应剂对别构酶的调节效果，分为别构激活剂和别构抑制剂。酶分子与别构效应剂结合的部位称为别构部位。

（3）效应剂与酶的一个亚基结合，此亚基的别构效应使相邻亚基也发生构象改变，并增加对此效应剂的亲和力，这种协同效应称为正协同效应；如果后续亚基的构象改变降低对此效应剂的亲和力，则称为负协同效应。

（4）举例

1）ATP 和柠檬酸是糖酵解途径的关键酶之一磷酸果糖激酶-1 的别构抑制剂。

2）ADP 和 AMP 是磷酸果糖激酶-1 的别构激活剂，这两种物质的增多激发葡萄糖的氧化供能，增加 ATP 的生成。

2. 酶的化学修饰调节是通过某些化学基团与酶的共价可逆结合来实现

（1）酶蛋白肽链上的一些基团可在其他酶的催化下，与某些化学基团共价结合，同时又可在另一种酶的催化下，去掉已结合的化学基团，从而影响酶的活性，酶的这种调节方式称为酶的共价修饰。

（2）在化学修饰过程中，酶发生无活性（或低活性）与有活性（或高活性）两种形式的互变。酶的共价修饰有多种形式，其中最常见的形式是磷酸化和去磷酸化。

（3）酶的共价修饰举例

1）磷酸化与脱磷酸化的互变。

2）乙酰化与脱乙酰化的互变。

3）甲基化与脱甲基化的互变。

4）腺苷化与脱腺苷化的互变。

5）—SH 与—S —S —的互变。

（4）特点：酶的共价修饰是体内快速调节的另一种重要方式。

1）酶存在有（高）活性和无（低）活性两种形式。

2）共价键修饰。

3）具有放大效应（瀑布或级联效应）。

4）磷酸化消耗 ATP。

（5）最常发生磷酸化的氨基酸是丝氨酸、苏氨酸、酪氨酸。

3. 酶原需要通过激活过程才能转变为有活性的酶

（1）有些酶在细胞内合成或初分泌或在其发挥催化功能前处于无活性状态，这种无活性的酶的前体称作酶原。

（2）酶原的激活：在一定条件下，酶原水解开一个或几个特定的肽键，致使空间构象发生改变而表现出酶的活性。大多数为去掉一个或几个肽段。

（3）举例：胃蛋白酶原、胰凝乳蛋白酶原、弹性蛋白酶原及羧基肽酶原等。

主治语录：别构效应剂通过改变酶的构象而调节酶活；酶的化学修饰调节是通过某些化学基团与酶的共价可逆结合来实现；酶原需要通过激活过程才能转变为有活性的酶。

二、酶含量的调节

1. 酶蛋白合成的诱导与阻遏

（1）诱导物：在转录水平上能促进酶合成的物质。诱导物诱发酶蛋白合成的作用称为诱导作用。

（2）辅阻遏物：在转录水平上能减少酶蛋白合成的物质。辅阻遏物与无活性的阻遏蛋白结合而影响基因的转录，这种作

用称为阻遏作用。

2. 酶的降解与一般蛋白质降解途径相同　酶的降解大多在细胞内进行。细胞内存在两种降解蛋白质的途径。

（1）组织蛋白降解的溶酶体途径（非 ATP 依赖性蛋白质降解途径），由溶酶体内的组织蛋白酶非选择性催化分解一些膜结合蛋白、长半寿期蛋白和细胞外的蛋白。

（2）组织蛋白降解的胞质途径（ATP 依赖性泛素介导的蛋白降解途径），主要降解异常或损伤的蛋白质，以及几乎所有短半寿期（10 分钟至 2 小时）的蛋白质。

第五节　酶的分类与命名

一、酶的分类

按催化反应类型分类如下。

1. 氧化还原酶类　催化氧化还原反应的酶，例如乳酸脱氢酶、琥珀酸脱氢酶、细胞色素氧化酶、过氧化氢酶、过氧化物酶。

2. 转移酶　催化底物之间基团转移或交换的酶，例如甲基转移酶、氨基转移酶、乙酰转移酶、转硫酶、激酶与多聚酶。

3. 水解酶　催化底物发生水解反应的酶，如蛋白酶（内肽酶与外肽酶）、核酸酶（外切核酸酶与内切核酸酶）、脂肪酶、脲酶。

4. 裂合酶类　催化从底物移去一个基团并形成双键的反应或其逆反应的酶，如脱水酶、脱羧酶、醛缩酶、水化酶。

5. 异构酶类　催化分子内部基团的位置互变，几何或光学异构体互变以及醛酮互变的酶，如变位酶、表异构酶、异构酶、消旋酶。

6. 连接酶　催化两种底物形成一种产物并同时偶联有高能

键水解和释能的酶。反应时需要核苷三磷酸水解释能，如DNA连接酶、氨基酰-tRNA合成酶、谷氨酰胺合成酶等。合酶与合成酶均属于连接酶。

注：合酶和合成酶进行了区分，合酶催化反应时不需要NTP供能，而合成酶需要。

二、每一种酶均有其系统名称和推荐名称

1. 习惯名　规律性不强，抢先原则，比较乱，会出现一酶多名或一名多酶，优点是简单明了。

2. 系统命名　酶与名一一对应，要求标名所有底物的名称以及反应的性质，例如，上述的谷氨酰胺合成酶是习惯名，其系统名为Glu：NH_3合成酶，优点是明确，缺点是啰唆。

3. 酶的编号　为了对酶进行有效的分类和查询，国际酶学委员会对每一种酶都编有一个号，每种酶的分类编号均由4组数字组成，数字前冠以EC。编号中的第一个数字为六大类中的哪一类；第二组数字为该酶属于哪一种亚类；第三组数据为亚-亚类；第四组数字为该酶在亚-亚类中的排序。

第六节　酶在医学中的应用

一、酶与疾病的发生、诊断及治疗密切相关

1. 许多疾病与酶的质和量的异常相关

（1）酶的先天性缺陷是先天性疾病的重要病因之一

1）酪氨酸酶缺乏引起白化病。

2）苯丙氨酸羟化酶缺乏使苯丙氨酸和苯丙酮酸在体内堆积，高浓度的苯丙氨酸可抑制5-羟色胺的生成，导致精神幼稚化。

3）肝细胞中葡糖-6-磷酸酶缺陷，可引起Ⅰa型糖原贮积症。

（2）一些疾病可引起酶活性或量的异常

1）急性胰腺炎时，胰蛋白酶原在胰腺中被激活，造成胰腺组织被水解破坏。

2）维生素K缺乏时，凝血因子Ⅱ、Ⅶ、Ⅸ、Ⅹ的前体不能在肝内进一步羧化生成成熟的凝血因子，患者表现出因这些凝血因子异常所致的临床征象。

2. 体液中酶活性的改变可作为疾病的诊断指标

（1）组织器官损伤可使其组织特异性的酶释放入血，有助于对组织器官疾病的诊断。

（2）例如急性肝炎时血清丙氨酸氨基转移酶活性升高；急性胰腺炎时血、尿淀粉酶活性升高等。

3. 某些酶可作为药物用于疾病的治疗

（1）作为助消化药物，如胃蛋白酶、胰蛋白酶、胰脂肪酶、胰淀粉酶。

（2）用于清洁伤口和抗炎，如胰蛋白酶、溶菌酶、木瓜蛋白酶、菠萝蛋白酶。

（3）溶解血栓，常用链激酶、尿激酶及纤溶酶。

（4）抑制体内的酶，例如，磺胺类药物是细菌二氢蝶酸合酶的竞争性抑制剂；氯霉素可抑制某些细菌转肽酶的活性从而抑制其蛋白质的合成。

二、酶可作为试剂用于临床检验和科学研究

1. 有些酶可作为酶偶联测定法中的指示酶或辅助酶　有些酶促反应的底物或产物含量极低，不易直接测定。若偶联一种酶，这个酶即为指示酶；若偶联两种酶，则前一种酶为辅助酶，后一种酶为指示酶。例如，测血糖时，利用葡糖氧化酶将葡萄糖氧化为葡萄糖酸，并释放H_2O_2，过氧化物酶催化H_2O_2与4-氨基安替比林及苯酚反应生成水和红色醌类化合物，测定红色醌

类化合物在 505nm 处的吸光度即可计算出血糖浓度。

2. 有些酶可作为酶标记测定法中的标记酶　一般用放射性核素标记法来检测微量分子，现今用酶标记代替核素标记。例如，酶联免疫吸附测定（ELISA）法就是利用抗原-抗体特异性结合的特点，将标记酶与抗体偶联，对抗原或抗体进行检测的一种方法。

3. 多种酶成为基因工程常用的工具酶

（1）多种酶现已常规用于基因工程操作过程中。

（2）如Ⅱ型限制性内切核酸酶、DNA 连接酶、反转录酶、DNA 聚合酶。

历年真题

1. 下列关于酶结构与功能的叙述，正确的是
   A. 酶只在体内发挥作用
   B. 酶的催化作用与温度无关
   C. 酶能改变反应的平衡点
   D. 酶能大大降低反应的活化能
   E. 酶的催化作用不受调控
2. 关于酶活性中心的叙述，正确的是
   A. 酶原有能发挥催化作用的活性中心
   B. 由一级结构上相互邻近的氨基酸组成
   C. 是必需基团存在的唯一部位
   D. 均由亲水氨基酸组成
   E. 含结合基团和催化基团
3. 在底物过量时，生理条件下决定酶促反应速度的是
   A. 酶浓度
   B. 钠离子浓度
   C. 温度
   D. 酸碱度
   E. 辅酶含量

参考答案：1. D　2. E　3. A

第四章　聚糖的结构与功能

核心问题

1. 糖蛋白的组成、分类以及生理意义。
2. 糖胺聚糖的分类、作用。
3. 糖脂的组成、结构。
4. 聚糖的意义及其多样性。

内容精要

1. 在细胞表面和细胞间质中存在着丰富的糖蛋白和蛋白聚糖，两者都由蛋白质部分和聚糖部分组成。

2. 蛋白聚糖由糖胺聚糖和核心蛋白质组成。

3. 糖脂可分为鞘糖脂、甘油糖脂和类固醇衍生糖脂。

第一节　糖蛋白分子中聚糖及其合成过程

一、概述

1. 糖蛋白指糖类分子与蛋白质分子共价结合形成的蛋白质。组成糖蛋白分子中聚糖的单糖为葡萄糖（Glc）、半乳糖（Gal）、甘露糖（Man）、*N*-乙酰半乳糖胺（GalNAc）、*N*-乙酰葡糖胺（GlcNAc）、岩藻糖（Fuc）和 *N*-乙酰神经氨酸（NeuAc）。

2. 糖蛋白聚糖根据连接方式可分为 *N*-连接型聚糖和 *O*-连接型聚糖。前者是指蛋白质分子中天冬酰胺残基的酰胺氮相连的聚糖，后者是指与蛋白质分子中丝氨酸或苏氨酸羟基相连的聚糖。糖蛋白也有 *N*-连接糖蛋白、*O*-连接糖蛋白。

3. 即使是同一组织中的某种糖蛋白，不同分子的同一糖基化位点的 *N* 连接型聚糖结构也可以不同，这种糖蛋白聚糖结构的不均一性称为糖形。

二、*N*-连接型糖蛋白的糖基化位点为 Asn-X-Ser/Thr

1. 糖基化指聚糖中的 *N*-酰葡糖胺与蛋白质中天冬酰胺残基的酰胺氮以共价键连接，形成 *N*-连接型糖蛋白。

2. 并非糖蛋白分子中所有天冬氨酸残基均可连接聚糖，只有糖蛋白分子中与糖形成共价结合的特定氨基酸序列才可以。

3. 一个糖蛋白分子可存在若干个 Asn-X-Ser/Thr 序列子，这些序列子只能视为潜在糖基化位点，能否连接上聚糖还取决于周围的立体结构等。

三、*N*-连接型聚糖结构有高甘露糖型、复杂型和杂合型之分

1. 根据其结构可分为高甘露糖型、复杂型、杂合型。

2. 这 3 型连接型聚糖都有一个由 2 个 N-GlcNAc 和 3 个 Man 形成的五糖核心。高甘露糖型在核心五糖上连接了 2~9 个甘露糖，复杂型在核心五糖上可连接 2、3、4 或 5 个分支聚糖，宛如天线状，天线末端常连有 *N*-乙酰神经氨酸。杂合型则兼有两者的结构。

四、*N*-连接型聚糖合成是以长萜醇作为聚糖载体

1. *N*-连接型聚糖的合成场所是粗面内质网和高尔基体，可

与蛋白质肽链的合成同时进行。在内质网内以长萜醇作为聚糖载体，在糖基转移酶的作用下，先将 UDP-GlcNAc 分子中的 GlcNAc 转移至长萜醇，再逐个加上糖基，糖基只有活化为 UDP 或 GDP 的衍生物，才能作为糖基供体底物参与反应。

2. 直至形成含有 14 个糖基的长萜醇焦磷酸聚糖结构，后者作为一个整体被转移至肽链的糖基化位点中的天冬酰胺的酰胺氮上。

3. 然后聚糖链依次在内质网和高尔基体进行加工，先由糖苷水解酶除去葡萄糖和部分甘露糖，然后再加上不同的单糖，成熟为各型 *N*-连接型聚糖。

4. 在体内，糖蛋白的加工简单，仅形成一个较为单一的高甘露糖型聚糖；有些形成杂合性，通过多种加工形成复杂型的聚糖。

五、*O*-连接型聚糖合成不需要聚糖载体

1. *O*-连接糖蛋白的糖基化位点由多肽链的二级结构、三级结构决定。

2. *O*-连接型聚糖常由 *N*-乙酰半乳糖胺与半乳糖构成核心二糖，核心二糖可重复延长及分支，再连接上岩藻糖、*N*-乙酰葡糖胺等单糖。

3. 合成不需要聚糖载体。

六、β-*N*-乙酰葡糖胺的糖基化是可逆的葡糖修饰

1. 蛋白质糖基化修饰除 *N*-连接型聚糖修饰和 *O*-连接型聚糖修饰外，还有 β-*N*-乙酰葡糖胺的单糖基修饰，主要发生于膜蛋白和分泌蛋白。

2. 糖基化后，蛋白质肽链的构象将发生改变，从而影响蛋白质功能。

七、糖蛋白分子中聚糖影响蛋白质的半衰期、结构与功能

1. 聚糖可稳固多肽链的结构及延长半衰期　*O*-连接型聚糖常成簇地分布在蛋白质高度糖基化的区段上，有助于稳固多肽链的结构。去除聚糖的糖蛋白，容易受蛋白酶水解，说明聚糖可保护肽链，延长半寿期。

2. 聚糖参与糖蛋白新生肽链的折叠或聚合　不少糖蛋白的*N*-连接型聚糖参与新生肽链的折叠，维持蛋白质正确的空间构象。

3. 聚糖可影响糖蛋白在细胞内的靶向运输　糖蛋白的聚糖可影响糖蛋白在细胞内靶向运输，典型例子是溶酶体酶合成后向溶酶体的靶向运输。

4. 聚糖参与分子间的相互识别

（1）聚糖中单糖间的连接方式有 1, 2 连接、1, 3 连接、1, 4 连接和 1, 6 连接；这些连接又有 α 和 β 之分。

（2）受体与配体识别、结合需要聚糖的参与：整合素与其配体纤连蛋白集合，依赖完整的整合素 *N*-连接型聚糖的结合。

（3）红细胞的血型物质含糖达 80%～90%。ABO 血型物质存在于细胞表面糖脂中的聚糖组分。细菌表面存在各种凝集素样蛋白，可识别人体细胞表面的聚糖结构，进而侵袭细胞。

（4）细胞表面复合糖类的聚糖还能介导细胞-细胞的结合。

（5）免疫球蛋白 G（IgG）属于 *N*-连接糖蛋白，聚糖主要存在于 Fc 段。其聚糖可结合单核细胞或巨噬细胞上的 Fc 受体，并与补体 C1q 的结合和激活以及诱导细胞毒等过程有关。

第二节　蛋白聚糖分子中的糖胺聚糖

蛋白聚糖是一类非常复杂的复合糖类，以聚糖含量为主，由

糖胺聚糖（GAG）共价连接于不同核心蛋白质形成的糖复合体。

一、糖胺聚糖是由己糖醛酸和己糖胺组成的重复二糖单位

1. 体内重要的糖胺聚糖有硫酸软骨素、硫酸皮肤素、硫酸角质素、透明质酸、肝素和硫酸类肝素。除透明质酸外，其他的糖胺聚糖都带有硫酸。

2. 硫酸软骨素的二糖单位由*N*-乙酰半乳糖胺和葡糖醛酸组成，最常见的硫酸化部位是*N*-乙酰半乳糖胺残基的 C_4 和 C_6 位。

3. 硫酸角质素的二糖单位由半乳糖和乙酰葡糖胺组成。

4. 硫酸皮肤素含有两种糖醛酸。

5. 肝素的二糖单位为葡糖胺和艾杜糖醛酸，葡糖胺的氨基氮和 C_6 位均带有硫酸。肝素分布于肥大细胞内，有抗凝作用。硫酸类肝素是细胞膜成分，突出于细胞外。

6. 透明质酸的二糖单位为葡糖醛酸和*N*-乙酰葡糖胺。

二、核心蛋白质均含有结合糖胺聚糖的结构域

1. 与糖胺聚糖链共价结合的蛋白质称为核心蛋白质。核心蛋白质最小的蛋白聚糖称为丝甘蛋白聚糖。

2. 举例

（1）丝甘蛋白聚糖：其含有肝素，主要存在于造血细胞和肥大细胞的贮存颗粒中，是一种典型的细胞内蛋白聚糖。

（2）饰胶蛋白聚糖：核心蛋白质分子量为 3.6 万，富含亮氨酸重复序列的模板。可与胶原相互作用，调节胶原纤维的形成和细胞外基质的组装。

（3）黏结蛋白聚糖：核心蛋白质分子质量为 3.2 万，含胞质结构域、插入质膜的疏水结构域和细胞外结构域。细胞外结构域连接有硫酸肝素和硫酸软骨素，是细胞膜表面主要蛋白聚

糖之一。

(4) 蛋白聚糖聚合体：是细胞外基质的重要成分之一，由透明质酸长聚糖两侧经连接蛋白而结合许多蛋白聚糖而成，由于糖胺聚糖上羧基或硫酸根均带有负电荷，彼此相斥，所以在溶液中蛋白聚糖聚合物呈瓶刷状。

三、蛋白聚糖合成时在多肽链上逐一加上糖基

在内质网上，蛋白聚糖先合成核心蛋白质的多肽链部分，多肽链合成的同时即以 *O*-连接或 *N*-连接的方式在丝氨酸或天冬酰胺残基上进行聚糖加工。聚糖的加工修饰与延长是在高尔基体内进行，以单糖的 UDP 衍生物为供体，在肽链上逐个加上单糖，而不是先合成二糖单位。

四、蛋白聚糖是细胞间基质的重要成分

1. 蛋白聚糖最主要功能是构成细胞间的基质　基质中含有大量透明质酸，可与细胞表面的透明质酸受体结合，影响细胞与细胞的黏附、细胞迁移、增殖和分化等细胞行为。

2. 各种蛋白聚糖有其特殊功能　例如，肝素可以抗凝，还可与毛细血管壁的脂蛋白脂肪酶结合，使后者释放入血。

主治语录：蛋白聚糖由糖胺聚糖和核心蛋白质组成。细胞间基质的蛋白聚糖还参与细胞黏附、迁移、增殖和分化等功能。

第三节　糖脂由鞘糖脂、甘油糖脂和类固醇衍生糖脂组成

糖脂是一种携有一个或多个以共价键连接糖基的复合脂质。根据脂质部位不同，可分为鞘糖脂、甘油糖脂和类固醇糖脂。

一、鞘糖脂是神经酰胺被糖基化的糖苷化合物

1. 鞘糖脂是以神经酰胺的1-位羟基被糖基化的糖苷化合物。

2. 鞘糖脂分子中单糖主要为 *D*-葡萄糖、*D*-半乳糖、*N*-乙酰葡糖胺、*N*-乙酰半乳糖胺、岩藻糖和唾液酸。

3. 鞘糖脂又可根据分子中是否含有唾液酸或硫酸基成分，分为中性鞘糖脂和酸性鞘糖脂两类。

（1）脑苷脂是不含唾液酸的中性鞘糖脂

1）中性鞘糖脂的糖基不含唾液酸，常见的糖基是半乳糖、葡萄糖等单糖。

2）含单个糖基的中性鞘糖脂有半乳糖基神经酰胺和葡糖基神经酰胺，又称脑苷脂。

3）含二糖基的中性鞘糖脂有乳糖基神经酰胺。

4）鞘糖脂的疏水部分伸入膜的磷脂双层中，而极性糖基暴露在细胞表面，发挥血型抗原、组织或器官特异性抗原、分子与分子相互识别的作用。

（2）硫苷脂是指糖基部分被硫酸化的酸性鞘糖脂：鞘糖脂的糖基部分可被硫酸化，形成硫苷脂。例如，脑苷脂被硫酸化，成为硫酸脑苷脂。

（3）神经节苷脂是含唾液酸的酸性鞘糖脂

1）糖基部分含有唾液酸的鞘糖脂，常称为神经节苷脂。

2）神经节苷脂分子中的糖基较脑苷脂大，常为含有1个或多个唾液酸的寡糖链。

3）神经节苷脂可根据含唾液酸的多少以及与神经酰胺相连的糖链顺序命名。

4）作用：①结合某些垂体糖蛋白激素。②参与细胞的相互识别。③是某些细菌蛋白毒素的受体。④引起遗传性鞘糖脂过剩疾病等。

二、甘油糖脂是髓磷脂的重要成分

1. 髓磷脂（糖基甘油酯）为包绕在神经元轴突外侧的脂质，具有保护绝缘作用。

2. 最常见的甘油糖脂有单半乳糖基甘油二酯和二半乳糖基甘油二酯。

主治语录：糖脂可分为鞘糖脂、甘油糖脂和类固醇衍生糖脂。鞘糖脂、甘油糖脂是细胞膜脂的主要成分。

第四节　聚糖结构中蕴藏大量生物信息

聚糖参与细胞识别、细胞黏附、细胞分化、免疫识别、细胞信号转导、微生物致病过程和肿瘤转移过程等。

一、聚糖组分是糖蛋白执行功能所必需

聚糖中的糖基序列或不同糖苷键的形成，主要取决于糖基转移酶的特异性识别糖底物和催化作用。

二、结构多样性的聚糖富含生物信息

1. 聚糖空间结构多样性是携带信息的基础

（1）聚糖结构具有复杂性与多样性。复合糖类中的各种聚糖结构存在单糖种类、化学键连接方式及分支异构体的差异，形成千变万化的聚糖空间结构。

（2）由于单糖的连接方式、修饰方式的差异，使聚糖空间结构较多。

2. 多样性受基因编码的糖基转移酶和糖苷酶调控

（1）糖密码指每一聚糖都有一个独特的能被单一蛋白质阅

读，并与其相结合的特定空间构象。

（2）已知构成聚糖的单糖种类与单糖序列是特定的，即存在于同一糖蛋白同一糖基化位点的聚糖结构通常是相同的（但也存在不均一性），提示“糖蛋白聚糖合成规律可能由上游分子控制”。

历年真题

下列哪种物质不是糖胺聚糖

A. 果胶

B. 硫酸软骨素

C. 肝素

D. 透明质酸

E. 硫酸胶质素

参考答案：A

第二篇　物质代谢及其调节

第五章　糖　代　谢

核心问题

1. 糖酵解和有氧氧化的途径及催化所需的酶，特别是关键酶和主要的调节因素。

2. 肝糖原合成、分解及糖异生的途径及关键酶。

3. 磷酸戊糖途径的关键酶和生理意义。乳酸循环的过程及生理意义。

4. 血糖的来源、去路。

内容精要

1. 细胞进行糖代谢，可通过无氧氧化、有氧氧化和磷酸戊糖途径分解葡萄糖，提供能量或其他重要产物；也可将糖储存为糖原形式；抑或将非糖物质异生转化为糖。

2. 糖的有氧氧化是主要产能途径，反应过程为糖酵解、丙酮酸氧化脱羧生成乙酰 CoA、三羧酸循环。

3. 磷酸戊糖途径主要受 NADPH 供需平衡所调节。

4. 血糖水平的调节　主要激素有胰岛素、胰高血糖素、糖皮质激素及肾上腺素。

第一节　糖的摄取与利用

一、糖的生理功能

1. 提供能量是糖最主要的生理功能。人体所需能量的50%~70%来自于糖。1mol 葡萄糖完全氧化成为二氧化碳和水可释放 2840kJ 的能量。其中约 34%转化为 ATP，以供应机体生理活动所需的能量。

2. 糖是机体重要的碳源。

3. 糖是组成人体组织结构的重要成分。

4. 体内有一些具有特殊生理功能的糖蛋白，如激素、酶、免疫球蛋白、血型物质和血浆蛋白等。

5. 糖的磷酸衍生物可以形成许多重要的生物活性物质，如 NAD^+、FAD、DNA、RNA、ATP 等。

二、糖消化后以单体形式吸收

1. 食物糖的形式

（1）多糖：淀粉、糖原、纤维素（不消化）。

（2）寡糖：麦芽糖、蔗糖、乳糖等。

（3）单糖：葡萄糖、果糖、半乳糖、甘露醇。

2. 糖类被消化成单糖后才能在小肠被吸收。小肠黏膜细胞依赖特定载体摄入葡萄糖，此类载体称为 Na^+依赖型葡糖转运蛋白（SGLT），它们主要存在于小肠黏膜和肾小管上皮细胞。

3. 葡萄糖被小肠黏膜细胞吸收后经门静脉入肝，再经血液循环供身体各组织细胞摄取。

三、细胞摄取葡萄糖需要转运蛋白

1. 葡萄糖吸收入血后，需要葡糖转运蛋白（GLUT）。

2. GLUT1 和 GLUT3　广泛分布于全身各组织中，与葡萄糖的亲和力较高，是细胞摄取葡萄糖的基本转运载体。

3. GLUT2　主要存在于肝和胰岛 B 细胞中，与葡萄糖的亲和力较低，使肝从餐后血中摄取过量的葡萄糖，并调节胰岛素分泌。

4. GLUT4　主要存在于肌和脂肪组织中，以胰岛素依赖方式摄取葡萄糖，耐力训练可以使肌组织细胞膜上的 GLUT4 数量增加。

5. GLUT5　主要分布于小肠，是果糖进入细胞的重要转运载体。

四、体内糖代谢涉及分解、储存和合成三方面

1. 机体绝大多数组织在供氧充足时，葡萄糖进行有氧氧化生成 CO_2 和 H_2O；肌组织缺氧时，葡萄糖进行无氧氧化生成乳酸。

2. 分解、储存、合成代谢途径在多种激素调控下相互协调、相互制约，使血中葡萄糖的来源与去路相对平衡，血糖水平趋于稳定。

第二节　糖的无氧氧化

一、概述

1. 糖酵解　1 分子葡萄糖在细胞质中可裂解为 2 分子丙酮酸。糖酵解是有氧与无氧氧化的起始途径，在胞质中进行。

2. 乳酸发酵　糖在无氧条件下，某些微生物或人体组织将糖酵解的丙酮酸分解成乳酸，并释放能量的过程。

3. 乙醇发酵　在某些植物、无脊椎动物和微生物中，糖酵解产生的丙酮酸可转变为乙醇和二氧化碳。

4. 有氧氧化　在有氧条件下，丙酮酸被彻底氧化为 CO_2 和 H_2O。

二、糖的无氧氧化（在胞质中进行）分为糖酵解和乳酸生成两个阶段

1. 葡萄糖经糖酵解分解为两分子丙酮酸（为不可逆反应，且消耗能量）

（1）葡萄糖磷酸化生成葡糖-6-磷酸（G-6-P）

1）葡萄糖进入细胞后首先的反应是磷酸化（第一个磷酸化反应）。

2）催化此反应的是己糖激酶。

3）反应不可逆，为限速步骤。

4）哺乳类动物体内已发现有 4 种己糖激酶同工酶，分别称为Ⅰ～Ⅳ型。

5）肝细胞中存在的是Ⅳ型，称为葡糖激酶。

6）葡糖激酶的特点：①对葡萄糖的亲和力很低，K_m 值为 10mmol/L 左右，而其他己糖激酶的 K_m 值在 0.1mmol/L 左右。②受激素调控。③在维持血糖水平和糖代谢中起着重要的生理作用。

（2）葡糖-6-磷酸转变为果糖-6-磷酸

1）是由磷酸己糖异构酶催化的醛糖与酮糖间的异构反应。

2）反应需要 Mg^{2+} 参与。

3）是可逆反应。

（3）果糖-6-磷酸转变为果糖-1, 6-二磷酸（F-1, 6-BP）

1）这是第二个磷酸化反应。

2）需 ATP 和 Mg^{2+}。

3）由磷酸果糖激酶-1（PFK-1）催化。

4）反应不可逆，为限速步骤。

（4）果糖-1, 6-二磷酸裂解成 2 分子磷酸丙糖

1）此步反应是可逆的。

2）由醛缩酶催化。

3）最终产生 2 分子丙糖，即磷酸二羟丙酮和 3-磷酸甘油醛。

（5）磷酸二羟丙酮转变为 3-磷酸甘油醛

1）3-磷酸甘油醛和磷酸二羟丙酮是同分异构体。

2）在磷酸丙糖异构酶催化下可互相转变。

上述的 5 步反应为糖酵解的耗能阶段，1 分子葡萄糖的代谢消耗了 2 分子 ATP，产生了 2 分子 3-磷酸甘油醛。而之后的 5 步反应才开始产生能量。

（6）3-磷酸甘油醛氧化为 1, 3-二磷酸甘油酸

1）反应中 3-磷酸甘油醛的醛基氧化成羧基及羧基的磷酸化均由 3-磷酸甘油醛脱氢酶催化。

2）以 NAD^+ 为辅酶接受氢和电子，生成 $NADH+H^+$。

3）参加反应的还有无机磷酸，当 3-磷酸甘油醛的醛基氧化脱氢成羧基即与磷酸形成混合酸酐，该酸酐含一高能磷酸键，它水解时可将能量转移至 ADP，生成 ATP。

（7）1, 3-二磷酸甘油酸转变为 3-磷酸甘油酸

1）磷酸甘油酸激酶催化混合酸酐上的磷酸基从羧基转移到 ADP，形成 ATP 和 3-磷酸甘油酸，反应需要 Mg^{2+}。

2）这是酵解过程中第一次产生 ATP 的反应，将底物的高能磷酸基直接转移给 ADP 生成 ATP。

3）这种 ADP 或其他核苷二磷酸的磷酸化作用与高能化合物的高能键水解直接相偶联的产能方式称为底物水平磷酸化作用。

（8）3-磷酸甘油酸转变为 2-磷酸甘油酸

1）磷酸甘油酸变位酶催化磷酸从 3-磷酸甘油酸的 C_3 位转移

到 C_2。

2）这步反应是可逆的，在催化反应中 Mg^{2+} 是必需的。

（9）2-磷酸甘油酸脱水生成磷酸烯醇式丙酮酸（PEP）

1）烯醇化酶催化 2-磷酸甘油酸脱水生成磷酸烯醇式丙酮酸（PEP）。

2）形成了一个高能磷酸键，为下一步反应作准备。

（10）磷酸烯醇式丙酮酸发生底物水平磷酸化生成丙酮酸

1）由丙酮酸激酶催化。

2）丙酮酸激酶的作用需要 K^+ 和 Mg^{2+} 参与。

3）反应不可逆，为限速步骤。

4）这是糖酵解途径中第二次底物水平磷酸化。

在糖酵解产能阶段的 5 步反应中，2 分子磷酸丙糖经两次底物水平磷酸化转变成 2 分子丙酮酸，总共生成 4 分子 ATP。

2. 丙酮酸被还原为乳酸

（1）这一反应由乳酸脱氢酶催化，丙酮酸还原成乳酸所需的氢原子由 $NADH+H^+$ 提供，后者来自上述第 6 步反应中的 3-磷酸甘油醛的脱氢反应。

（2）在缺氧情况下，这对氢用于还原丙酮酸生成乳酸，$NADH+H^+$ 重新转变成 NAD^+，糖酵解才能重复进行。

三、糖酵解的调节取决于三个关键酶活性

糖酵解关键酶是已糖激酶（葡糖激酶）、磷酸果糖激酶-1 和丙酮酸激酶催化。

1. 磷酸果糖激酶-1 对调节糖酵解速率最重要　目前认为调节糖酵解流量最重要的是磷酸果糖激酶-1 的活性。

（1）别构激活剂：AMP、ADP、果糖-1, 6-二磷酸和果糖 2, 6-二磷酸（F-2, 6-BP）。

（2）别构抑制剂：柠檬酸；ATP（高浓度）。

（3）果糖-1,6-二磷酸是磷酸果糖激酶-1的反应产物，这种产物正反馈作用是比较少见的，它有利于糖的分解。

（4）果糖-2,6-二磷酸是果糖-6-磷酸激酶-1最强的别构激活剂，在生理浓度范围（μmol水平）内即可发挥效应。

（5）果糖-2,6-二磷酸是磷酸果糖激酶-2催化果糖-6-磷酸C_2磷酸化而成。

（6）磷酸果糖激酶-2和果糖二磷酸酶-2两种酶活性共存于一个酶蛋白上，具有两个分开的催化中心，是一种双功能酶。

（7）磷酸果糖激酶-2和果糖二磷酸酶-2还可在激素作用下，以化学修饰方式调节酶活性。常见的化学修饰调节为磷酸化和去磷酸化。

2. 丙酮酸激酶是糖酵解的第二个重要的调节点

（1）丙酮酸激酶是糖酵解第二个重要的关键酶。

（2）果糖-1,6-二磷酸是丙酮酸激酶的别构激活剂，而ATP则有抑制作用。

（3）在肝内丙氨酸也有别构抑制作用。

（4）丙酮酸激酶还受化学修饰调节

1）蛋白激酶A和依赖Ca^{2+}、钙调蛋白的蛋白激酶均可使其磷酸化而失活。

2）胰高血糖素可通过激活蛋白激酶A抑制丙酮酸激酶活性。

3. 己糖激酶受到反馈抑制调节

（1）别构抑制剂：长链脂酰CoA。（葡糖激酶不受葡糖-6-磷酸抑制）。

（2）己糖激酶受其反应产物葡糖-6-磷酸的反馈抑制。

（3）胰岛素可诱导葡糖激酶基因的转录，促进该酶的合成。

4. 糖酵解关键酶的别构激活剂、别构抑制剂　见表2-5-1。

表 2-5-1　糖酵解关键酶的别构激活剂、别构抑制剂

酶名称	别构激活剂	别构抑制剂
6-磷酸果糖激酶-1	AMP、ADP、果糖-1,6-二磷酸、果糖-2,6-二磷酸	ATP、柠檬酸
丙酮酸激酶	果糖-1,6-二磷酸	ATP，肝内还有丙氨酸
己糖激酶	胰岛素	葡糖-6-磷酸、长链脂酰 CoA

四、糖的无氧氧化的生理意义

1. 糖无氧氧化最主要的生理意义在于不利用氧迅速提供能量，这对肌收缩更为重要。当机体缺氧或剧烈运动肌局部血流不足时，能量主要通过无氧氧化获得。

2. 成熟红细胞没有线粒体，完全依赖糖的无氧氧化供应能量。

3. 神经、视网膜、皮肤等，即使不缺氧也常由糖的无氧氧化提供部分能量。

4. 1mol 葡萄糖可生成 4mol ATP，在葡萄糖和果糖-6-磷酸发生磷酸化时共消耗 2mol ATP，故净得 2mol ATP。

5. 己糖激酶与葡糖激酶的比较　见表 2-5-2。

表 2-5-2　己糖激酶与葡糖激酶的比较

比较项目	己糖激酶	葡糖激酶（己糖激酶Ⅳ型）
分布	较广泛，如脑、肌肉等	肝组织
底物	己糖及己糖衍生物	葡萄糖
K_m	0. 1mmol/L	10mmol/L
激活剂	Mg^{2+} 或 Mn^{2+}	Mg^{2+} 或 Mn^{2+}
调节物	葡糖-6-磷酸	不是别构酶
作用	糖分解	使过多的血糖成为 6-P-G 再合成糖原而储存

6. 无氧酵解产生的ATP 见表2-5-3。

表2-5-3 无氧酵解产生的ATP

无氧酵解	ATP分子数
葡萄糖→葡糖-6-磷酸	−1
果糖-6-磷酸→1,6-二磷酸果糖	−1
2×（1,3二磷酸甘油酸→3-磷酸甘油酸）	2×1
2×（磷酸烯醇式丙酮酸→丙酮酸）	2×1
净生成	2

五、其他单糖转变为糖酵解的中间产物

1. 果糖被磷酸化后进入糖酵解

（1）果糖被组织器官摄取后，代谢过程的差异

1）主要在肝内代谢。果糖经果糖激酶、B型醛缩酶等催化后形成的代谢产物，既可循糖酵解氧化分解，也可逆向进行糖异生。

2）也可在周围组织中代谢。

（2）果糖不耐受是一种缺乏B型醛缩酶的遗传病。

2. 半乳糖转变为葡糖-1-磷酸进入糖酵解

（1）半乳糖和葡萄糖在C_4位上是立体异构体。半乳糖在肝内转变为葡萄糖。

（2）半乳糖血症是一种半乳糖不能转变成葡萄糖的遗传病。

3. 甘露糖转变为果糖-6-磷酸进入糖酵解

（1）甘露糖在结构上是葡萄糖C_2位的立体异构物。

（2）甘露糖在己糖激酶的催化下，磷酸化生成甘露糖-6-磷酸，接着被磷酸甘露糖异构酶催化转变为果糖-6-磷酸，从而进

入糖酵解进行代谢转变，最终可生成糖原、乳酸、葡萄糖、戊糖等多种产物。

第三节　糖的有氧氧化

糖在有氧的条件下，彻底分解成 H_2O 和 CO_2，同时释放出能量的过程。有氧氧化是体内糖分解供能的主要方式。葡萄糖有氧氧化的概况见图 2-5-1。

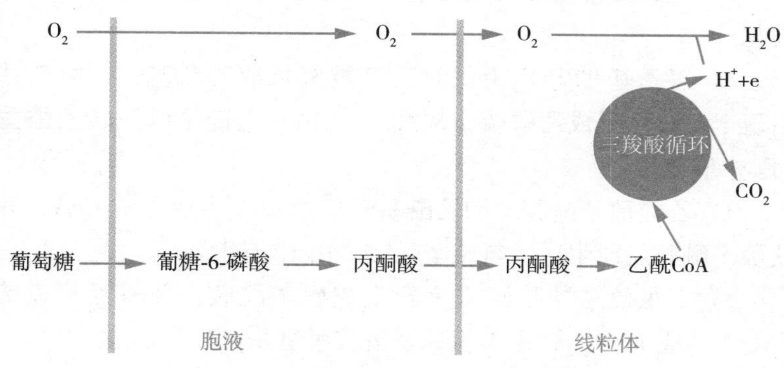

图 2-5-1　葡萄糖有氧氧化的概况

一、糖的有氧氧化大致可分为 3 个阶段

1. 葡萄糖循糖酵解途径分解成丙酮酸。

2. 丙酮酸进入线粒体内，氧化脱羧生成乙酰 CoA

（1）丙酮酸在线粒体经过 5 步反应氧化脱羧生成乙酰 CoA，总反应式：

$$\text{丙酮酸}+NAD^++HS\text{-}CoA \rightarrow \text{乙酰 }CoA+NADH+H^++CO_2$$

（2）由丙酮酸脱氢酶复合体（多酶体系）催化。在真核细胞中，该酶复合体存在于线粒体中，是由丙酮酸脱氢酶（E_1）、二氢硫辛酰胺转乙酰酶（E_2）和二氢硫辛酰胺脱氢酶（E_3）按一定比例组合而成的。

（3）参与反应的辅因子：焦磷酸硫胺素（TPP）、硫辛酸、FAD、NAD^+和 CoA。

（4）丙酮酸脱氢酶的辅因子：TPP。

（5）二氢硫辛酰胺脱氢酶的辅因子：FAD、NAD^+。

（6）丙酮酸脱氢酶复合体催化的反应分为 5 步

1）丙酮酸脱羧形成羟乙基-TPP-E_1，由丙酮酸脱氢酶（E_1）催化。

2）羟乙基-TPP-E_1上的羟乙基被氧化成乙酰基，同时转移给硫辛酰胺，形成乙酰硫辛酰胺-E_2，由二氢硫辛酰胺转乙酰酶（E_2）催化。

3）乙酰硫辛酰胺上的乙酰基转移给 CoA 生成乙酰 CoA，并使硫辛酰胺还原生成二氢硫辛酰胺，由 E_2催化。

4）二氢硫辛酰胺脱氢重新生成硫辛酰胺，并将氢传递给 FAD，生成 $FADH_2$，由二氢硫辛酰胺脱氢酶（E_3）催化。

5）$FADH_2$上的氢转移给 NAD^+，形成 $NADH+H^+$，由 E_3催化。

（7）此过程为不可逆反应，1mol 丙酮酸生成 1mol $NADH+H^+$。

3. 乙酰 CoA 经三羧酸循环及氧化磷酸化提供能量　三羧酸循环的第一步是由乙酰 CoA 与草酰乙酸缩合生成 6 个碳原子的柠檬酸，然后柠檬酸经过一系列反应重新生成草酰乙酸，完成一轮循环。

经过一轮循环，发生 2 次脱羧反应，释放 2 分子 CO_2；发生 1 次底物水平磷酸化，生成 1 分子 GTP（或 ATP）。

有 4 次脱氢反应，氢的接受体分别为 NAD^+或 FAD，生成

3 分子 NADH+H 和 1 分子 $FADH_2$，它们既是三羧酸循环中脱氢酶的辅因子，又是电子传递链的第一个环节。

二、三羧酸循环使乙酰 CoA 彻底氧化（TAC）

三羧酸循环也称柠檬酸循环，这是因为循环反应中的第一个中间产物是一个含三个羧基的柠檬酸，反应发生在线粒体内，又称 Krebs 循环。

1. 三羧酸循环由八步组成

（1）反应步骤

1）乙酰 CoA 与草酰乙酸缩合成柠檬酸：为第一个限速步骤，反应催化酶是柠檬酸合酶。柠檬酸合酶对草酰乙酸的 K_m 很低，即使线粒体内草酰乙酸的浓度很低，反应也能够迅速进行。

2）柠檬酸经顺乌头酸转变为异柠檬酸：柠檬酸与异柠檬酸的异构化可逆互变反应由顺乌头酸酶催化，将 C_3 上的羟基移至 C_2 上。反应的中间产物顺乌头酸与酶结合在一起，以复合物的形式存在。

3）异柠檬酸氧化脱羧转变为 α-酮戊二酸：反应催化酶是异柠檬酸脱氢酶。这是三羧酸循环中的第一次氧化脱羧反应，也是第二个限速步骤，反应不可逆，释出的 CO_2 可被视作乙酰 CoA 的 1 个碳原子氧化产物。

4）α-酮戊二酸氧化脱羧生成琥珀酰 CoA：反应催化酶是 α-酮戊二酸脱氢酶复合体。此为三羧酸循环中的第二次氧化脱羧反应，也是第三个限速步骤，反应不可逆，释出的 CO_2 可被视作乙酰 CoA 的另 1 个碳原子氧化产物。

5）琥珀酰 CoA 合成酶催化底物水平磷酸化反应：反应催化酶是琥珀酰 CoA 合成酶。该酶在哺乳动物体内有两种同工酶，分别以 GDP 或 ADP 作为辅因子，生成 GTP 或 ATP。两者具有不同的组织分布特点，与不同组织的代谢偏好相适应。

6）琥珀酸脱氢生成延胡索酸：反应催化酶是琥珀酸脱氢酶。反应脱下的氢由 FAD 接受，生成 $FADH_2$，经电子传递链被氧化，生成 1.5 分子 ATP。

7）延胡索酸加水生成苹果酸：反应催化酶是延胡索酸酶。

8）苹果酸脱氢生成草酰乙酸：反应催化酶是苹果酸脱氢酶。

（2）经过一次三羧酸循环

1）相当于消耗 1 分子 CoA。

2）经过 4 次脱氢、2 次脱羧、1 次底物水平磷酸化：①4 次脱氢，其中 3 次脱氢（3 对氢或 6 个电子）由 NAD^+ 接受，生成 3 分子 $NADH+H^+$。②1 次脱氢（一对氢或 2 个电子）由 FAD 接受，生成 1 分子 $FADH_2$。③2 次脱羧，生成 2 分子 CO_2。④1 次底物水平磷酸化，生成 1 分子 GTP（或 ATP）。

3）整个反应只生成 1 分子 ATP（或 GTP）和 4 个还原当量。

4）整个循环反应为不可逆反应，需要 O_2。

5）酶的位置在线粒体基质，三羧酸循环过程中所有的反应均在线粒体基质中进行。

6）三羧酸循环的关键酶有柠檬酸合酶、α-酮戊二酸脱氢酶复合体、异柠檬酸脱氢酶。

7）三羧酸循环的总反应式：

$$CH_3CO \sim SCoA + 3NAD^+ + FAD + GDP(ADP) + Pi + 2H_2O \rightarrow 2CO_2 + 3NADH + 3H^+ + FADH_2 + HS\text{-}CoA + GTP(ATP)$$

8）乙酰 CoA 进入三羧酸循环后，生成的 CO_2 并不是来自乙酰基的，而是草酰乙酸上的羧基。

9）三羧酸循环中四次脱氢分别是由异柠檬酸脱氢酶、α-酮戊二酸脱氢酶复合体、琥珀酸脱氢酶复合体和苹果酸脱氢酶催

化，其中琥珀酸脱氢酶的辅酶为 FAD，其余的辅酶均为 NAD^+。

10）三羧酸循环的主要功能是为氧化磷酸化提供还原当量（4 对氢），通过氧化磷酸化产生 ATP。

2. 三羧酸循环在三大营养物质代谢中占核心地位

（1）三羧酸循环是三大营养物质分解产能的共同通路：三羧酸循环中，只有一个底物水平磷酸化反应生成高能磷酸键，因此三羧酸循环本身并不是直接释放能量、生成 ATP 的主要环节，而是通过 4 次脱氢反应提供足够的还原当量，以便进行后续的电子传递过程和氧化磷酸化反应生成大量 ATP。

（2）三羧酸循环也是三大代谢联系的枢纽。

3. 糖酵解和糖的有氧氧化的比较　见表 2-5-4。

表 2-5-4　糖酵解和糖的有氧氧化的比较

比较项目	糖酵解	糖的有氧氧化
反应部位	细胞质	细胞质和线粒体
需氧条件	氧供不足时	氧供充足时
底物、产物	糖原、葡萄糖→乳酸	糖原、葡萄糖→H_2O、CO_2
关键酶	3 个	3 个阶段共 7 个
产生能量	1 分子葡萄糖净生成 2ATP	1 分子葡萄糖净生成 30 或 32 分子 ATP
生理意义	迅速供能	机体产能的主要方式
细胞质中生成的 NADH	用于还原丙酮酸为乳酸	进入线粒体氧化

三、糖的有氧氧化是糖分解供能的主要方式

葡萄糖有氧氧化生成的 ATP，见表 2-5-5。

表 2-5-5　葡萄糖有氧氧化生成的 ATP

过　程	反　　应	辅　　酶	ATP
第一阶段	葡萄糖→葡糖-6-磷酸		−1
	果糖-6-磷酸→果糖-1, 6 二磷酸		−1
	2×3-磷酸甘油醛→2×1, 3-二磷酸甘油酸	2NADH（细胞质）	3 或 5 *
	2×1, 3-二磷酸甘油酸→2×3-磷酸甘油酸		2
	2×磷酸烯醇式丙酮酸→2×丙酮酸		2
第二阶段	2×丙酮酸→2×乙酰 CoA	2NADH（线粒体）	5
第三阶段	2×异柠檬酸→2×α-酮戊二酸	2NADH（线粒体）	5
	2×α-酮戊二酸→2×琥珀酰 CoA	2NADH	5
	2×琥珀酰 CoA→2×琥珀酸		2
	2×琥珀酸→2×延胡索酸	$2FADH_2$	3
	2×苹果酸→2×草酰乙酸	2NADH	5
由 1 分子葡萄糖总共获得			30 或 32

注：* 获得 ATP 的数量取决于还原当量进入线粒体的穿梭机制。

四、糖的有氧氧化主要受能量供需平衡调节

1. 丙酮酸脱氢酶复合体调节乙酰 CoA 的生成速率

（1）别构抑制剂：乙酰 CoA、NADH、ATP。

（2）别构激活剂：AMP、ADP、NAD^+、钙离子。

（3）诱发别构调节的因素

1）细胞内能量状态：ATP 别构抑制丙酮酸脱氢酶复合体，AMP 则能将其激活。因此，ATP/AMP 比值可动态调节此酶活性。能量缺乏时该比值降低，酶被激活；能量过剩时该比值升高，酶被抑制。

2）代谢产物生成量：丙酮酸脱氢酶复合体的反应产物乙酰

CoA 和 NADH 对其有别构抑制作用，而相应的底物 CoA 和 NAD^+则使之激活。

乙酰 CoA/CoA 或 NADH/NAD^+ 上升时，其活性也受到抑制。

2. 三羧酸循环的关键酶调节乙酰 CoA 的氧化速率

（1）柠檬酸循环的 3 个关键酶

1）柠檬酸合酶（关键酶）：受 ATP、NADH、琥珀酰 CoA 及脂酰 CoA 抑制。受乙酰 CoA、草酰乙酸激活。

2）异柠檬酸脱氢酶：NADH、ATP 可抑制此酶。ADP 可活化此酶，当缺乏 ADP 时就失去活性。

3）α-酮戊二酸脱氢酶：受 NADH 和琥珀酰 CoA 抑制。

（2）主要调节方式

1）底物的别构激活作用。

2）产物的别构抑制作用。

3）能量状态的调节作用。

4）Ca^{2+} 的激活作用。

主治语录：①有氧氧化的调节通过对其关键酶的调节实现。②ATP/ADP 或 ATP/AMP 比值全程调节。该比值升高，所有关键酶均被抑制。③氧化磷酸化速率影响三羧酸循环。前者速率降低，则后者速率也减慢。④三羧酸循环与酵解途径互相协调。三羧酸循环需要多少乙酰 CoA，则酵解途径相应产生多少丙酮酸以生成乙酰 CoA。

3. 糖的有氧氧化各阶段相互调节

（1）通过共同的代谢物别构调节各阶段的关键酶

1）柠檬酸别构剂：糖产能过多时，柠檬酸不仅在线粒体内抑制柠檬酸合酶，还可转运至细胞质抑制磷酸果糖激酶-1，从而使糖酵解和三羧酸循环同时受到负反馈调节。

2）NADH 别构剂：线粒体内 NADH 不仅抑制丙酮酸脱氢酶复合体，还可抑制柠檬酸合酶、α-酮戊二酸脱氢酶复合体，从而使丙酮酸氧化脱羧和三羧酸循环受到协同的负反馈调节。

3）糖分解产生的大量 NADH 进入下游氧化磷酸化的代谢速度减慢，就会导致 NADH 积累，进而抑制上游丙酮酸的氧化分解。

（2）能量状态协同调节糖有氧氧化各阶段的关键酶

1）糖有氧氧化的调节是为了适应机体对能量的需要，为此，细胞内 ATP/ADP 或 ATP/AMP 比值同时调节糖的有氧氧化各阶段中诸多关键酶的活性，使其流量调控始终保持协调一致。

2）与 ATP/ADP 相比，ATP/AMP 对有氧氧化的调节作用更为明显。这是因为 ATP 被水解成 ADP 后，ADP 也被消耗，经腺苷酸激酶催化再生成一些 ATP （2ADP→ATP+AMP）。因此，ATP 和 ADP 的同时消耗，使得 ATP/ADP 的变化相对较小。

五、糖氧化产能方式的选择有组织偏好

1. 巴斯德效应　肌组织在有氧条件下，糖的有氧氧化活跃，而无氧氧化则受到抑制，此现象称为巴斯德效应。

2. 机制

（1）有氧时，$NADH+H^+$进入线粒体内氧化，丙酮酸进入线粒体进一步氧化而不生成乳酸。

（2）缺氧时，酵解途径加强，$NADH+H^+$在胞质浓度升高，丙酮酸作为氢接受体生成乳酸。

（3）糖的有氧氧化可抑制糖的无氧氧化。

（4）瓦伯格效应：增殖活跃的组织（如肿瘤）即使在有氧时，葡萄糖也不被彻底氧化，生成乳酸的过程。瓦伯格效应使肿瘤细胞获得生存优势。无氧氧化可避免将葡萄糖全部分解成 CO_2，从而为肿瘤快速生长积累大量的生物合成原料。

第四节　磷酸戊糖途径

单糖的无氧氧化和有氧氧化是细胞内主要的糖分解途径，但不是仅有的，将上述两种途径阻断后（用酶抑制剂），糖的氧化照样进行。由此发现了单糖的另一种分解代谢方式：磷酸戊糖途径，全部反应在细胞质中进行。

一、磷酸戊糖途径的反应过程

1. 氧化阶段生成 NADPH 和磷酸核糖

（1）葡糖-6-磷酸氧化成 6-磷酸葡糖酸内酯，脱下的氢 + $NADP^+$生成 NADPH，由葡糖-6-磷酸脱氢酶催化。

（2）6-磷酸葡糖酸内酯水解为 6-磷酸葡糖酸，由内酯酶催化。

（3）6-磷酸葡糖酸氧化脱羧生成核酮糖-5-磷酸，同时生成 $NADPH+CO_2$，由 6-磷酸葡糖酸脱氢酶催化。

（4）核酮糖-5-磷酸转变为核糖-5-磷酸或木酮糖-5-磷酸，由异构酶催化。

2. 基团转移阶段生成磷酸己糖和磷酸丙糖

（1）基团转移反应的意义就在于通过一系列基团转移反应，将戊糖转变成果糖-6-磷酸和 3-磷酸甘油醛而进入酵解途径。因此磷酸戊糖途径也称磷酸戊糖旁路。

（2）基团转移反应过程的概括：3 分子磷酸戊糖最终转变成 2 分子果糖-6-磷酸和 1 分子 3-磷酸甘油醛。

（3）转酮醇酶反应，转移含 1 个酮基、1 个醇基的 2 碳基团；转醛醇酶反应，转移 3 碳单位。接受体都是醛糖。

（4）一共 3 个需要 TPP 作辅酶：转酮醇酶、丙酮酸脱氢酶复合体、α-酮戊二酸脱氢酶复合体。

（5）磷酸戊糖途径的反应为3×葡糖-6-磷酸+6$NADP^+$→2×果糖-6-磷酸+3-磷酸甘油醛+6NADPH+6H^++3CO_2。

二、磷酸戊糖途径主要受$NADPH/NADP^+$比值的调节

1. NADPH能强烈抑制葡糖-6-磷酸脱氢酶的活性。葡糖-6-磷酸脱氢酶是磷酸戊糖途径的关键酶，其活性决定葡糖-6-磷酸进入此途径的流量。

2. 该比值升高，磷酸戊糖途径被抑制；比值降低时则被激活。

三、磷酸戊糖途径是NADPH和磷酸核糖的主要来源

1. 提供磷酸核糖参与核酸的生物合成

（1）体内的核糖从葡萄糖通过磷酸戊糖途径生成。

（2）人类主要通过氧化反应生成核糖。

（3）肌组织内缺乏葡糖-6-磷酸脱氢酶，磷酸核糖靠基团转移反应生成。

2. 提供NADPH作为供氢体参与多种代谢反应

注意：与NADH不同，NADPH携带的氢并不通过电子传递链氧化释出能量，而是参与许多代谢反应，发挥不同的功能。

（1）NADPH常作为体内生物合成的供氢体

1）参与脂质合成：从乙酰CoA合成脂肪酸和胆固醇，中间涉及多步还原反应，需要NADPH供氢。

2）参与氨基酸合成：机体合成非必需氨基酸时，先由α-酮戊二酸、NH_3和NADPH生成谷氨酸，后者再与其他α-酮酸进行转氨基反应而生成相应的氨基酸。

（2）NADPH还原谷胱甘肽（GSH）：谷胱甘肽是一个3肽，

2分子GSH可以脱氢生成氧化型谷胱甘肽（GSSG），而后者可在谷胱甘肽还原酶作用下，被NADPH重新还原成为还原型谷胱甘肽。

（3）NADPH参与羟化反应

1）与生物合成相关的羟化反应：从鲨烯合成胆固醇，从胆固醇合成胆汁酸、类固醇激素，从血红素合成胆红素等，均涉及NADPH参与的羟化步骤。

2）与生物转化相关的羟化反应：使某些药物、毒物发生羟化作用的细胞色素P450单加氧酶，也需要NADPH参与反应。

3）蚕豆病（葡糖-6-磷酸脱氢酶缺乏症）：缺乏葡糖-6-磷酸脱氢酶。

第五节　糖原的合成与分解

糖原是葡萄糖的多聚体，是动物体内糖的储存形式。具有一个还原性末端和多个非还原性末端，其主要存在于肝和肌肉中。肝糖原是血糖的重要来源，肌糖原为肌肉收缩提供能量。

一、糖原合成是将葡萄糖连接成多聚体

糖原合成是指由葡萄糖生成糖原的过程。主要部位：肝脏、骨骼肌。定位：胞质。

1. 葡萄糖活化为尿苷二磷酸葡萄糖　首先，葡糖-6-磷酸变构生成葡糖-1-磷酸。后者再与尿苷三磷酸（UTP）反应生成尿苷二磷酸葡萄糖（UDPG）和焦磷酸。此反应由UDPG焦磷酸化酶催化。

2. 糖原合成的起始需要引物

（1）糖原蛋白为其起始合成糖原的底物。糖原蛋白是一种蛋白酪氨酸-葡糖基转移酶，可对自身进行糖基化修饰，将UDPG分子的葡萄糖基连接到自身的酪氨酸残基上。

（2）随后，糖原蛋白继续催化糖链初步延伸，由第一个结合到糖原蛋白上的葡萄糖分子接受下一个 UDPG 的葡萄糖基，形成第一个 α-1, 4-糖苷键。

（3）这样的延伸反应持续进行，直至形成与糖原蛋白相连接的八糖单位，即成为糖原合成的初始引物。

3. UDPG 中的葡萄糖基连接形成直链和支链

（1）在糖原合酶的催化下形成直链，分支酶形成支链。

（2）当糖链长度达到至少 11 个葡萄糖基时，分支酶从该糖链的非还原末端将 6～7 个葡萄糖基转移到邻近的糖链上，以 α-1、6-糖苷键相接，从而形成分支。

（3）分支的形成可以增加糖原的水溶性，还可增加非还原性末端的数量，以便磷酸化酶迅速分解糖原。

4. 糖原合成是耗能过程　糖原分子每延长 1 个葡萄糖基，需消耗 2 个 ATP。

主治语录：糖原合成的关键酶是糖原合酶；UDPG 是葡萄糖的活性形式。

二、糖原分解是从非还原性末端进行磷酸解

糖原分解是指糖原分解为葡糖-1-磷酸而被机体利用的过程。不是糖原合成的逆反应。在胞质中进行。

1. 糖原磷酸化酶分解 α-1, 4-糖苷键释出葡糖-1-磷酸

（1）糖原磷酸化酶为此反应的关键酶，催化 1 个葡萄糖基，生成葡糖-1-磷酸。

（2）此反应为磷酸解，自由能变动较小，反应虽是可逆反应，但由于浓度差异，反应只能向糖原分解方向进行。

2. 脱支酶分解 α-1, 6-糖苷键释放出游离葡萄糖

（1）在磷酸化酶和脱支酶的共同作用下，糖原分解产物中

约 85%为葡糖-1-磷酸，15%为游离葡萄糖。

（2）葡糖-1-磷酸继续转变为葡糖-6-磷酸，葡糖-6-磷酸在葡糖-6-磷酸酶的作用下，生成葡萄糖。

3. 肝利用葡糖-6-磷酸生成葡萄糖而肌不能　因为肝内存在葡糖-6-磷酸酶。肌组织中缺乏此酶，葡糖-6-磷酸只能进行糖酵解，故肌糖原不能分解为葡萄糖，只能为肌肉收缩提供能量。

主治语录：糖原分解的关键酶是糖原磷酸化酶。肌肉缺乏葡糖-6-磷酸酶活性，因此肌糖原不能分解成葡萄糖。

三、糖原合成与分解的关键酶活性调节彼此相反

1. 磷酸化修饰对两个关键酶进行反向调节

（1）磷酸化的糖原磷酸化酶是活性形式

1）糖原磷酸化酶有磷酸化（a 型，活性型）和去磷酸化（b 型，无活性）两种形式。

2）当它的第 14 位丝氨酸残基被磷酸化时，原来活性很低的磷酸化酶 b 就转变为活性强的磷酸化酶 a。这种磷酸化过程由磷酸化酶 b 激酶催化；而去磷酸化过程则由磷蛋白磷酸酶-1 催化。

（2）去磷酸化的糖原合酶是活性形式

1）糖原合酶亦分为磷酸化（b 型，无活性）和去磷酸化（a 型，活性型）两种形式。

2）去磷酸化的糖原合酶 a 有活性，其去磷酸化反应也由磷蛋白磷酸酶-1 所催化。而磷酸化的糖原合酶 b 则失去活性，其磷酸化过程可由多种激酶所催化。

2. 激素反向调节糖原的合成与分解

（1）肝糖原分解主要受胰高血糖素调节

1）活化腺苷酸环化酶，催化 ATP 生成 cAMP。

2）当cAMP存在时，蛋白激酶A被激活。

3）活化的蛋白激酶A对磷酸化酶b激酶进行磷酸化修饰，使之活化。

4）在活化的磷酸化酶b激酶作用下，糖原磷酸化酶发生磷酸化修饰而激活，最终结果是促进糖原分解。

（2）肌糖原分解主要受肾上腺素调节

1）肌糖原不能补充血糖，而是为骨骼肌收缩紧急供能，最终分解生成乳酸。

2）肾上腺素通过对糖原磷酸化酶和糖原合酶的磷酸化修饰，产生促进糖原分解、抑制糖原合成的效果。

（3）糖原合成主要受胰岛素调节

1）饱食时胰岛素分泌，促进肝糖原和肌糖原合成。可部分解释为激活磷蛋白磷酸酶-1而使糖原合酶脱去磷酸，或抑制糖原合酶激酶而阻止对糖原合酶的磷酸化。

2）蛋白激酶A可以从不同层次参与糖原代谢关键酶的化学修饰调节。①直接调节酶：通过磷酸化糖原合酶、糖原磷酸化酶b激酶，直接阻止糖原合成、激活糖原分解。②间接调节抑制剂：通过磷酸化磷蛋白磷酸酶抑制剂，间接阻止糖原合酶、糖原磷酸化酶b激酶和糖原磷酸化酶的去磷酸化，从而避免糖原合成被激活，同时避免糖原分解的活跃状态被抑制。

主治语录：肝糖原分解主要受胰高血糖。肌糖原分解主要受肾上腺素调节。糖原合成主要受胰岛素调节。

3. 肝糖原和肌糖原分解受不同的别构剂调节

（1）肝糖原磷酸化酶主要受葡萄糖别构抑制

1）葡萄糖是肝糖原磷酸化酶最主要的别构抑制剂，可避免在血糖充足时分解肝糖原。

2）当血糖升高时，葡萄糖进入肝细胞，与糖原磷酸化酶a

的别构部位相结合，引起酶构象改变而暴露出磷酸化的第 14 位丝氨酸，此时磷蛋白磷酸酶-1 使之去磷酸化转变成磷酸化酶 b 而失活，抑制肝糖原分解。

（2）肌糖原分解主要受能量和 Ca^{2+} 的别构调节

1）取决于细胞内的能量状态，由 AMP、ATP 及葡糖-6-磷酸别构调节糖原磷酸化酶。

2）与肌收缩引起 Ca^{2+} 升高有关，由 Ca^{2+} 别构激活磷酸化酶 b 激酶。

3）当肌收缩时，ATP 被消耗，葡糖-6-磷酸水平亦低，而 AMP 浓度升高，可激活糖原磷酸化酶，加速糖原分解。当静息时，肌内 ATP 和葡糖-6-磷酸水平升高，可抑制糖原磷酸化酶，有利于糖原合成。

四、糖原贮积症由先天性酶缺陷所致

1. 糖原贮积症是一类遗传性疾病，表现为异常种类和数量的糖原在组织中沉积，产生不同类型的糖原贮积病，每种类型表现为糖原代谢中的一个特定的酶缺陷或缺失而使糖原贮存，由于肝脏和骨骼肌是糖原代谢的重要部位，因此是糖原贮积病的最主要累及部位。患者常因心肌受损而猝死。

2. 糖原贮积症分型　见表 2-5-6。

表 2-5-6　糖原贮积症分型

型别	缺陷的酶	受害器官	糖原结构
Ⅰ	葡糖-6-磷酸酶	肝、肾	正常
Ⅱ	溶酶体 α-1,4-和 α-1,6-葡糖苷酶	所有组织	正常
Ⅲ	脱支酶	肝、肌	分支多，外周糖链短

续 表

型别	缺陷的酶	受害器官	糖原结构
Ⅳ	分支酶	肝、脾	分支少，外周糖链特别长
Ⅴ	肌磷酸化酶	肌	正常
Ⅵ	肝磷酸化酶	肝	正常
Ⅶ	肌磷酸果糖激酶	肌	正常
Ⅷ	肝磷酸化酶激酶	肝	正常

第六节 糖 异 生

从非糖化合物（乳酸、甘油、生糖氨基酸等）转变为葡萄糖或糖原的过程称为糖异生。机体内进行糖异生补充血糖的主要器官是肝。肾在正常情况下糖异生能力相对较弱，长期饥饿时可增强。部位：主要在肝脏，少量在肾脏。涉及肝、肾细胞的胞质及线粒体。

一、糖异生途径（图 2-5-2）

1．丙酮酸经丙酮酸羧化支路生成磷酸烯醇式丙酮酸

（1）第一个反应

1）催化第一个反应的是丙酮酸羧化酶。

2）辅酶为生物素。

3）反应分两步：①CO_2先与生物素结合，需消耗 ATP。②活化的 CO_2再转移给丙酮酸生成草酰乙酸。

（2）第二个反应

1）由磷酸烯醇式丙酮酸羧激酶催化草酰乙酸转变成磷酸烯醇式丙酮酸。

2）反应中消耗一个高能磷酸键，同时脱羧。

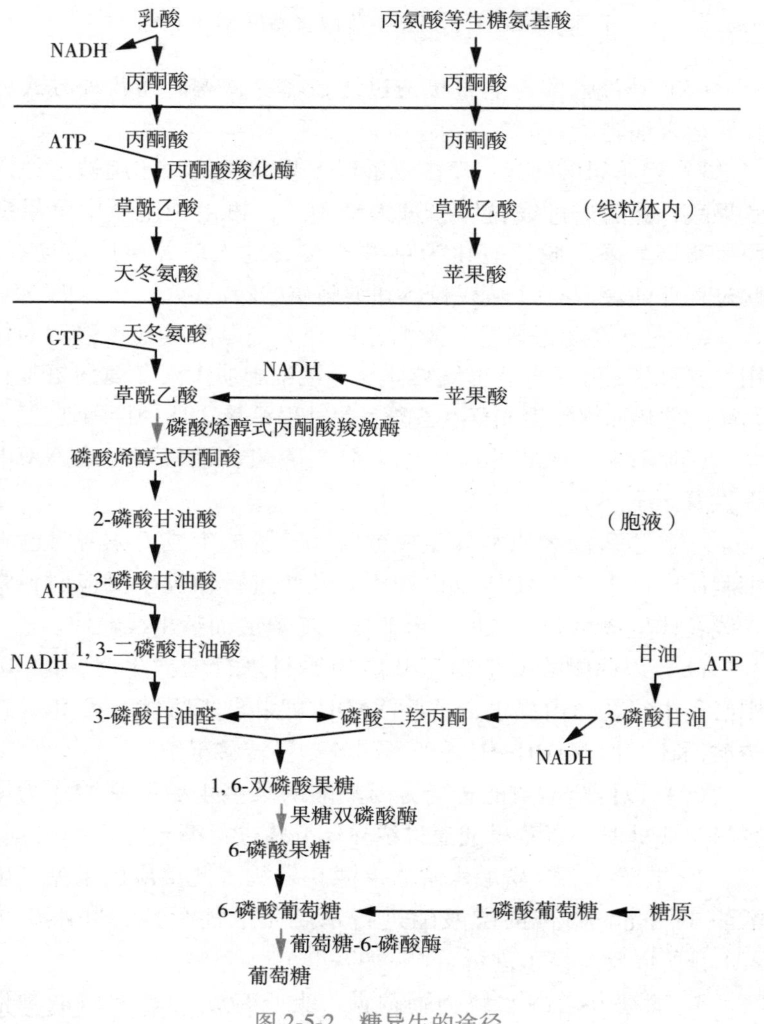

图 2-5-2　糖异生的途径

（3）两步反应共消耗 2 个 ATP。

（4）由于丙酮酸羧化酶仅存在于线粒体内，故细胞质中的丙酮酸必须进入线粒体，才能羧化生成草酰乙酸。

$$丙酮酸+CO_2+ATP \rightarrow 草酰乙酸+ADP+Pi$$

（5）草酰乙酸不能直接透过线粒体膜，需借助两种方式将其转运入细胞质。

1）经苹果酸转运：草酰乙酸经苹果酸脱氢酶作用被还原成苹果酸，然后通过线粒体膜进入细胞质，再由细胞质中苹果酸脱氢酶将苹果酸脱氢氧化为草酰乙酸而进入糖异生反应途径。此过程伴随着 NADH 从线粒体到细胞质的转运。

2）经天冬氨酸转运：草酰乙酸经天冬氨酸氨基转移酶的作用生成天冬氨酸后再运出线粒体，再经细胞质中天冬氨酸氨基转移酶的催化而恢复生成草酰乙酸。此过程无 NADH 的伴随转运。

（6）1,3-二磷酸甘油酸还原成 3-磷酸甘油醛时，需 NADH 提供氢原子。

（7）以乳酸为原料异生成糖时，其脱氢生成丙酮酸时已在细胞质中产生了 NADH 以供利用。乳酸进行糖异生反应时，常在线粒体生成草酰乙酸后，再变成天冬氨酸而运出线粒体。

（8）以丙酮酸或生糖氨基酸为原料进行糖异生时，NADH 则必须由线粒体内提供，这些 NADH 可来自脂肪酸 β-氧化或三羧酸循环。但 $NADH+H^+$需经不同的途径转移至细胞质。

（9）以丙酮酸或能转变为丙酮酸的某些生糖氨基酸作为原料异生成糖时，以苹果酸通过线粒体方式进行糖异生。

2. 果糖-1,6-二磷酸水解为果糖 6-磷酸　此反应由果糖二磷酸酶-1 催化。C_1 位的磷酸酯进行水解是放能反应，并不生成 ATP，所以反应易于进行。

3. 葡糖 6-磷酸水解为葡萄糖　此反应由葡糖-6-磷酸酶催化，也是磷酸酯水解反应，而不是葡糖激酶催化反应的逆反应，热力学上是可行的。

综上，糖异生的 4 个关键酶是丙酮酸羧化酶、磷酸烯醇式丙酮酸羧激酶、果糖二磷酸酶-1 和葡糖-6-磷酸酶，它们与糖酵

解中3个关键酶所催化的反应方向正好相反，使乳酸、丙氨酸等生糖氨基酸经丙酮酸异生为葡萄糖。

主治语录：在糖异生中，有三步反应与糖酵解途径不同
(1) 丙酮酸→磷酸烯醇式丙酮酸。
(2) 果糖1,6-二磷酸→F-6-P。
(3) G-6-P→葡萄糖。

二、糖异生和糖酵解的反向调节主要针对两个底物循环

底物循环指糖异生与糖酵解是方向相反的两条代谢途径，其中3个限速步骤分别由不同的酶催化底物互变。

1. 第一个底物循环调节果糖-6-磷酸与果糖-1,6二磷酸的互变　糖酵解为果糖-6-磷酸发生磷酸化而生成果糖-1,6-二磷酸，产生能量。糖异生为果糖-1,6-二磷酸水解去磷酸而转变为果糖-6-磷酸，无能量生成。

(1) 果糖-2,6-二磷酸和AMP反向调节第一个底物循环：果糖-2,6-二磷酸和AMP既是磷酸果糖激酶-1的别构激活剂，又是果糖二磷酸酶-1的别构抑制剂，这一底物循环的调控最为重要。

(2) 果糖-2,6-二磷酸是肝内糖异生与糖酵解的主要调节信号：果糖-2,6-二磷酸的生成量可受激素调节。

2. 第二个底物循环调节磷酸烯醇式丙酮酸与丙酮酸的互变　糖酵解为磷酸烯醇式丙酮酸转变为丙酮酸并产生能量。糖异生为丙酮酸消耗能量生成磷酸烯醇式丙酮酸。

(1) 丙酮酸激酶受别构调节和磷酸化修饰调节

1) 果糖-1,6-二磷酸是其别构激活剂，可促进糖酵解。

2) 丙氨酸是肝内丙酮酸激酶的别构抑制剂，可阻止肝进行

糖酵解。

3）化学修饰调节：胰高血糖素通过 cAMP 使丙酮酸激酶发生磷酸化，从而抑制其活性，减弱糖酵解。

（2）磷酸烯醇式丙酮酸羧激酶受激素诱导的含量调节

1）胰高血糖素通过 cAMP，快速升高磷酸烯醇式丙酮酸羧激酶的 mRNA 水平，促进合成酶蛋白，加强糖异生。

2）胰岛素则显著降低磷酸烯醇式丙酮酸羧激酶的 mRNA 和酶蛋白含量，使糖异生减弱。

（3）丙酮酸羧化酶受乙酰 CoA 的别构激活：乙酰 CoA 是丙酮酸羧化酶的别构激活剂，也是丙酮酸脱氢酶复合体的别构抑制剂。

3. 两个底物循环的调节相互联系和协调

（1）通过中间代谢物协调两个底物循环：果糖-1, 6-二磷酸既可以激活第一个底物循环中的磷酸果糖激酶-1，又可以激活第二个底物循环中的丙酮酸激酶，从而使两个底物循环同时向促进糖酵解的方向进行。

（2）通过激素协调两个底物循环：胰高血糖素既可以作用于第一个底物循环，降低果糖-2, 6-二磷酸的水平；还可作用于第二个底物循环，使丙酮酸激酶磷酸化而失活，从而协同抑制糖酵解、促进糖异生。

主治语录：

（1）当肝细胞内甘油、氨基酸、乳酸及丙酮酸等糖异生的原料增高时，糖异生作用增强。

（2）丙酮酸羧化酶必须有乙酰 CoA 存在时才有活性。

（3）ATP 可抑制磷酸果糖激酶-1，激活果糖二磷酸酶-1，而 ADP 和 AMP 的作用正好与 ATP 相反。故 ATP 能促进糖异生；ADP 与 AMP 则抑制糖异生。

三、糖异生的生理意义

1. 维持血糖恒定是肝糖异生最重要的生理作用。

2. 糖异生是补充或恢复肝糖原储备的重要途径。

3. 肾糖异生增强有利于维持酸碱平衡。

四、肌收缩产生的乳酸在肝内糖异生形成乳酸循环（图 2-5-3）

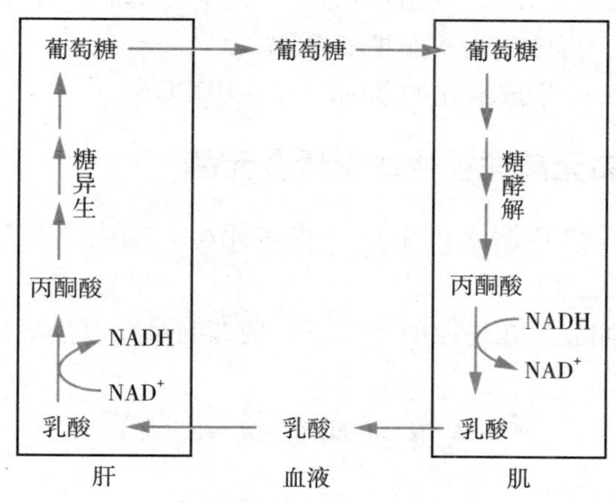

图 2-5-3　乳酸循环

1. Cori 循环（乳酸循环）　肌收缩通过糖的无氧氧化生成乳酸，乳酸通过细胞膜弥散进入血液后入肝，在肝内异生为葡萄糖，葡萄糖释入血液后又可被肌摄取。

2. 肝和肌组织酶的特点　肝内糖异生活跃，又有葡糖-6-磷酸酶，可将葡糖-6-磷酸水解为葡萄糖；肌内糖异生活性低，且没有葡糖-6-磷酸酶，因此肌内生成的乳酸不能异生为葡萄糖。

3. 意义

（1）回收乳酸中的能量。

（2）避免因乳酸堆积而引起酸中毒。

第七节　葡萄糖的其他代谢途径

一、糖醛酸途径生成葡糖醛酸

1. 糖醛酸途径是指以葡糖醛酸为中间产物的葡萄糖代谢途径。

2. 反应过程　葡糖-6-磷酸变为尿苷二磷酸葡萄糖（UDPG），在UDPG脱氢酶的催化下，生成尿苷二磷酸葡糖醛酸（UDPGA），再转变为木酮糖-5-磷酸。

3. 意义　生成活化的葡糖醛酸（UDPGA）。

二、多元醇途径生成少量多元醇

1. 葡萄糖代谢还可生成一些多元醇，如山梨醇、木糖醇，称为多元醇途径。

2. 例如醛糖在还原酶作用下，葡萄糖可还原生成山梨醇。

第八节　血糖及其调节

一、血糖

1. 血糖指血中的葡萄糖。

2. 血糖的来源和去路　见图2-5-4。

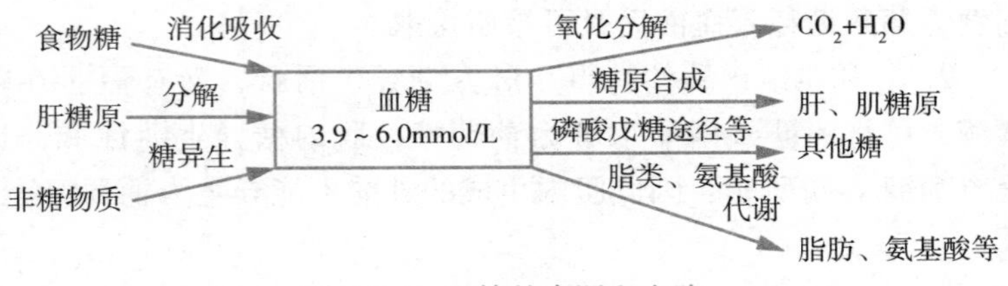

图2-5-4　血糖的来源和去路

二、血糖水平保持恒定

1. 血糖水平维持在3.9~6.0mmol/L。

2. 恒定的血糖是糖、脂肪、氨基酸共同作用的结果，也是肝、肌、脂肪组织等各器官组织代谢相协调的结果。

三、血糖稳态主要受激素调节

1. 胰岛素（降血糖）

（1）促进肌细胞、脂肪细胞摄取葡萄糖。

（2）通过激活磷酸二酯酶而降低cAMP水平，使糖原合酶被活化、磷酸化酶被抑制，从而加速糖原合成，抑制糖原分解。

（3）加快糖有氧氧化：激活丙酮酸脱氢酶磷酸酶而使丙酮酸脱氢酶复合体活化。

（4）抑制糖异生作用：磷酸烯醇式丙酮酸羧激酶的合成受到抑制，或氨基酸加速合成肌蛋白质从而使糖异生的原料减少。

（5）减缓脂肪的动员，从而减少脂肪酸对糖氧化的抑制。

2. 胰高血糖素（升血糖）

（1）促进肝糖原分解：抑制糖原合酶而激活磷酸化酶。

（2）促进糖异生：抑制磷酸果糖激酶-2，激活果糖二磷酸酶-2，减少果糖-2,6-二磷酸的合成，抑制肝内丙酮酸激酶从而阻止磷酸烯醇式丙酮酸进行糖酵解，同时促进磷酸烯醇式丙酮酸羧激酶的合成。

（3）促进脂肪动员：激活脂肪组织内激素敏感性脂肪酶。

（4）均通过cAMP依赖的磷酸化反应实现：胰腺分泌的胰岛素和胰高血糖素相互拮抗，两者比例的动态变化使血糖在正常范围内保持较小幅度的波动。

3. 糖皮质激素（升血糖）

（1）促进糖异生：促进肌蛋白质分解而使糖异生的原料增

多，同时使磷酸烯醇式丙酮酸羧激酶的合成加强。

（2）抑制肝外组织摄取和利用葡萄糖：抑制丙酮酸的氧化脱羧。

（3）协助促进脂肪的动员。

4. 肾上腺素（升血糖）

（1）加速糖原分解。

（2）促进肌糖原酵解生成乳酸，加快糖异生。

四、糖代谢障碍导致血糖水平异常

1. 糖耐量试验可测定血糖波动　先测量空腹静脉血糖，饮用75g无水葡萄糖后，分别于30分钟、1小时、2小时测量静脉血糖值，绘制曲线。

2. 葡萄糖的耐受能力　服糖后血糖在0.5~1.0小时达到高峰，一般不超过肾小管的重吸收能力（约为10mmol/L，称为肾糖阈），所以很难检测到糖尿；血糖在此峰值之后逐渐降低，一般在2小时左右降至7.8mmol/L以下，3小时左右回落至接近空腹血糖水平。

3. 低血糖

（1）指血糖浓度低于2.8mmol/L。

（2）低血糖休克：脑细胞主要依赖葡萄糖氧化供能，因此血糖过低就会影响脑的正常功能，出现头晕、倦怠无力、心悸等，严重时发生昏迷。

（3）常见原因：胰性（胰腺B细胞功能亢进、胰腺A细胞功能低下等）、肝性（肝癌、糖原贮积症等）、内分泌异常（垂体功能低下、肾上腺皮质功能低下等）、肿瘤（胃癌等）、饥饿。

4. 高血糖

（1）指血糖浓度高于7mmol/L。

（2）引起糖尿的原因

1）遗传性胰岛素受体缺陷。

2）某些肾病引起肾对糖的重吸收障碍，但血糖及糖耐量曲线均正常。

3）情绪影响（肾上腺素↑）。

4）静脉注射葡萄糖过快等。

5. 糖尿病

（1）特征：持续性高血糖和糖尿。

（2）病因：部分或完全胰岛素缺乏、胰岛素抵抗。

（3）分型：胰岛素依赖型（1 型）、非胰岛素依赖型（2 型）、妊娠糖尿病（3 型）和特殊型糖尿病（4 型）。

五、高糖刺激产生损伤细胞的生物学效应

1. 血中持续的高糖刺激能够使细胞生成晚期糖化终产物，且发生氧化应激。

2. 红细胞通过 GLUT1 摄取血中的葡萄糖：首先使血红蛋白的氨基发生不依赖酶的糖化作用，生成糖化血红蛋白（GHB），此过程与酶催化的糖基化反应不同。GHB 进一步生成晚期糖化终产物，造成组织器官的损伤。

历年真题

1. 不能补充血糖的生化过程是
   A. 食物中糖类的消化吸收
   B. 肌糖原分解
   C. 糖异生
   D. 肝糖原分解
   E. 葡萄糖在肾小管的重吸收
2. 在糖酵解过程中催化产生 NADH 和消耗无机磷酸的酶是
   A. 乳酸脱氢酶
   B. 3-磷酸甘油醛脱氢酶
   C. 醛缩酶
   D. 丙酮酸激酶
   E. 烯醇化酶

参考答案：1. B　2. B

第六章 生物氧化

核心问题

1. 两条呼吸链的组成和排列顺序。
2. 线粒体 ATP 生成的理论。
3. 呼吸链抑制剂的作用机制。
4. 线粒体外氧化体系。

内容精要

1. 影响氧化磷酸化的因素包括呼吸链抑制剂、解偶联剂、氧化磷酸化抑制剂、ADP 的调节作用、甲状腺激素、线粒体 DNA 突变。

2. ATP 含高能磷酸键，是常见的高能磷酸化合物。

第一节 线粒体氧化体系与呼吸链

一、线粒体氧化体系含多种传递氢和电子的组分

底物脱氢和失去电子是其基本化学过程。主要是将 NADH 和 $FADH_2$中的 H^+和电子传递给氧。

1. 烟酰胺腺嘌呤核苷酸传递氢和电子

(1) 烟酰胺腺嘌呤二核苷酸（NAD^+）通过烟酰胺环传递

H^+和电子。

（2）NAD^+是许多脱氢酶的辅酶，可传递氢和电子。

（3）NAD^+结构中核糖的2位羟基被磷酸化后生成烟酰胺腺嘌呤二核苷酸磷酸（$NADP^+$）。

2. 黄素核苷酸衍生物传递氢和电子　黄素单核苷酸（FMN）和黄素腺嘌呤二核苷酸（FAD）是维生素B_2与核苷酸形成的有机化合物，两者均通过维生素B_2中的异咯嗪环进行可逆的加氢和脱氢反应。

3. 有机化合物泛醌传递氢和电子

（1）泛醌又称辅酶Q（CoQ或Q），是一种脂溶性醌类化合物。Q的疏水特性使其可在线粒体内膜中自由扩散。Q可进行双、单电子的传递。

（2）Q结构中的苯醌部分接受1个电子和1个H^+还原为半醌，再接受1个电子和1个H^+还原为二氢泛醌（QH_2）。反之，QH_2可逐步失去H^+和电子被氧化为Q。

4. 铁硫蛋白和细胞色素蛋白传递电子

（1）铁硫蛋白中含有铁硫中心（Fe-S），铁硫蛋白是单电子传递体。

（2）其形式有多种，单个Fe离子与4个半胱氨酸残基的SH相连，也可以是2个、4个Fe离子通过与无机S原子及半胱氨酸残基的SH连接，形成Fe_2S_2、Fe_4S_4。

（3）细胞色素是一类含血红素样辅基的蛋白质。根据其光吸收特性，可分为3种亚基，分别是Cyta、Cytb、Cytc；3种血红素分别是a、b、c。

二、具有传递电子能力的蛋白质复合体组成呼吸链

将呼吸链分离得到四种具有传递电子功能的酶复合体，其中复合体Ⅰ、Ⅲ和Ⅳ完全镶嵌在线粒体内膜中，复合体Ⅱ镶嵌

在内膜的内侧。

人线粒体的呼吸链复合体，见表2-6-1。

表2-6-1 人线粒体的呼吸链复合体

复合体	酶名称	功能辅基	含结合位点
复合体Ⅰ	NADH-泛醌还原酶	FMN，Fe-S	NADH（基质侧）Q（脂质核心）
复合体Ⅱ	琥珀酸-泛醌还原酶	FAD，Fe-S	琥珀酸（基质侧）Q（脂质核心）
复合体Ⅲ	泛醌-细胞色素c还原酶	血红素，Fe-S	Cyt c（膜间隙侧）
复合体Ⅳ	细胞色素c氧化酶	血红素，Cu_A，Cu_B	Cyt c（膜间隙侧）

1. 复合体Ⅰ将NADH中的电子传递给泛醌

（1）复合体Ⅰ又称NADH-Q还原酶或NADH脱氢酶，是呼吸链的主要入口。

（2）具有质子泵的功能：将4个H^+从线粒体的基质侧（N侧）泵到膜间隙侧（P侧），所需能量来自于电子的传递。

（3）功能：接受来自NADH的电子并转移给Q。

（4）组成：黄素蛋白、铁硫蛋白等组成的跨膜蛋白质。

（5）过程

1）NADH→FMN→Fe-S→Q。

2）黄素蛋白辅基FMN从基质中接受NADH中的$2H^+$和$2e^-$生成$FMNH_2$，经过一系列的Fe-S将电子传递给内膜中的Q，形成QH_2。

2. 复合体Ⅱ将电子从琥珀酸传递到泛醌

（1）复合体Ⅱ是琥珀酸-泛醌还原酶。无质子泵功能。

（2）功能：将电子从琥珀酸传递给Q。

（3）过程：琥珀酸→FAD→Fe-S→Q。催化底物琥珀酸的脱氢反应，使 FAD 转变为 $FADH_2$，后者再将电子经 Fe-S 传递到 Q。

3. 复合体Ⅲ将电子从还原型泛醌传递至细胞色素 c

（1）复合体Ⅲ又称泛醌-细胞色素 c 还原酶。有质子泵功能，每传递 $2e^-$向膜间隙释放 $4H^+$。

（2）功能：接受 QH_2的电子并传递给 Cyt c。

（3）组成：Cyt b（b_{562}，b_{566}）、Cyt c_1和铁硫蛋白组成二聚体，呈梨形。

（4）过程

1）QH_2→Cyt b→Fe-S→Cyt c_1→Cyt c。

2）QH_2结合在 Q_P位点，分别将 $2e^-$经 Fe-S 传递给 Cyt c_1和结合在 Q_N位点的 Q。此过程重复一次后，Q_P位点的 Q 接受 $2e^-$经 Cyt c_1传递给 2 分子 Cyt c，重新释放 Q 到内膜中，而 Q_N位点的 Q 接受 $2e^-$和基质的 $2H^+$被还原为 QH_2。因此每 2 分子 QH_2经过 Q 循环，生成 1 分子 Q 和 1 分子 QH_2，将 $2e^-$经 Cyt c_1传递给 2 分子 Cyt c。

4. 复合体Ⅳ将电子从细胞色素 c 传递给氧

（1）复合体Ⅳ又称细胞色素 c 氧化酶，是电子传递链的出口。有质子泵功能，每传递 $2e^-$向膜间隙释放 $2H^+$。

（2）功能：接受还原型 Cyt c 的电子并传递给 O_2生成 H_2O。

（3）组成：13 个亚基，亚基 1～3 构成复合体Ⅳ的核心结构。

（4）过程

1）Cyt c→CuA→Cyt a→Cyta_3-CuB→O_2。

2）Cyt a 传递第一个、第二个电子到氧化态的 Cyta_3-Cu_B双核中心（Cu^{2+}和 Fe^{3+}），使 Cu^{2+}和 Fe^{3+}被还原为 Cu^+和 Fe^{2+}，并结合 O_2分子，形成过氧桥连接的 Cu_B和 Cyt a_3，相当于 $2e^-$传递

至结合的 O_2。中心再获得 2 个 H^+ 和第三个电子，O_2 分子键断开，Cyt a_3 出现 Fe^{4+} 中间态。再接受第四个电子，Fe^{4+} 还原为 Fe^{3+} 并形成 Cu_B^{2+} 和 Fe^{3+} 各结合 1 个 OH 基团的中间态。最后再获得 2 个 H^+，双核中心解离出 2 个 H_2O 分子后恢复初始的氧化态。

5. 呼吸链的成分　见表 2-6-2。

表 2-6-2　呼吸链成分

分类	重要组分	作　用
NAD^+	维生素 PP	只能传递 1H、1e；是不需氧脱氢酶的辅酶
$NADP^+$	维生素 PP	只能传递 1H、1e；是不需氧脱氢酶的辅酶
FMN	维生素 B_2	能传递 2H、2e
FAD	维生素 B_2	能传递 2H、2e
Fe-S	铁原子	单电子传递
CoQ	—	能传递 2H、2e
Cyt	铁卟啉	单电子传递

三、NADH 和 $FADH_2$ 是呼吸链的电子供体

呼吸链由 NADH 和 $FADH_2$ 提供氢，通过 4 个蛋白质复合体、Q 以及介于复合体 Ⅰ 与Ⅳ之间的 Cyt c 共同完成电子的传递。

1. NADH 氧化呼吸链

（1）以 NADH 为电子供体，从 NADH 开始到还原 O_2 生成 H_2O。

（2）NADH→复合体Ⅰ→Q→复合体Ⅲ→Cyt c→复合体Ⅳ→O_2。

2. 琥珀酸氧化呼吸链

（1）以 $FADH_2$ 为电子供体，经复合体Ⅱ到 O_2 而生成 H_2O。

（2）琥珀酸→复合体Ⅱ→Q→复合体Ⅲ→Cyt c→复合体Ⅳ→O_2。

3. 呼吸链各组分的排列顺序由下列实验确定

（1）根据呼吸链各组分的标准氧化还原电位进行排序。

（2）底物存在时，利用呼吸链特异的抑制剂阻断某一组分的电子传递，在阻断部位以前的组分处于还原状态，后面的组分处于氧化状态。

（3）利用呼吸链各组分特有的吸收光谱，以离体线粒体无氧时处于还原状态作为对照，缓慢给氧，观察各组分被氧化的顺序。

（4）在体外将呼吸链拆开和重组，鉴定 4 种复合体的组成与排列。

第二节　氧化磷酸化与 ATP 的生成

一、概述

1. 在机体能量代谢中，ATP 是体内主要供能的高能化合物。细胞内 ATP 形成的主要方式是氧化磷酸化，即 NADH 和 $FADH_2$ 通过线粒体呼吸链逐步失去电子被氧化生成水，电子传递过程伴随着能量的逐步释放，此释能过程驱动 ADP 磷酸化生成 ATP。

2. 氧化磷酸化的部位　线粒体内膜。

3. 底物水平磷酸化　是底物分子内部能量重新分布，生成高能键，使 ADP 磷酸化生成 ATP 的过程。

二、氧化磷酸化偶联部位在复合体Ⅰ、Ⅲ、Ⅳ内

根据自由能变化和 P/O 比值推断其部位。

1. P/O 比值　氧化磷酸化过程中，每消耗 1/2mol O_2所消耗的磷酸的摩尔数，即所能合成 ATP 的摩尔数（或一对电子通过呼吸链传递给氧所生成 ATP 分子数）。

2. 偶联部位

（1）根据计算自由能变化和测定 P/O 比值可知，氧化磷酸化的部位可能在复合体Ⅰ（NADH 和 CoQ 之间）、Ⅲ（CoQ 和 Cyt c 之间）和Ⅳ（Cyt c 和 O_2之间）。

（2）一对电子经 NADH 呼吸链传递，P/O 比值约为 2.5，生成 2.5 分子的 ATP。

（3）一对电子经琥珀酸呼吸链传递，P/O 比值约为 1.5，可产生 1.5 分子的 ATP。

三、氧化磷酸化偶联机制产生跨线粒体内膜的质子梯度

1. 英国科学家 MitchellP 提出化学渗透假说，阐明氧化磷酸化的偶联机制

（1）电子经呼吸链传递时释放的能量，通过复合体的质子泵功能，转运质子（H^+）从线粒体基质到内膜的胞质侧。

（2）由于质子不能自由穿过线粒体内膜返回基质，从而形成跨线粒体内膜的质子电化学梯度（H^+浓度梯度和跨膜电位差），储存电子传递释放的能量。

（3）质子的电化学梯度转变为质子驱动力，促使质子从膜间隙侧顺浓度梯度回流至基质，释放储存的势能，用于驱动 ADP 与 Pi 结合生成 ATP。

2. 化学渗透假说的实验支持

（1）氧化磷酸化依赖于完整封闭的线粒体内膜。

（2）线粒体内膜对 H^+、OH^+、K^+、Cl^-离子是不通透的。

（3）电子传递链可驱动质子移出线粒体，形成可测定的跨

内膜电化学梯度。

（4）增加线粒体内膜外侧酸性可增加ATP合成，而阻止质子从线粒体基质泵出，可降低内膜两侧的质子梯度，虽然电子仍可以传递，但ATP生成却减少。

四、质子顺浓度梯度回流释放能量用于合成ATP

1. ATP合酶　线粒体内膜上的复合体V，为ATP合酶，每生成1分子ATP需3个H^+从线粒体内膜外侧回流进入基质中。含F_1（亲水部分）和F_2（疏水部分）两个功能区域。

2. 动物细胞中　F_1部分主要由$\alpha_3\beta_3\gamma\delta\varepsilon$亚基复合体和寡霉素敏感蛋白组成；$F_0$部分主要由$a_1$、$b_2$、$c_9 \sim c_{12}$亚基组成。

五、ATP在能量代谢中起核心作用

1. ATP与能量代谢

（1）ATP属于高能磷酸化合物，可直接为细胞的各种生理活动提供能量。

（2）能量代谢的特点

1）细胞内生物大分子体系多通过弱键能的非共价键维系，不能承受能量的大增或大量释放的化学过程，故代谢反应都是依序进行、能量逐步得失。

2）生物体不直接利用营养物质的化学能，需要使之转变为细胞可以利用的能量形式，如ATP的化学能。

2. 高能磷酸键

（1）高能磷酸化合物水解时能释放较大自由能的含有磷酸基的化合物，其释放的标准自由能$\Delta G'$大于25kJ/mol，并将水解时释放能量较多的磷酸酯键用“～P”符号表示。

（2）其他高能磷酸化合物：腺苷二磷酸、腺苷三磷酸、磷酸肌酸、磷酸烯醇式丙酮酸、1, 3-二磷酸甘油酯。

3. ATP 是能量捕获和释放利用的重要分子　ATP 最重要的意义是通过其水解释放大量自由能，当与需要供能的反应偶联时，能促进这些反应在生理条件下完成。

4. ATP 是能量转移和核苷酸相互转变的核心

（1）细胞中的腺苷激酶可催化 ATP、ADP、AMP 间互变。当体内 ATP 消耗过多（例如骨骼肌剧烈收缩）时，ADP 累积，在腺苷酸激酶催化下由 ADP 转变成 ATP。

（2）当 ATP 的需求量降低时，AMP 从 ATP 中获得 ~P 生成 ADP。

（3）UTP、CTP、GTP 是在核苷二磷酸激酶的催化下，从 ATP 中获得 ~P 产生

ATP+UDP→ADP+UTP。

ATP+CDP→ADP+CTP。

ATP+GDP→ADP+GTP。

5. ATP 通过转移自身基团提供能量　将 ATP 分子中的 Pi、PPi 或者 AMP 基团转移到底物或蛋白分子上而形成中间产物，使其获得更多的自由能，经过化学转变后再将这些基团水解而形成终产物。

6. 磷酸肌酸（CP）也是储存能量的高能化合物

（1）ATP 充足时，通过转移末端 ~P 给肌酸，生成磷酸肌酸（CP），储存于需能较多的骨骼肌、心肌和脑组织中。

（2）ATP 不足时，磷酸肌酸可将 ~P 转移给 ADP，生成 ATP，补充 ATP 的不足。

第三节　氧化磷酸化的影响因素

氧化磷酸化是指代谢物氧化脱氢经呼吸链传递给氧生成水，同时伴有 ADP 磷酸化生成 ATP 的过程。

一、体内能量状态调节氧化磷酸化速率

1. 机体根据能量需求调节氧化磷酸化速率，从而调节 ATP 的生成量。ADP 是调节机体氧化磷酸化速率的主要因素，只有 ADP 和 Pi 充足时电子传递的速率和耗氧量才会提高。

2. 正常机体氧化磷酸化的速率主要受 ADP 或 ADP/ATP 比率的调节。ADP 为氧化磷酸化的底物。

3. 细胞内 ADP 的浓度以及 ATP/ADP 的比值能够迅速感应机体能量状态的变化。ATP 浓度增高，抑制了糖酵解、降低了三羧酸循环的速率，从而导致氧化磷酸化速率降低。

4. 当机体利用 ATP 增多，ADP 浓度增高，转运入线粒体后使氧化磷酸化速度加快；反之 ADP 不足，使氧化磷酸化速度减慢。

二、抑制剂阻断氧化磷酸化过程

1. 呼吸链抑制剂阻断电子传递过程

(1) 呼吸链抑制剂可在特异部位阻断线粒体呼吸链的电子传递、降低线粒体的耗氧量，阻断 ATP 的产生。

(2) 鱼藤酮、粉蝶霉素 A 及异戊巴比妥等与复合体Ⅰ中的铁硫蛋白结合，从而阻断电子传递。

(3) 萎锈灵是复合体Ⅱ的抑制剂。

(4) 抗霉素 A 阻断电子从 Cyt b 到 Q_N 的传递，是复合体Ⅲ的抑制剂。

(5) CN^-、N_3^-能够紧密结合复合体Ⅳ中氧化型 Cyt a_3，阻断电子由 Cyt a 到 Cu_B-Cyt a_3的传递。

(6) CO 与还原型 Cyt a_3结合，阻断电子传递给 O_2。

2. 解偶联剂阻断 ADP 的磷酸化过程

(1) 解偶联剂使氧化与磷酸化偶联过程脱离。电子可沿呼

吸链正常传递，但建立的质子电化学梯度被破坏，不能驱动 ATP 合酶来合成 ATP。

（2）解偶联剂不影响底物水平磷酸化过程。

（3）举例

1）二硝基苯酚：为脂溶性物质，在线粒体内膜中可自由移动。进入基质侧时释出 H^+，返回胞质侧时结合 H^+，从而破坏了电化学梯度，无法驱动 ATP 的合成。

2）解偶联蛋白 1：棕色脂肪组织的线粒体内膜中富含的一种特别的蛋白质。

3. ATP 合酶抑制剂同时抑制电子传递和 ATP 的生成

（1）ATP 合酶的抑制剂可同时抑制电子传递及 ADP 磷酸化。

（2）例如，寡霉素可阻止质子从 F_0 质子通道回流，抑制 ATP 生成。

（3）线粒体内膜两侧质子电化学梯度增高影响呼吸链质子泵的功能，继而抑制电子传递。

（4）抑制氧化磷酸化会降低线粒体对氧的需求，氧的消耗会减少。

4. 体内生成 ATP 的方式主要有底物水平磷酸化和氧化磷酸化两种

（1）底物水平磷酸化：与底物反应有关，即直接将作用物分子中的能量转移至 ADP（或 GDP），生成 ATP 或（GTP）的过程。不需要氧的参与。

（2）氧化磷酸化

1）与作用物的氧化过程即脱氢有关，即 $NADH + H^+$ 和 $FADH_2$ 通过呼吸链的电子传递偶联 ADP 磷酸化，生成 ATP 的过程。

2）每个 $NADH + H^+$ 被氧化可合成 2.5 个 ATP 分子，每个

$FADH_2$被氧化可合成1.5个ATP分子。

5. 两种磷酸化的比较　见表2-6-3。

表2-6-3　两种磷酸化的比较

比较项目	底物水平磷酸化	氧化磷酸化
作用部位	细胞质、线粒体	线粒体
磷酸化的条件	底物、ADP、Pi、不需氧	底物（$NADH+H^+$ 和 $FADH_2$）、呼吸链、ADP、Pi、O_2
磷酸化作用的能量来源	底物分子中的能量	电子传递（氧化）过程释放的能量（质子梯度）

三、甲状腺激素促进氧化磷酸化和产热

1. 机体的甲状腺激素促进细胞膜上 Na^+，K^+-ATP 酶的表达，使ATP加速分解为ADP和Pi，ADP浓度增加而促进氧化磷酸化。

2. 甲状腺激素可诱导解偶联蛋白基因表达，使氧化释能和产热比率均增加，ATP合成减少，导致机体耗氧量和产热同时增加，所以甲状腺功能亢进症病人基础代谢率增高。

四、线粒体DNA突变影响氧化磷酸化功能

1. 线粒体DNA（mtDNA）呈裸露的环状双螺旋结构，缺乏蛋白质保护和损伤修复系统，容易受到损伤而发生突变，其突变率远高于核内的基因组DNA。

2. 线粒体的功能蛋白质的功能主要由细胞核的基因编码。

3. mtDNA病出现的症状取决于mtDNA突变的严重程度和各器官对ATP的需求，耗能较多的组织器官首先出现功能障碍，常见的有帕金森病、阿尔茨海默病、糖尿病等。

五、线粒体内膜选择性协调转运氧化磷酸化相关代谢物

1. 线粒体的基质与细胞质之间有线粒体内、外膜相隔，外膜对物质的通透性高、选择性低，线粒体内膜含有与代谢物转运相关的转运蛋白质体系，对各种物质进行选择性转运，维持组分间的平衡，以保证生物氧化和基质内旺盛的物质代谢过程能够顺利进行（表 2-6-4）。

表 2-6-4 线粒体内膜的某些转运蛋白质对代谢物的转运

转运蛋白质	进入线粒体	出线粒体
ATP-ADP 转位酶	ADP^{3-}	ATP^{4-}
磷酸盐转运蛋白	$H_2PO_4^-+H^+$	—
二羧酸转运蛋白	HPO_4^{2-}	苹果酸
α-酮戊二酸转运蛋白	苹果酸	α-酮戊二酸
天冬氨酸-谷氨酸转运蛋白	谷氨酸	天冬氨酸
单羧酸转运蛋白	丙酮酸	OH^-
三羧酸转运蛋白	苹果酸	柠檬酸
碱性氨基酸转运蛋白	鸟氨酸	瓜氨酸
肉碱转运蛋白	脂酰肉碱	肉碱

2. 细胞质中的 NADH 通过两种穿梭机制进入线粒体呼吸链（表 2-6-5）。

3. ATP-ADP 转位酶协调转运 ATP 和 ADP 出入线粒体

（1）呼吸链产生的质子电化学梯度主要用于驱动 ATP 的合成，同时也驱动内膜上的跨膜蛋白质转运氧化磷酸化的相关组分，包括腺苷酸转运蛋白、磷酸盐转运蛋白等。

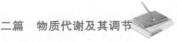

表 2-6-5　细胞质中的 NADH 通过两种穿梭机制进入线粒体呼吸链

穿梭方式	常见部位	1 分子 NADH 产生的 ATP
α-磷酸甘油穿梭	脑和骨骼肌细胞	1.5 分子
苹果酸-天冬氨酸穿梭	肝、肾及心肌细胞	2.5 分子

（2）腺苷酸转运蛋白（ATP-ADP 转位酶）

1）组成：2 个亚基组成的二聚体（图 2-6-1）。

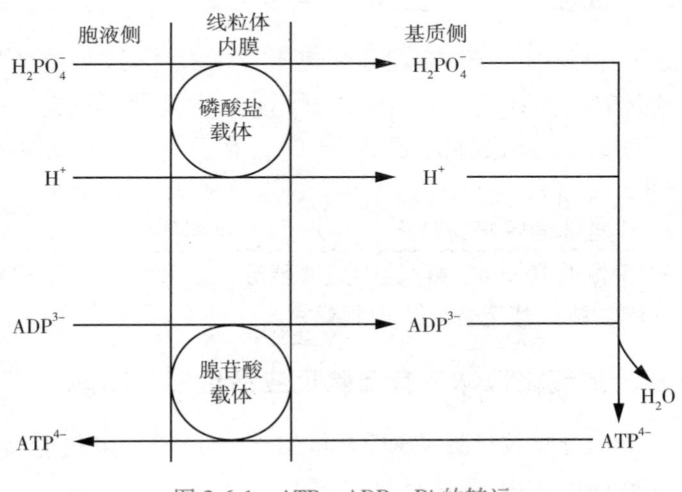

图 2-6-1　ATP、ADP、Pi 的转运

2）功能：参与 ADP 与 ATP 反向转运。

第四节　其他氧化与抗氧化体系

一、微粒体细胞色素 P450 单加氧酶催化底物分子羟基化

1. 人微粒体细胞色素 P450 单加氧酶催化氧分子中的一个氧

原子加到底物分子上（羟化），另一个氧原子被 $NADPH+H^+$ 还原成水，故又称混合功能氧化酶或羟化酶，参与类固醇激素等的生成以及药物、毒物的生物转化过程。其反应式：

$$RH+NADPH+H^++O_2 \longrightarrow ROH+NADP^++H_2O$$

2. 单加氧酶类在肝和肾上腺的微粒体中含量最多，是反应最复杂的酶。

二、线粒体呼吸链也可产生活性氧

1. O_2得到单电子产生超氧阴离子（O_2^-），再逐步接受电子而生成过氧化氢 H_2O_2、羟自由基（·OH）。这些未被完全还原的含氧分子，氧化性远远大于 O_2，合称为反应活性氧类(ROS)。

2. 线粒体的呼吸链是产生 ROS 的主要部位。

3. 少量的 ROS 能够促进细胞增殖等，但 ROS 的大量累积会损伤细胞功能、甚至会导致细胞死亡。

三、抗氧化酶体系有清除反应活性氧的功能

1. 超氧化物歧化酶（SOD）可催化 1 分子 O^{2-}氧化生成 O_2，另一分子 O^{2-}还原生成 H_2O_2。

2. 在真核细胞的细胞质中，SOD 以 Cu^{2+}、Zn^{2+}为辅基，称为 Cu/Zn-SOD。

3. 线粒体内以 Mn^{2+}为辅基，称为 Mn-SOD。

4. SOD 是人体防御内、外环境中超氧离子损伤的重要酶。

5. 体内还存在一种含硒的谷胱甘肽过氧化物酶，可使 H_2O_2或过氧化物（ROOH）与还原型谷胱甘肽（GSH）反应，生成的氧化型谷胱甘肽（GSSG），再由 NADPH 供氢使氧化型谷胱甘肽重新被还原。

主治语录：呼吸链也是体内ROS的主要来源，但ROS产生过多会对机体产生危害，体内的抗氧化酶类及抗氧化物体系能及时清除ROS，维护机体的正常功能。

历年真题

不含高能磷酸键的化合物是

A. 1, 3-二磷酸甘油酸

B. 磷酸肌酸

C. 腺苷三磷酸

D. 磷酸烯醇式丙酮酸

E. 1, 6-双磷酸果糖

参考答案：E

第七章 脂质代谢

核心问题

1. 脂肪酸β-氧化的关键步骤、反应部位和关键酶。
2. 脂肪酸合成的过程。
3. 熟记酮体定义，掌握其生成过程与临床意义。
4. 熟记胆固醇合成的原料、部位及代谢途径。

内容精要

1. 甘油三酯的合成基本过程　甘油一酯途径和甘油二酯途径。

2. 甘油三酯的分解代谢　脂肪的动员；脂肪酸的β-氧化（脂肪酸的活化—脂酰 CoA 的生成）。

3. 胆固醇的合成原料　乙酰 CoA、能量及供氢物质。

4. 胆固醇的转化　胆汁酸、类固醇激素、7-脱氢胆固醇。

第一节　脂质的结构、功能及分析

一、脂质是种类繁多、结构复杂的一类大分子物质

1. 脂类　脂肪和类脂总称为脂类，是人体重要的营养物质。

2. 物理性质　不溶于水，而溶于脂肪溶剂。

3. 化学结构　基本属于长链脂肪酸所形成的酯或与此有关的物质。

4. 脂肪　即三酰甘油（TAG），也称为甘油三酯（TG）。

5. 甘油三酯是甘油的脂肪酸酯

（1）甘油三酯为甘油的三个羟基分别被相同或不同的脂肪酸酯化形成的酯。

（2）结构见图 2-7-1。

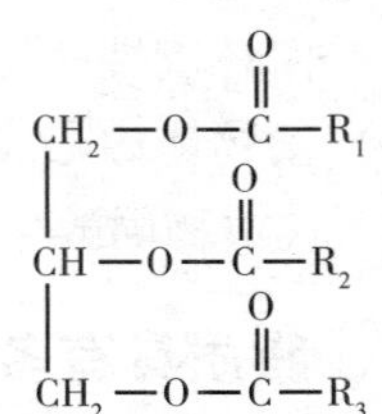

图 2-7-1　甘油三酯的结构

6. 脂肪酸是脂肪烃的羧酸

（1）结构通式：$CH_3(CH_2)_nCOOH$。

（2）饱和脂肪酸：不含双键的脂肪酸。

（3）不饱和脂肪酸：含一个或以上双键。

（4）单不饱和脂肪酸：含一个双键的脂肪酸。

（5）多不饱和脂肪酸：含两个及以上双键的脂肪酸。

7. 磷脂分子含磷酸

（1）组成：甘油或鞘氨醇、脂肪酸、磷酸和含氮化合物。

（2）甘油磷脂结构通式：

```
                                O
                                ‖
          O        CH2—O—C—R1
          ‖        |
R2—C—O—CH          O
                   |            ‖
                   CH2—O—P—OX
                                |
                                OH
```

（3）鞘磷脂：含鞘氨醇或二氢鞘氨醇的磷脂。

（4）神经酰胺：由鞘氨醇的氨基以酰胺基与 1 分子脂肪酸结合形成。为鞘脂的母体结构。

（5）鞘脂可根据-X分为鞘磷脂（磷酸胆碱）与鞘糖脂（葡萄糖、半乳糖或唾液酸）。

（6）甘油磷脂分类：磷脂酰胆碱（卵磷脂）、磷脂酰乙醇胺（脑磷脂）、二磷脂酰甘油（心磷脂）、磷脂酰肌醇、磷脂酰丝氨酸和磷脂酰甘油等。

8. 胆固醇以环戊烷多氢菲为基本结构

（1）由环戊烷多氢菲母体结构衍生而成，是类固醇化合物。

（2）动物体内最丰富的类固醇化合物是胆固醇，植物不含胆固醇而含植物固醇，以β-谷固醇最多，酵母含麦角固醇。

二、脂质具有多种复杂的生物学功能

1. 甘油三酯是机体重要的能源物质　甘油三酯疏水，储存时不带水分子，占体积小；可存贮于脂肪组织内。

2. 脂肪酸具有多种重要生理功能

（1）脂肪酸是脂肪、胆固醇酯和磷脂的重要组成成分。

（2）生理功能

1）提供必需脂肪酸。亚油酸、亚麻酸、花生四烯酸等是人体不可缺乏的营养素，不能自身合成，需从食物摄取，故称必需脂肪酸。

2）合成不饱和脂肪酸衍生物：前列腺素、血栓噁烷和白三烯具有很强生物活性。

3. 磷脂是重要的结构成分和信号分子

（1）磷脂是构成生物膜的重要成分。磷脂分子具有亲水端和疏水端，在水溶液中可聚集成脂质双层，是生物膜的基础结构。

（2）磷脂酰肌醇是第二信使的前体。磷脂酰肌醇可被磷酸化生成磷脂酰肌醇-4, 5-二磷酸，是细胞膜磷脂的重要组成成分。

4. 胆固醇是生物膜的重要成分和具有重要生物学功能固醇类物质的前体

（1）胆固醇是细胞膜的基本结构成分。胆固醇 C_3 羟基亲水，能在细胞膜中以该羟基存在于磷脂的极性端之间，疏水的环戊烷多氢菲和 C_{17} 侧链与磷脂的疏水端共存于细胞膜。

（2）胆固醇可转化为一些具有重要生物学功能的固醇化合物，如肾上腺皮质、睾丸、卵巢等可合成固醇类激素；胆固醇在肝内可变为胆汁酸。

生物膜的组成成分为磷脂和胆固醇。

主治语录：游离脂肪酸的来源包括：①自身合成：以脂肪形式储存，需要时从脂肪动员产生，多为饱和脂肪酸和单不饱和脂肪酸。②食物供给：包括各种脂肪酸，其中一些不饱和脂肪酸，动物不能自身合成，需从植物中摄取。

三、脂质组分的复杂性决定了脂质分析技术的复杂性

1. 用有机溶剂提取脂质　根据脂质的性质，采用不同的有机溶剂抽提不同的脂质，中性脂用乙醚、氯仿、苯等极性较小的有机溶剂，膜脂用乙醇、甲醇等极性较大的有机溶剂。

2. 用层析分离脂质　分为柱层析与薄层层析。采用硅胶为固定相，氯仿等有机溶剂为流动相。

3. 根据分析目的和脂质性质选择分析方法　层析后用碱性蕊香红、罗丹明或碘等染料显色，然后扫描显色的斑点进行定量分析。

4. 复杂的脂质分析还需特殊的处理　如甘油三酯、磷脂、胆固醇酯可用稀酸和碱处理使脂肪酸释放。

第二节　脂质的消化和吸收

一、胆汁酸盐协助消化酶消化脂质

1. 脂质不溶于水，必须在小肠经胆汁中胆汁酸盐的作用，乳化并分散成细小的微团后，才能被消化酶消化。

2. 消化场所　胰液及胆汁均分泌入十二指肠，因此小肠上段是脂质消化的主要场所。

3. 胆汁酸盐是较强的乳化剂，能降低油与水相之间的界面张力，使脂肪及胆固醇酯等疏水的脂质乳化成细小微团，增加消化酶对脂质的接触面积，有利于脂肪及类脂的消化及吸收。

4. 胰腺分泌的脂质消化酶

（1）胰脂酶

1）特异水解甘油三酯 1,3 位酯键，生成 2-甘油一酯及脂肪酸。

2）胰脂酶必须吸附在乳化微团的脂-水界面上。

（2）辅脂酶：是胰脂酶对脂肪消化不可缺少的蛋白质辅因子。

（3）磷脂酶 A_2：水解磷脂，产生溶血磷酸和脂肪酸。

（4）胆固醇酯酶：水解胆固醇酯，产生胆固醇和脂肪酸。

二、吸收的脂质经再合成进入血液循环

1. 部位　十二指肠下段及空肠上段。

2. 小分子脂肪酸水溶性较高，可不经过淋巴系统，直接进入门静脉血液中。

3. 长链脂肪酸需被组装成乳糜微粒，经淋巴系统进入血液循环。

三、脂质消化吸收在维持机体脂质平衡中具有重要作用

1. 脂质过多，在肥胖、高脂血症、动脉粥样硬化、2 型糖尿病、高血压和癌等中有重要作用。

2. 小肠被认为是介于机体内、外脂质间的选择性屏障。

3. 脂质通过该屏障过多会导致其在体内堆积，促进上述疾病发生。

4. 小肠的脂质消化、吸收能力具有很大可塑性。脂质本身可刺激小肠、增强脂质消化吸收能力。

主治语录：脂肪的合成原料为甘油和脂肪酸。

第三节　甘油三酯代谢

一、甘油三酯氧化分解产生大量 ATP

1. 甘油三酯分解代谢从脂肪的动员开始

（1）定义：脂肪动员是指储存在白色脂肪细胞内的脂肪在脂肪酶作用下，逐步水解，释放游离脂肪酸和甘油供其他组织细胞氧化利用的过程。

（2）机制

1）当禁食、饥饿或交感神经兴奋时，肾上腺素、去甲肾上腺素、胰高血糖素等分泌增加，作用于白色脂肪细胞膜表面受体，激活腺苷酸环化酶，促进 cAMP 合成，激活依赖 cAMP 的蛋白激酶，使细胞质内脂滴包被蛋白-1 和激素敏感性脂肪酶（HSL）磷酸化。

2）第一步由脂肪组织甘油三酯脂肪（ATGL）催化，生成甘油二酯和脂肪酸，第二步由 HSL 催化使甘油二酯水解成甘油

一酯及脂肪酸。

2. 相关概念

（1）脂解激素：能促进脂肪动员，包括肾上腺素、胰高血糖素、ACTH 及 TSH。

（2）抗脂解激素：能抑制脂肪的动员，对抗脂解激素的作用；包括胰岛素、前列腺素 E_2及烟酸。

3. 脂肪动员的产物　是 1 分子的甘油和 3 分子的脂肪酸。

4. 甘油转变为 3-磷酸甘油后被利用

（1）甘油可直接经血液运输至肝、肾、肠等组织利用。

（2）在甘油激酶作用下，甘油转变为 3-磷酸甘油；然后脱氢生成磷酸二羟丙酮，循糖代谢途径分解，或转变为葡萄糖。

（3）肝的甘油激酶活性最高，脂肪动员产生的甘油主要被肝摄取利用，而脂肪及骨骼肌因甘油激酶活性很低，对甘油的摄取利用很有限。

5. β-氧化是脂肪酸分解的核心过程

（1）脂肪酸的 β-氧化：是指在氧供充足的条件下，脂肪酸（饱和、偶数碳）可在体内彻底氧化为 CO_2和 H_2O 并释放出大量能量（ATP）供机体利用的过程。

（2）器官定位：除脑组织外，大多数组织均能氧化脂肪酸，以肝、心肌、骨骼肌能力最强。

（3）细胞定位：细胞质和线粒体。

（4）脂肪酸的活化：脂酰 CoA 的生成。

1）部位：在线粒体外进行。

2）过程：内质网及线粒体外膜上的脂酰 CoA 合成酶在 ATP、CoA-SH、Mg^{2+}存在的条件下，催化脂肪酸活化，生成脂酰 CoA。

3）反应过程中生成的焦磷酸（PPi）被细胞内的焦磷酸酶水解，产生 1 分子 ATP。

4）1 分子脂肪酸活化，消耗了 2 分子 ATP。

（5）脂酰 CoA 进入线粒体

1）肉碱脂酰转移酶Ⅰ是脂肪酸 β-氧化的关键酶。

2）脂酰 CoA 进入线粒体是脂肪酸 β-氧化的主要限速步骤。

3）机制：①催化脂肪酸氧化的酶系存在于线粒体的基质内，因此活化的脂酰 CoA 必须进入线粒体内才能代谢。②长链脂酰 CoA 不能直接透过线粒体内膜，进入线粒体需肉碱的转运。③线粒体外膜存在肉碱脂酰转移酶Ⅱ，它能催化长链脂酰 CoA 与肉碱合成脂酰肉碱，后者即可在线粒体内膜的肉碱-脂酰肉碱转位酶的作用下，通过内膜进入线粒体基质内。④肉碱脂酰转移酶Ⅰ在转运 1 分子脂酰肉碱进入线粒体基质内的同时，将 1 分子肉碱转运出线粒体内膜外膜间腔。进入线粒体内的脂酰肉碱，则在位于线粒体内膜内侧面的肉碱脂酰转移酶Ⅱ的作用下，转变为脂酰 CoA 并释出肉碱。

4）影响因素：①饥饿、高脂低糖膳食或糖尿病时，机体不能利用糖，需脂肪酸供能，这时肉碱脂酰转移酶Ⅱ的活性增加，脂肪酸氧化增强。②饱食后，脂肪酸合成及丙二酰 CoA 增加，丙二酰 CoA 可抑制肉碱脂酰转移酶Ⅰ活性，因而脂肪酸的氧化被抑制。

（6）脂肪酸的 β-氧化

1）脂酰 CoA 进入线粒体基质后，在线粒体基质中疏松结合的脂肪酸 β-氧化多酶复合体的催化下，从脂酰基的 β-碳原子开始，进行脱氢、加水、再脱氢及硫解等四步连续反应，脂酰基断裂生成 1 分子比原来少 2 个碳原子的脂酰 CoA 及 1 分子乙酰 CoA。

2）脂肪酸 β-氧化的过程：①脱氢：脂酰 CoA 在脂酰 CoA 脱氢酶的催化，脱下的 2H 由 FAD 接受生成 $FADH_2$。②加水。③再脱氢：脱下的 2H 由 NAD^+ 接受，生成 NADH 及 H^+。④硫解：生成1分子乙酰CoA和少2个碳原子的脂酰CoA。⑤以上生成的比原来少2个碳原子的脂酰CoA，可再进行脱氢、加水、再脱氢及硫解反应。

（7）脂肪酸的β-氧化与葡萄糖有氧氧化的比较

1）相同点：①均在有氧条件下进行。②代谢部位都是先在胞质中进行，然后进入线粒体内代谢。③在线粒体中的氧化都是先生成乙酰CoA，乙酰CoA进入三羧酸循环，最后彻底氧化为CO_2和H_2O以及生成大量能量供机体利用。

2）不同点：①生成乙酰CoA的过程不同。②脂肪酸的β-氧化生成乙酰CoA经历了活化、转移、氧化3个过程。

（8）脂肪酸氧化的能量生成

1）脂肪酸氧化是体内能量的重要来源。

2）以软脂酸为例，进行7次β-氧化，生成7分子$FADH_2$、7分子NADH及8分子乙酰CoA。①1分子$FADH_2$通过呼吸链氧化产生1.5分子ATP。②1分子NADH氧化产生2.5分子ATP。③1分子乙酰CoA通过三羧酸循环氧化产生10分子ATP。

3）1分子软脂酸彻底氧化共生成$(7\times1.5)+(7\times2.5)+(8\times10)=108$个ATP。减去脂肪酸活化时耗去的2个高能磷酸键，相当于2个ATP，净生成106分子ATP。

主治语录：

（1）脂肪酸β-氧化时仅需活化1次，其代价是消耗1个ATP的两个高能键。

（2）长链脂肪酸由线粒体外的脂酰CoA合成酶活化，经肉碱运到线粒体内；中、短链脂肪酸直接进入线粒体，由线粒体内的脂酰CoA合成酶活化。

（3）β-氧化的产物是乙酰CoA，可以进入三羧酸循环。

6. 不同的脂肪酸还有不同的氧化方式

（1）不饱和脂肪酸β-氧化需转变构型：饱和脂肪酸β-氧化产生的烯酯酰 CoA 是反式 Δ^2 烯酯酰 CoA，而天然不饱和脂肪酸中的双键为顺式。

（2）超长碳链脂肪酸需先在过氧化酶体氧化成较短碳链脂肪酸：过氧化酶体存在脂肪酸β-氧化的同工酶系，能将超长碳链脂肪酸氧化成较短碳链脂肪酸。

（3）丙酰 CoA 转变为琥珀酰 CoA 进行氧化：人体含有极少量奇数碳原子脂肪酸，经β-氧化生成丙酰 CoA；支链氨基酸氧化分解亦可产生丙酰 CoA。丙酰 CoA 转变为琥珀酰 CoA 进入三羧酸循环。

（4）脂肪酸氧化还可从远侧甲基端进行：即ω-氧化。与内质网紧密结合的脂肪酸ω-氧化酶系由羧化酶、脱氢酶、$NADP^+$、NAD^+ 及细胞色素 P450 等组成。

7. 脂肪酸在肝分解可产生酮体

（1）脂肪酸在肝内β-氧化产生的大量乙酰 CoA，部分被转变成酮体。

（2）乙酰乙酸、β-羟丁酸、丙酮三者总称为酮体。

（3）酮体在肝生成：酮体的生成见图 2-7-2。

1）原料：乙酰 CoA（来源于脂肪酸的β-氧化）。

2）部位：肝脏的线粒体。

3）酶：乙酰乙酰 CoA 硫解酶、羟甲基戊二酸单酰 CoA（HMG-CoA）合酶、HMG-CoA 裂解酶、β-羟丁酸脱氢酶。

4）步骤：①2 分子乙酰 CoA 缩合成乙酰乙酰 CoA：催化反应酶为乙酰乙酰 CoA 硫解酶，释放 1 分子 CoASH。②乙酰乙酰 CoA 与乙酰 CoA 缩合成 HMG-CoA：催化反应酶为 HMG-CoA 合酶，释放出 1 分子 CoASH。③HMG-CoA 裂解产生乙酰乙酸：反应催化酶为 HMG-CoA 裂解酶，生成乙酰乙酸和乙酰 CoA。④乙酰乙酸还原成β-羟丁酸：反应催化酶为β-羟

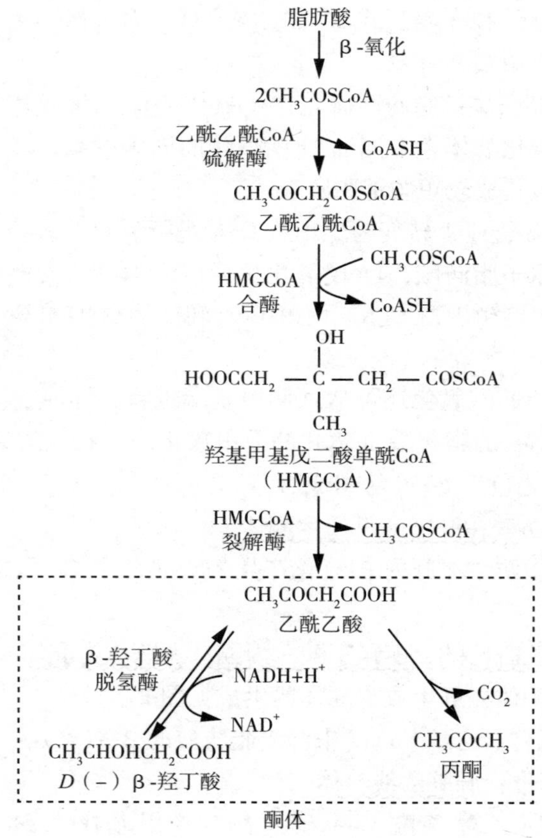

图 2-7-2 酮体的生成

丁酸脱氢酶。

（4）酮体在肝外组织氧化利用

1）肝组织内缺乏利用酮体的酶系，而肝外组织却有。可以将其裂解为乙酰 CoA、通过三羧酸循环彻底氧化。

2）步骤：①乙酰乙酸的利用需先活化。途径一：在心、

肾、脑及骨骼肌线粒体中，由琥珀酰 CoA 转硫酶催化，生成乙酰乙酰 CoA。途径二：在心、肾、脑线粒体中，由乙酰乙酸硫激酶催化，生成乙酰乙酰 CoA。②乙酰乙酰 CoA 硫解生成乙酰 CoA：由乙酰乙酰 CoA 硫解酶催化。

（5）酮体是肝向肝外组织输出能量的重要形式

1）酮体溶于水，分子小，能通过血脑屏障及肌的毛细血管壁，是肌，尤其是脑组织的重要能源。

2）脑组织不能氧化脂肪酸，却能利用酮体。

3）长期饥饿、糖供应不足时酮体可以代替葡萄糖成为脑组织及肌的主要能源。

4）正常血中酮体含量是0.03~0.50mmol/L（0.3~5.0mg/dl）。

5）酮体生成超过肝外组织利用的能力，引起血中酮体升高，可导致酮症酸中毒，并可随尿排出，引起酮尿，此时呼出气体有“烂苹果味”。

（6）酮体生成受多种因素调节

1）餐食状态影响酮体生成。①饱食：胰岛素增加，脂解作用抑制，脂肪动员减少，进入肝中脂肪酸减少，酮体生成减少。②饥饿：胰高血糖素增加，脂肪动员量加强，血中游离脂肪酸浓度升高，利于β-氧化及酮体的生成。

2）糖代谢影响酮体生成：①餐后或糖供给充分时，糖分解代谢旺盛供能充分，肝内脂肪酸氧化分解减少，酮体生成被抑制。②相反，饥饿或糖利用障碍时，脂肪酸氧化分解增强，生成乙酰 CoA 增加；同时因糖来源不足或糖代谢障碍，草酰乙酸减少，乙酰 CoA 进入三羧酸循环受阻，导致乙酰 CoA 大量堆积，酮体生成增多。

3）丙二酸单酰 CoA 抑制酮体生成：糖代谢旺盛时，乙酰 CoA 及柠檬酸能激活乙酰 CoA 羧化酶，促进丙二酰 CoA 的合成，后者能竞争性抑制肉碱脂酰转移酶Ⅰ，从而阻止脂酰 CoA 进入线粒体内进行β-氧化，抑制酮体生成。

二、不同来源脂肪酸在不同器官以不同的途径合成甘油三酯

1. 肝、脂肪组织及小肠是甘油三酯合成的主要场所

（1）肝细胞能合成脂肪，但不能储存脂肪。

（2）脂肪细胞可大量储存甘油三酯，是机体储存甘油三酯的“脂库”。

2. 甘油和脂肪酸是合成甘油三酯的基本原料

（1）合成甘油三酯所需的甘油及脂肪酸主要由葡萄糖代谢提供。

（2）食物脂肪消化吸收后，以乳糜微粒（CM）形式进入血液循环，运送至脂肪组织或肝。

3. 甘油三酯合成有甘油一酯和甘油二酯两条途径

（1）脂肪酸活化成脂酰 CoA：脂肪酸作为甘油三酯合成的基本原料，必须活化成脂酰 CoA 才能参与甘油三酯合成。

$$\text{脂肪酸}+\text{CoA-SH}\xrightarrow[\text{ATP}\ \rightarrow\ \text{AMP},\ Mg^{2+}]{\text{脂酰CoA合成酶}}\text{脂酰CoA}+\text{PPi}$$

（2）小肠黏膜细胞以甘油一酯途径合成甘油三酯：由脂酰 CoA 转移酶催化、ATP 供能，将脂酰 CoA 的脂酰基转移至 2-甘油一酯羟基上合成甘油三酯。

（3）肝和脂肪组织细胞以甘油二酯途径合成甘油三酯：以葡萄糖酵解途径生成的 3-磷酸甘油为起始物，先合成 1, 2-甘油二酯，最后通过酯化甘油二酯羟基生成甘油三酯。

三、内源性脂肪酸的合成需先合成软脂酸

（一）软脂酸由乙酰 CoA 在脂肪酸合酶复合体催化下合成

1. 软脂酸在细胞质中合成

（1）脂肪酸合成酶系存在于肝、肾、脑、肺、乳腺及脂肪等组织的细胞质。

（2）肝是人体合成脂肪酸的主要场所，其合成能力较脂肪组织大 8~9 倍。

（3）脂肪组织是储存脂肪的仓库，它本身也可以葡萄糖为原料合成脂肪酸及脂肪，但主要摄取并储存由小肠吸收的食物脂肪酸以及肝合成的脂酶。

2. 合成原料

（1）乙酰 CoA 是合成脂肪酸的主要原料，主要来自葡萄糖。

1）细胞内的乙酰 CoA 全部在线粒体内产生，而合成脂肪酸的酶系存在于细胞质。

2）线粒体内的乙酰 CoA 必须进入细胞质才能成为合成脂肪酸的原料。

3）乙酰 CoA 不能自由透过线粒体内膜，主要通过柠檬酸-丙酮酸循环完成。

（2）脂肪酸的合成除需乙酰 CoA 外，还需 ATP、NADPH、HCO_3^-（CO_2）及 Mn^{2+} 等。

（3）脂肪酸的合成系还原性合成，所需的 H 全部由 NADPH 提供。

（4）NADPH 主要来自磷酸戊糖通路。

3. 脂肪酸合成酶系及反应过程

（1）一分子软脂酸由 1 分子乙酰 CoA 与 7 分子丙二酸单酰 CoA 缩合而成

1）乙酰 CoA 羧化成丙二酸单酰 CoA 是脂肪酸合成的第一步反应。

2）关键酶：乙酰 CoA 羧化酶，催化 1）的反应。

3）总反应

$$ATP+HCO_3^-+\text{乙酰 CoA} \longrightarrow \text{丙二酸单酰 CoA}+ADP+Pi$$

4）小结：用生物素作辅酶（或辅基）的酶有丙酮酸羧化酶（作辅酶）、乙酰 CoA 羧化酶（作辅基）。

（2）脂肪酸合成

1）从乙酰 CoA 及丙二酸单酰 CoA 合成长链脂肪酸，实际上是一个重复加成反应过程，每次延长 2 个碳原子。

2）16 碳软脂酸的生成，需经过连续的 7 次重复加成反应。

3）过程：①丁酰-E 是 β-酮脂形成脂肪酸合酶催化合成的第一轮产物。②通过这一轮反应，即酰基转移、缩合、还原、脱水、再还原等步骤，碳原子由 2 增加至 4 个。③经过 7 次循环之后，生成 16 个碳原子的软脂酰-E_2，然后经硫酯酶的水解，即生成终产物游离的软脂酸。

主治语录：软脂酸的生物合成以丙二酸单酰 CoA 为基本原料，从乙酰 CoA 开始，经反复加成反应完成，每次（缩合-还原-脱水-再还原）循环延长 2 个碳原子。

（二）软脂酸延长在内质网和线粒体内进行

1. 内质网脂肪酸延长途径以丙二酸单酰 CoA 为二碳单位供体

（1）以丙二酸单酰 CoA 为二碳单位供体，由 NADPH 供氢，经缩合、加氢、脱水、再加氢等一轮反应增加 2 个碳原子。

（2）合成过程类似软脂酸合成，但脂酰基连在 CoASH 上进行反应。

（3）可延长至 24 碳，以 18 碳硬脂酸为最多。

2. 线粒体脂肪酸延长途径以乙酰 CoA 为二碳单位供体

（1）以乙酰 CoA 为二碳单位供体，由 NADPH 供氢，过程包括缩合、加氢、脱水和再加氢。

（2）一轮反应增加 2 个碳原子，可延长至 24 碳或 26 碳，以18碳硬脂酸最多。

（三）不饱和脂肪酸的合成需多种去饱和酶催化

1. 人体只能合成单不饱和脂肪酸，人体所需多不饱和脂肪酸必须从食物中摄取。

2. 人体含有的不饱和脂肪酸主要有软油酸、油酸、亚油酸、α-亚麻酸及花生四烯酸等。

（1）由人体自身合成的为软油酸、油酸。

（2）必须从食物摄取的为亚油酸、α-亚麻酸及花生四烯酸等多不饱和脂肪酸。

（四）脂肪酸合成受代谢物和激素调节

1. 代谢物通过改变原料供应量和乙酰CoA羧化酶活性调节脂肪酸合成

（1）乙酰CoA羧化酶的别构调节物

1）抑制剂：软脂酰CoA及其他长链脂酰CoA。

2）激活剂：柠檬酸、异柠檬酸。

（2）进食糖类而糖代谢加强，NADPH及乙酰CoA供应增多，有利于脂肪酸的合成。大量进食糖类也能增强各种合成脂肪有关的酶活性，从而使脂肪合成增加。

2. 胰岛素是调节脂肪酸合成的主要激素

（1）能诱导乙酰CoA羧化酶、脂肪合成酶以及ATP-柠檬酸裂解酶等的合成，从而促进脂肪酸合成。

（2）由于胰岛素还能促进脂肪酸合成磷脂酸，因此还增加脂肪的合成。

（3）胰岛素能加强脂肪组织的脂蛋白脂酶活性，促使脂肪酸进入组织，再加速合成脂肪而贮存，故易导致肥胖。

（4）胰高血糖素、肾上腺素、生长激素也参与调节脂肪酸的合成。

3. 脂肪酸合酶可作为药物治疗的靶点

动物研究证明，脂肪酸合酶是极有潜力的抗肿瘤和抗肥胖的候选药物。

（五）脂肪酸合成及分解的特点

见表 2-7-1。

表 2-7-1 脂肪酸合成及分解

比较项目	脂肪酸的分解	脂肪酸的合成
大体部位	除脑组织外的所有组织，肝肌肉最活跃	肝、肾、脑、肺、乳腺、脂肪等组织
亚细胞部位	线粒体外（脂肪酸活化）+线粒体内（β-氧化）	胞质内
关键酶	肉毒质酰 CoA 转移酶 I	乙酰 CoA 羧化酶
重要中间代谢体	乙酰 CoA	乙酰 CoA，丙二酸单酰 CoA
硫酯酶	CoA-SH	ACP-SH（蛋白质硫酯键）
电子传递辅酶	FAD、NAD^+	NADPH
需要 HCO_3^-	不需要	必需
柠檬酸的激活作用	无激活作用	有激活作用
脂酰 CoA 抑制作用	无抑制作用	有抑制作用
促进反应因素	禁食、饥饿时反应上升	高糖饮食时反应上升

第四节 磷脂代谢

一、磷脂酸是甘油磷脂合成的重要中间产物

1. 甘油磷脂合成的原料来自糖、脂和氨基酸代谢

（1）甘油磷脂由甘油、脂肪酸、磷酸及含氮化合物等组成。

（2）在甘油的1位和2位羟基上各结合1分子脂肪酸，通常2位脂肪酸为花生四烯酸，在第3位羟基上再结合1分子磷酸，即为最简单的甘油磷脂——磷脂酸。

（3）磷脂双分子层是生物膜的最基本结构。

2. 甘油磷脂合成有两条途径

（1）合成部位：全身各组织细胞内质网均有合成磷脂的酶系，合成甘油磷脂，但以肝、肾及肠等组织最活跃。

（2）合成原料及辅因子：包括脂肪酸、甘油、磷酸盐、胆碱、丝氨酸、肌醇、ATP、CTP。

（3）合成基本过程

1）磷脂酰胆碱和磷脂酰乙醇胺通过甘油二酯途径合成：①甘油二酯是合成的重要中间物。②胆碱及乙醇胺由活化的CDP-胆碱及CDP-乙醇胺提供。

2）肌醇磷脂、丝氨酸磷脂及心磷脂通过CDP-甘油二酯途径合成：CDP-甘油二酯是该途径重要中间物，与丝氨酸、肌醇或磷脂酰甘油缩合，生成肌醇磷脂、丝氨酸磷脂及心磷脂。

（4）甘油磷脂合成在内质网膜外侧面进行。内质网合成的心磷脂可通过磷脂交换蛋白转至线粒体内膜，构成线粒体内膜特征性磷脂。

二、甘油磷脂由磷脂酶催化降解

1. 生物体内存在多种降解甘油磷脂的磷脂酶，包括磷脂酶A_1、磷脂酶A_2、磷脂酶B_1、磷脂酶B_2、磷脂酶C及磷脂酶D，它们分别作用于甘油磷脂分子中不同的酯键，降解甘油磷脂。

2. 溶血磷脂1具较强表面活性，能使红细胞膜或其他细胞膜破坏引起溶血或细胞坏死。溶血磷脂还可进一步水解。

三、鞘磷脂是神经鞘磷脂合成的重要中间产物

1. 神经鞘磷脂是人体含量最多的鞘磷脂，由鞘氨醇、脂肪酸及磷酸胆碱构成。

2. 人体各组织细胞内质网均存在合成鞘氨醇酶系，以脑组织活性最高。

3. 合成鞘氨醇的基本原料是软脂酰 CoA、丝氨酸和胆碱，还需磷酸吡哆醛、NADPH 及 FAD 等辅酶参加。

4. 神经鞘磷脂的合成　在脂酰转移酶催化下，鞘氨醇的氨基与脂酰 CoA 进行酰胺缩合，生成 *N*-脂酰鞘氨醇，与 CDP-胆碱所提供的磷酸胆碱生成神经鞘磷脂。

主治语录：①鞘磷脂极性头部分是磷脂酰胆碱或磷脂酰乙醇胺。②鞘磷脂结构与甘油磷脂相似，因此性质与甘油磷脂基本相同。

四、神经鞘磷脂由神经鞘磷脂酶催化降解

1. 神经鞘磷脂酶存在于脑、肝、脾、肾等组织细胞溶酶体。

2. 属于磷脂酶 C 类，能使磷酸酯键水解，产生磷酸胆碱及 *N*-脂酰鞘氨醇。

3. 先天性缺乏此酶，可引起肝脾大及痴呆等鞘磷脂沉积病状。

第五节　胆固醇代谢

一、体内胆固醇来自食物和内源性合成

1. 胆固醇存在形式　游离胆固醇（FC；非脂化胆固醇）、胆固醇酯（CE）。

2. 胆固醇分布 广泛分布于全身各组织中。

3. 体内胆固醇合成的主要场所是肝

（1）除成年动物脑组织及成熟红细胞外，几乎全身各组织均可合成胆固醇，每天可合成 1g 左右。

（2）体内胆固醇 70%~80%由肝合成，10%由小肠合成。

（3）胆固醇合成酶系存在于细胞质及光面内质网膜上。

4. 乙酰 CoA 和 NADPH 是胆固醇合成基本原料

（1）乙酰 CoA 是葡萄糖、氨基酸及脂肪酸在线粒体的分解产物。

（2）乙酰 CoA 不能通过线粒体内膜，需在线粒体内与草酰乙酸缩合生成柠檬酸，后者再通过线粒体内膜的载体进入细胞质，然后柠檬酸在裂解酶的催化下，裂解成乙酰 CoA，作为胆固醇合成原料。

（3）每转运 1 分子乙酰 CoA，由柠檬酸裂解成乙酰 CoA 时消耗 1 分子 ATP。

（4）每合成 1 分子胆固醇需 18 分子乙酰 CoA、36 分子 ATP 及 16 分子 NADPH。

即乙酰 CoA 和 NADPH 是胆固醇的基本合成原料。

5. 胆固醇合成由以 HMG-CoA 还原酶为关键酶的一系列酶促反应完成

（1）胆固醇合成过程大致可划分为 3 个阶段

（2）关键酶：HMG-CoA 还原酶（羟甲基戊二酸单酰 CoA）。

（3）步骤如下：①乙酰 CoA 合成甲羟戊酸：a. 在细胞质中，2 分子乙酰 CoA 在乙酰乙酰硫解酶的催化下，缩合成乙酰乙酰 CoA。b. 然后在羟甲基戊二酸单酰 CoA 合酶的催化下再与 1 分子乙酰 CoA 缩合生成羟甲基戊二酸单酰 CoA。c. HMG-CoA 是合成胆固醇及酮体的重要中间产物。d. 在线粒体中，3 分子乙酰 CoA 缩合成的 HMG-CoA 裂解后生成酮体。e. 在细胞质中

生成的 HMG-CoA，则在内质网 HMG-CoA 还原酶的催化下，由 NADPH 供氢，还原生成甲羟戊酸（MVA）。②甲羟戊酸经 15 碳化合物转变成 30 碳鲨烯：a. MVA 经脱羧、磷酸化生成 5 碳焦磷酸化合物（IPP 及 DPP），3 分子 5 碳焦磷酸化合物（IPP 及 DPP）缩合成 15 碳焦磷酸法尼酯（PP）。b. 在内质网鲨烯合酶催化下，2 分子 15 碳焦磷酸法尼酯经再缩合、还原生成 30 碳多烯烃——鲨烯。③鲨烯环化为羊毛固醇后转变为胆固醇：a. 30 碳鲨烯结合在细胞质固醇载体蛋白上，经内质网单加氧酶、环化酶等催化，环化成羊毛固醇，再经氧化、脱羧、还原等反应，脱去 3 个甲基，生成 27 碳胆固醇。b. 在脂酰 CoA：胆固醇脂酰转移酶（ACAT）作用下，细胞内游离胆固醇能与脂酰 CoA 缩合，生成胆固醇酯储存。

6. 胆固醇合成受 HMG-CoA 还原酶调节

（1）HMG-CoA 还原酶活性具有与胆固醇合成相同的昼夜节律性：酶的活性在午夜最高，中午最低。

（2）HMG-CoA 还原酶活性受别构调节、化学修饰调节和酶含量调节

1）胆固醇合成产物甲羟戊酸、25-羟胆固醇、胆固醇及胆固醇氧化物 7β-羟胆固醇是 HMG-CoA 还原酶的别构抑制剂。

2）细胞质 cAMP 依赖性蛋白激酶可使 HMG-CoA 还原酶磷酸化丧失活性，磷蛋白磷酸酶可催化磷酸化 HMG-CoA 还原酶脱磷酸恢复酶活性。

（3）细胞胆固醇含量是影响胆固醇合成的主要因素之一。

（4）餐食状态影响胆固醇合成

1）饥饿与禁食可抑制肝合成胆固醇。

2）摄取高糖、高饱和脂肪膳食后，胆固醇的合成增加。

（5）胆固醇合成受激素调节

1）胰岛素及甲状腺素能诱导肝 HMG-CoA 还原酶的合成，

从而增加胆固醇的合成。

2）胰高血糖素及皮质醇则能抑制并降低 HMG-CoA 还原酶的活性，因而减少胆固醇的合成。

3）甲状腺素除能促进 HMG-CoA 还原酶的合成外，同时又促进胆固醇在肝转变为胆汁酸，且后一作用较前者强，因而甲状腺功能亢进症患者血清胆固醇含量反而下降。

二、胆固醇的主要去路是转化为胆汁酸

1. 正常人每天合成 1.0～1.5g 胆固醇，其中 2/5（0.4～0.6g）在体内转化为胆汁酸，随胆汁排入肠道。

2. 转化为类固醇激素　胆固醇是肾上腺皮质、睾丸、卵巢等合成类固醇激素的原料。

3. 转化为7-脱氢胆固醇　在皮肤，胆固醇可被氧化为7-脱氢胆固醇，后者经紫外光照射转变为维生素 D_3。

主治语录：在肝被转化成胆汁酸是胆固醇在体内代谢的主要去路。

第六节　血浆脂蛋白代谢

一、血脂是血浆所含脂质的统称

1. 血脂的组成包括甘油三酯、磷脂、胆固醇及其酯，以及游离脂肪酸等。

2. 磷脂主要有卵磷脂（约70%）、神经鞘磷脂（约20%）及脑磷脂（约10%）。

3. 血脂的来源

（1）外源性：从食物摄取入血。

（2）内源性：由肝、脂肪细胞以及其他组织合成后释放

入血。

血脂含量受膳食、年龄、性别、职业及代谢等的影响，波动范围很大。

二、血浆脂蛋白是血脂的运输形式及代谢形式

1. 血浆脂蛋白可用电泳法和超速离心法分类　血脂与血浆中的蛋白质结合，以脂蛋白形式运输。根据其理化性质（密度、颗粒大小、表面电荷、电泳行为、免疫化学性质及生理功能）进行分类。

（1）电泳法按电场中的迁移率对血浆脂蛋白分类

1）不同脂蛋白的质量和表面电荷不同，在同一电场中移动的快慢不一样。

2）速度：α-脂蛋白>前β-脂蛋白>β-脂蛋白>乳糜微粒。

（2）超速离心法按密度对血浆脂蛋白分类

1）在一定密度的盐溶液中，脂蛋白因其密度不同而漂浮或沉降。通常用 Svedberg 漂浮率（S_f）表示脂蛋白上浮或下沉特性。

2）大小：高密度脂蛋白（HDL）>低密度脂蛋白（LDL）>极低密度脂蛋白（VLDL）>乳糜微粒（CM）。分别相当于电泳分离的 CM、前β-脂蛋白、β-脂蛋白及α-脂蛋白等四类。

2. 血浆脂蛋白是脂质与蛋白质的复合体

（1）血浆脂蛋白中的蛋白质称为载脂蛋白：目前以从人体分离载脂蛋白 20 多种。主要有 apo A、apo B、apo C、apo D 及 apo E 五类。

载脂蛋白在不同脂蛋白的分布及含量不同，apo B48 是 CM 特征载脂蛋白，LDL 几乎只含 apo B100，HDL 主要含 apo AⅠ及 apo AⅡ。

（2）不同脂蛋白具有相似基本结构

1）apo AⅠ、apo AⅡ、apo CⅠ、apo CⅡ、apo CⅢ及 apo E 等均具双性 α-螺旋结构。疏水氨基酸残基构成 α-螺旋非极性面；亲水氨基酸残基构成 α-螺旋极性面。

2）脂蛋白一般呈球状，CM 及 VLDL 主要以甘油三酯（TG）为内核，LDL 及 HDL 则主要以胆固醇酯（CE）为内核。

3）具极性及非极性基团的载脂蛋白、磷脂、游离胆固醇，以单分子层借其非极性疏水基团与内部疏水链相联系，极性基团朝外。疏水性较强的 TG 及胆固醇酯位于内核。

三、不同来源脂蛋白具有不同功能和不同代谢途径

1. CM 主要转运外源性甘油三酯及胆固醇

（1）生成部位：小肠黏膜细胞。

（2）CM 代谢途径又称外源性脂质转运途径或外源性脂质代谢途径。

（3）apo CⅡ激活骨骼肌、心肌及脂肪等组织毛细血管内皮细胞表面的脂蛋白脂肪酶（LPL）。

（4）代谢：成熟的 CM 含有 apo CⅡ，可激活 LPL，LPL 可使 CM 中的甘油三酯及磷脂逐步水解，产生甘油、脂肪酸及溶血磷脂等，同时其表面的载脂蛋白连同表面的磷脂及胆固醇离开 CM，逐步变小，最后转变成为 CM 残粒。

2. 极低密度脂蛋白（VLDL）主要转运内源性甘油三酯

（1）生成部位：肝细胞。

（2）来源：肝细胞合成的 TG、磷脂、胆固醇及其酯加上 apo B100、apo E。

（3）代谢：VLDL 的甘油三酯在 LPL 作用下，逐步水解，同时其表面的 apo C、磷脂及胆固醇向 HDL 转移，而 HDL 的胆固醇酯又转移到 VLDL。最后 VLDL 主要剩下胆固醇酯，转变为中密度脂蛋白（IDL），IDL 进一步水解，再转变为 LDL。

3. 低密度脂蛋白（LDL）主要转运内源性胆固醇

（1）人血浆中的 LDL 是由 VLDL 转变而来的。

（2）游离胆固醇在调节细胞胆固醇代谢上具有重要作用

1）抑制内质网 HMG-CoA 还原酶，从而抑制细胞本身胆固醇合成。

2）在转录水平阻抑细胞 LDL 受体蛋白质的合成，减少细胞对 LDL 的进一步摄取。

3）激活内质网脂酰 CoA：胆固醇脂酰转移酶（ACAT）的活性，使游离胆固醇酯化成胆固醇酯在细胞质中储存。

（3）功能：LDL 转运肝合成的内源性胆固醇。

4. 高密度脂蛋白（HDL）主要逆向转运胆固醇

（1）生成部位：主要由肝合成，小肠亦可合成部分。

（2）HDL 的主要功能：参与胆固醇的逆向转运（RCT），即将肝外组织细胞内的胆固醇，通过血液循环转运到肝，在肝转化为胆汁酸后排出体外。

（3）RTC 过程

1）胆固醇从肝外细胞移出至 HDL。

2）HDL 所载运的胆固醇的酯化及胆固醇酯的转运。

3）肝将胆固醇转化成胆汁酸排出或直接以游离胆固醇形式通过胆汁排出。

主治语录：超速离心法将血浆脂蛋白分为乳糜微粒、极低密度脂蛋白、低密度脂蛋白和高密度脂蛋白。CM 主要转运外源性甘油三酯及胆固醇，VLDL 主要转运内源性甘油三酯，LDL 主要转运内源性胆固醇，HDL 主要逆向转运胆固醇。

四、血浆脂蛋白代谢紊乱导致脂蛋白异常血症

1. 不同脂蛋白的异常改变引起不同类型高脂血症

（1）高脂血症：血浆胆固醇和/或甘油三酯超过正常范围上限。

（2）诊断标准（空腹12~14h）

1）成人：TG > 2.26mmol/L 或 200mg/dl，胆固醇 > 6.21mmol/L 或 240mg/dl。

2）儿童：胆固醇>4.14mmol/L 或 160mg/dl。

（3）分类

1）按脂蛋白及血脂改变分6型（表2-7-2）。

表 2-7-2　按脂蛋白及血脂改变分型

分　型	血浆脂蛋白变化	血脂变化
Ⅰ	CM↑	甘油三酯↑↑↑、胆固醇↑
Ⅱa	LDL↑	胆固醇↑↑
Ⅲb	LDL↑、VLDL↑	胆固醇↑↑、甘油三酯↑↑
Ⅲ	IDL↑	胆固醇↑↑、甘油三酯↑↑
Ⅳ	VLDL↑	甘油三酯↑↑
Ⅴ	VLDL↑、CM↑	甘油三酯↑↑↑、胆固醇↑

2）按病因分为原发性（病因不明）及继发性（继发于其他疾病）。

2. 血浆脂蛋白代谢相关基因遗传性缺陷引起脂蛋白异常血症　现已发现脂蛋白代谢关键酶如 LPL 及 LCAT，载脂蛋白如 apo CⅡ、apo B、apo CⅢ、apo E、apo AⅠ，脂蛋白受体如 LDL 受体等的遗传缺陷都能导致血浆脂蛋白代谢异常。

历年真题

1. 各型高脂蛋白血症中不增高的脂蛋白是
   A. CM
   B. VLDL

C. HDL

D. IDL

E. LDL

2. 贮存的脂肪分解成脂肪酸的过程称为

A. 脂肪酸的活化

B. 生成酮体过程

C. 脂肪酸的 β-氧化

D. 脂肪动员

E. 脂肪酸的运输

3. 脂肪酸合成的原料乙酰 CoA 从线粒体转移至胞质的途径是

A. 三羧酸循环

B. 乳酸循环

C. 丙氨酸-葡萄糖循环

D. 柠檬酸-丙酮酸循环

E. 糖醛酸循环

参考答案：1. C 2. D 3. D

第八章　蛋白质消化吸收与氨基酸代谢

核心问题

1. 氨基酸一般代谢中的转氨基、脱氨基以及α-酮酸代谢。

2. 丙氨酸-葡萄糖循环和鸟氨酸循环。

3. 掌握一碳单位的代谢及甲硫氨酸循环。

4. 氮平衡的概念。

5. 一些特殊氨基酸的代谢。

内容精要

氨基酸除作为合成蛋白质的原料外，还可转变成某些激素、神经递质及核苷酸等含氮物质。氨基酸的分解代谢包括一般代谢和个别代谢（如芳香族氨基酸代谢产生重要的神经递质、激素及黑色素）。一般分解代谢途径是针对氨基酸的α-氨基和α-酮酸共性结构的分解。

第一节　蛋白质的营养价值与消化、吸收

一、体内蛋白质的代谢状况可用氮平衡描述

1. 蛋白质的含氮量平均约为16%。

2. 摄入氮基本来源于食物中的蛋白质。

3. 测定摄入食物和排泄物的含氮量可以了解体内蛋白质的合成与分解代谢状况。

4. 氮平衡　指每日氮的摄入量与排出量之间的关系，可反应体内蛋白质合成与分解代谢的总结果。

5. 氮平衡有3种情况

（1）氮的总平衡：摄入氮=排出氮，反映正常成人的蛋白质代谢情况，即氮的“收支”平衡。

（2）氮的正平衡：摄入氮>排出氮，反映体内蛋白质的合成大于分解。儿童、孕妇及恢复期患者属于此种情况。

（3）氮的负平衡：摄入氮<排出氮，见于蛋白质的合成小于分解，例如饥饿或消耗性疾病患者。

6. 在不进食蛋白质时，成人每日最低分解约20g蛋白质。

7. 由于食物蛋白质与人体蛋白质组成存在差异，不可能全部被利用，成人每日最低需要30~50g蛋白质。

8. 我国营养学会推荐成人每日蛋白质需要量为80g。

二、营养必需氨基酸决定蛋白质的营养价值

1. 必需氨基酸　人体内有9种氨基酸不能合成。这些体内需要而又不能自身合成，必须由食物供给的氨基酸，在营养上称为必需氨基酸，包括亮氨酸、异亮氨酸、苏氨酸、缬氨酸、赖氨酸、甲硫氨酸、苯丙氨酸、色氨酸和组氨酸。

2. 非必需氨基酸　其余11种氨基酸体内可以合成，不必由食物供给，在营养上称为非必需氨基酸。

3. 蛋白质的营养价值　指食物蛋白质在体内的利用率。取决于食物蛋白质中必需氨基酸的种类和比例。含必需氨基酸种类多、比例高的蛋白质，其营养价值高；反之营养价值低。

4. 蛋白质的互补作用　指多种营养价值较低的蛋白质混合

食用，必需氨基酸可以得到互相补充，从而提高蛋白质的营养价值。

三、外源性蛋白质消化成寡肽和氨基酸后被吸收

1. 蛋白质在胃和小肠被消化成寡肽和氨基酸　食物蛋白质的消化、吸收是体内氨基酸的主要来源。同时，消化过程还可消除食物蛋白质的抗原避免引起机体的过敏和毒性反应。食物蛋白质的消化由胃开始，但主要在小肠进行。

（1）蛋白质在胃中被水解成多肽和氨基酸

1）胃中消化蛋白质的酶是胃蛋白酶，它由胃蛋白酶原经盐酸激活而生成。

2）胃蛋白酶也能激活胃蛋白酶原转变成胃蛋白酶，称为自身催化作用。

3）胃蛋白酶的最适 pH 为 1.5～2.5，对蛋白质肽键作用的特异性较差。

4）蛋白质经胃蛋白酶作用后，主要分解成多肽及少量氨基酸。

5）胃蛋白酶对乳汁中的酪蛋白与 Ca^{+} 有凝乳作用，乳液凝成乳块后在胃中停留时间延长，有利于充分消化。

（2）蛋白质在小肠被水解成寡肽和氨基酸

1）小肠是蛋白质消化的主要部位：①食物在胃中停留时间较短，因此蛋白质在胃中消化很不完全。②在小肠中，蛋白质的消化产物及未被消化的蛋白质再受胰液及肠黏膜细胞分泌的多种蛋白酶及肽酶的共同作用，进一步水解成为寡肽和氨基酸。

2）胰液中的蛋白酶基本上分为两类，即内肽酶与外肽酶：①内肽酶可以水解蛋白质肽链内部的一些肽键，如胰蛋白酶、胰凝乳蛋白酶和弹性蛋白酶等。这些酶对不同氨基酸组成的肽

键有一定的专一性。②外肽酶主要有羧基肽酶 A 和羧基肽酶 B，它们自肽链的羧基末端开始，每次水解掉一个氨基酸残基，对不同氨基酸组成的肽键也有一定专一性。

3）胰腺细胞最初分泌出来的各种蛋白酶和肽酶均以无活性的酶原形式存在，分泌到十二指肠后迅速被肠激酶激活。

4）胰蛋白酶的自身激活作用较弱。由于胰液中各种蛋白酶均以酶原形式存在，同时胰液中还存在胰蛋白酶抑制剂，这些对保护胰组织免受蛋白酶的自身消化作用具有重要意义。

5）蛋白质经胃液和胰液中各种酶的水解，所得到的产物中约有 1/3 为氨基酸，其余 2/3 为寡肽。小肠黏膜细胞的刷状缘及细胞质中存在着一些寡肽酶，即氨肽酶及二肽酶。

6）氨基肽酶从肽链的氨基末端逐个水解出氨基酸，最后生成二肽。二肽再经二肽酶水解，最终生成氨基酸。

2. 氨基酸和寡肽通过主动转运机制被吸收

（1）氨基酸的吸收主要在小肠中进行，是一个耗能的主动吸收过程。

（2）肠黏膜细胞膜上具有转运氨基酸的载体蛋白，能与氨基酸及 Na^+形成三联体，将氨基酸及 Na^+转运入细胞，Na^+则借钠泵排出细胞外，并消耗 ATP。

（3）人体内至少有 7 种类型的载体参与氨基酸和寡肽的吸收，包括中性氨基酸载体、碱性氨基酸载体、酸性氨基酸载体、β-氨基酸转运蛋白、二肽转运蛋白及三肽转运蛋白。其中，中性氨基酸载体是主要载体。

（4）各种载体转运的氨基酸在结构上有一定的相似性，当某些氨基酸共用同一载体时，则它们在吸收过程中将彼此竞争。

（5）氨基酸的主动转运不仅存在于小肠黏膜细胞，类似的作用也可能存在于肾小管细胞、肌细胞等细胞膜上，对于细胞浓集氨基酸作用具有普遍意义。

四、蛋白质的腐败作用

蛋白质的腐败作用是指未被消化的蛋白质及未被吸收的消化产物在结肠下部受到肠道细菌的分解。蛋白质的腐败作用是肠道细菌本身的代谢过程，以无氧分解为主。腐败作用的产物大多有害，如胺、氨、苯酚、吲哚等，也可产生少量的脂肪酸及维生素等可被机体利用的物质。

1. 肠道细菌通过脱羧基作用产生胺类

（1）未被消化的蛋白质经肠道细菌蛋白酶的作用可水解生成氨基酸，然后在细菌氨基酸脱羧酶的作用下，氨基酸脱去羧基生成胺类物质。

（2）酪胺和由苯丙氨酸脱羧基生成的苯乙胺，若不能在肝内分解而进入脑组织，则可经β-羟化而分别形成β-羟酪胺和苯乙醇胺。它们的化学结构与儿茶酚胺类似，称为假神经递质。

（3）假神经递质增多，可取代正常神经递质儿茶酚胺，但它们不能传递神经冲动，可使大脑发生异常抑制，这可能与肝昏迷的症状有关。

主治语录：β-羟酪胺和苯乙醇胺结构类似儿茶酚胺，它们可取代儿茶酚胺与脑细胞结合，但不能传递神经冲动，使大脑发生异常抑制。

2. 肠道细菌通过脱氨基作用产生氨　肠道中的氨主要有两个来源。

（1）未被吸收的氨基酸在肠道细菌作用下脱氨基而生成。

（2）血液中尿素渗入肠道，受肠菌尿素酶的水解而生成氨。

主治语录：降低肠道pH，NH_3转变为NH^{4+}以胺盐形式排出，可减少氨的吸收，这是酸性灌肠的依据。

3. 腐败作用产生其他有害物质　除了胺类和氨以外，蛋白质的腐败作用还可产生其他有害物质，例如苯酚、吲哚、甲基吲哚及硫化氢等。

第二节　氨基酸的一般代谢

一、体内蛋白质分解生成氨基酸

成人体内蛋白质每天有1%~2%被降解，其中主要是骨骼肌中的蛋白质。蛋白质降解所产生的氨基酸70%~80%又被利用合成新的蛋白质。

1. 蛋白质以不同的速率进行降解

（1）不同蛋白质的降解速率不同。蛋白质的降解速率随生理需要而不断变化。

（2）半寿期（$t_{1/2}$）

1）蛋白质的半寿期：蛋白质降低其原浓度一半所需要的时间，用$t_{1/2}$表示。用来表示蛋白质的降解速率。

2）人血浆蛋白质的$t_{1/2}$约为10天，肝中大部分蛋白质的$t_{1/2}$为1~8天，结缔组织中一些蛋白质的$t_{1/2}$可达180天以上，眼晶体蛋白质的$t_{1/2}$更长。

3）许多关键性调节酶蛋白的$t_{1/2}$均很短，例如，胆固醇合成关键酶HMG-CoA还原酶的$t_{1/2}$为0.5~2小时。

2. 真核细胞内蛋白质的降解有两条重要途径　蛋白质的降解是通过蛋白酶和肽酶催化完成的。

（1）蛋白质在溶酶体通过ATP非依赖途径被降解

1）溶酶体的主要功能是消化作用，是细胞内的消化器官。

2）溶酶体含有多种蛋白酶，称为组织蛋白酶。这些蛋白酶能够降解进入溶酶体的蛋白质，但对蛋白质的选择性较差，主要降解细胞外来的蛋白质膜蛋白和胞内长寿命蛋白质。

3）蛋白质通过此途径降解，不需要消耗 ATP。

（2）蛋白质在蛋白酶体通过 ATP 依赖途径被降解

1）通过此途径降解需泛素的参与。

2）泛素：①泛素是一种 8.5kD（含 76 个氨基酸残基）的小分子蛋白质，由于普遍存在于真核细胞而得名，其一级结构高度保守。②泛素介导的蛋白质降解是一个复杂的过程。③由泛素与被选择降解的蛋白质形成共价连接，使后者标记并被激活，即泛素化，并需要 ATP。④经泛素化激活的蛋白质即可被降解。⑤泛素介导的蛋白质降解是以多种蛋白质构成的极大复合体形式进行的。这种复合体被称为蛋白酶体，含有催化亚基和调节亚基两大部分。一种蛋白质的降解需多次泛素化反应。

主治语录：体内蛋白质降解参与多种生理、病理调节作用。如基因表达、细胞增殖、炎症反应、诱发癌瘤（促进抑癌蛋白 p53 降解）。

二、外源性氨基酸与内源性氨基酸组成氨基酸代谢库

1. 食物蛋白经消化吸收的氨基酸（外源性氨基酸）与体内组织蛋白降解产生的氨基酸及体内合成的非必需氨基酸（内源性氨基酸），分布于体内各处参与代谢，称为氨基酸代谢库（图 2-8-1）。

即：氨基酸代谢库=外源性氨基酸+内源性氨基酸。

2. 氨基酸代谢库通常以游离氨基酸总量计算。

3. 氨基酸由于不能自由通过细胞膜，所以在体内的分布也是不均匀的。

（1）肌肉中氨基酸占总代谢库的 50%以上，肝约占 10%，肾约占 4%，血浆占 1%~6%。

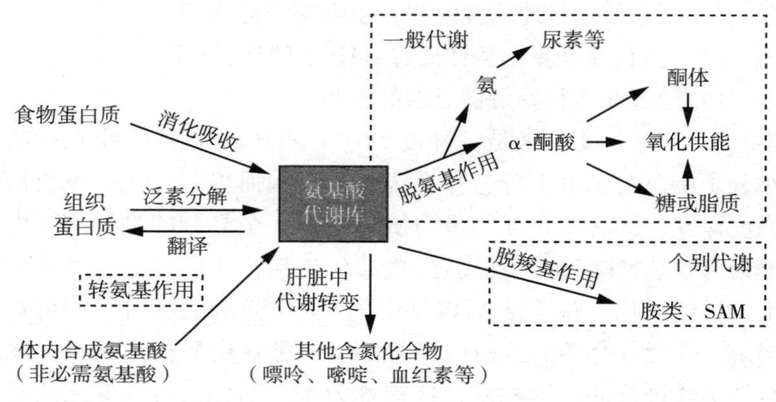

图 2-8-1　氨基酸库中氨基酸的来源与来路

（2）肝、肾体积较小，所含游离氨基酸的浓度很高，氨基酸的代谢也很旺盛。

（3）消化吸收的大多数氨基酸，例如丙氨酸、芳香族氨基酸等主要在肝中分解，支链氨基酸的分解代谢主要在骨骼肌中进行。

4. 氨基酸的去路

（1）体内氨基酸的主要功用是合成蛋白质和多肽。

（2）可以转变成其他含氮物质。

（3）正常人尿中排出的氨基酸极少。

三、氨基酸分解代谢首先脱氨基

（一）氨基酸通过转氨基作用脱去氨基

1. 转氨基作用由转氨酶催化完成

（1）转氨基作用是在氨基转移酶的催化下，可逆地将 α-氨基酸的氨基转移给 α-酮酸，结果是氨基酸脱去氨基生成相应的 α-酮酸，而原来的 α-酮酸则转变成另一种氨基酸。

（2）转氨基作用既是氨基酸的分解代谢过程，也是体内某些氨基酸（非必需氨基酸）合成的重要途径。反应的实际方向取决于4种反应物的相对浓度。

（3）体内大多数氨基酸可以参与转氨基作用，但赖氨酸、苏氨酸、脯氨酸及羟脯氨酸例外。

（4）除了α-氨基外，氨基酸侧链末端的氨基，如鸟氨酸的δ-氨基也可通过转氨基作用而脱去。

（5）不同氨基酸与α-酮酸之间的转氨基作用只能由专一的转氨酶催化。

（6）重要的转氨酶

1）ALT—丙氨酸氨基转移酶，或称GPT—谷丙转氨酶。

2）AST—天冬氨酸氨基转移酶，或称GOT—谷草转氨酶。

3）催化的反应

谷氨酸（Glu）+丙酮酸⟷α-酮戊二酸+丙氨酸。

谷氨酸（Glu）+草酰乙酸⟷α-酮戊二酸+天冬氨酸。

氨基受体：丙酮酸、草酰乙酸、α-酮戊二酸。

4）ALT在肝中活性最高，故在肝组织损伤造成肝细胞破坏或肝细胞膜通透性增加时，血清中ALT活性即增高。

5）AST在心肌活性最高，在心肌损伤时血清中AST活性增高。

6）临床意义：转氨酶是细胞内酶，血清转氨酶活性升高，临床上可作为疾病诊断和预后的参考指标之一。

2. 氨基转移酶具有相同的辅酶和作用机制

（1）转氨酶的辅酶都是维生素B_6的磷酸酯，即磷酸吡哆醛，结合于转氨酶活性中心赖氨酸的ε-氨基上。

（2）磷酸吡哆醛先从氨基酸接受氨基转变成磷酸吡哆胺，同时氨基酸则转变成α-酮酸。

（3）磷酸吡哆胺进一步将氨基转移给另一种α-酮酸而生成

相应的氨基酸，同时磷酸吡哆胺又变回磷酸吡哆醛。

(4) 在转氨酶的催化下，磷酸吡哆醛与磷酸吡哆胺的这种相互转变，起着传递氨基的作用。

(二) *L*-谷氨酸脱氢酶催化 *L*-谷氨酸氧化脱氨基

1. 肝、肾、脑等组织中广泛存在着*L*-谷氨酸脱氢酶，此酶活性较强，是一种不需氧脱氢酶，催化*L*-谷氨酸氧化脱氨生成α-酮戊二酸和氨，辅酶是 NAD^+ 或 $NADP^+$。

2. 反应可逆。

3. 一般情况下，反应偏向于谷氨酸的合成，当谷氨酸浓度高而 NH_3 浓度低时，则有利于α-酮戊二酸的生成。

4. GTP 和 ATP 是此酶的别构抑制剂，而 GDP 和 ADP 是别构激活剂。

(三) 氨基酸通过氨基酸氧化酶催化脱去氨基

1. 大多数从 *L*-α-氨基酸中释放的氨反映了氨基转移酶和 *L*-谷氨酸脱氢酶的联合作用。

2. 在肝、肾组织中还存在一种 *L*-氨基酸氧化酶，属黄素酶类，其辅基是 FMN 或 FAD。这些能够自动氧化的黄素蛋白将氨基酸氧化为α-亚氨基酸，然后再加水分解成相应的α-酮酸，并释放铵离子。

3. 分子氧可进一步直接氧化还原型黄素蛋白形成过氧化氢 (H_2O_2)，H_2O_2 被过氧化氢酶裂解成氧和 H_2O。

4. 过氧化氢酶存在于大多数组织中，尤其是肝。

四、氨基酸碳链骨架可进行转换或分解

氨基酸脱氨基后生成的α-酮酸可以进一步代谢，主要有以下三方面的代谢途径。

1. α-酮酸可彻底氧化分解并提供能量

（1）α-酮酸在体内可通过三羧酸循环与生物氧化体系彻底氧化生成 CO_2 和 H_2O，同时释放能量以供机体生理活动需要。

（2）可见，氨基酸也是一类能源物质。

2. α-酮酸经氨基化生成营养非必需氨基酸

（1）体内的一些营养非必需氨基酸可通过相应的α-酮酸经氨基化而生成。

（2）例如，丙酮酸、草酰乙酸、酮戊二酸经氨基化后分别转变成丙氨酸、天冬氨酸和谷氨酸。

（3）这些α-酮酸也可以是来自糖代谢和三羧酸循环的产物。

3. α-酮酸可转变成糖及脂类

（1）在体内可以转变成糖的氨基酸称为生糖氨基酸。

（2）可以转变成酮体的氨基酸称为生酮氨基酸。

（3）两者兼有者称为生糖兼生酮氨基酸。

（4）各种α-酮酸转变成糖和/或酮体的过程的中间产物

1）乙酰 CoA（生酮氨基酸）、丙酮酸。

2）三羧酸循环的中间物：琥珀酰 CoA、延胡索酸、草酰乙酸及α-酮戊二酸等（生糖氨基酸）。

4. 氨基酸生糖及生酮性质的分类　见表 2-8-1。

表 2-8-1　氨基酸生糖及生酮性质的分类

类　别	氨基酸
生糖氨基酸	甘氨酸、丝氨酸、缬氨酸、组氨酸、精氨酸、半胱氨酸、脯氨酸、丙氨酸、谷氨酸、谷氨酰胺、天冬氨酸、天冬酰胺、甲硫氨酸
生酮氨基酸	亮氨酸、赖氨酸
生糖兼生酮氨基酸	异亮氨酸、苯丙氨酸、酪氨酸、苏氨酸、色氨酸

5. α-酮酸在体内可以通过三羧酸循环与生物氧化体系彻底氧化成 CO_2 和水，同时释放能量供生理活动的需要。

主治语录：氨基酸可转变成糖与脂质；糖也可以转变成脂质和一些非必需氨基酸的碳架部分。三羧酸循环是物质代谢的总枢纽，通过它可以使糖、脂肪酸及氨基酸完全氧化，也可使彼此相互转变，构成一个完整的代谢体系。

第三节　氨的代谢

体内代谢产生的氨及消化道吸收的氨进入血液，形成血氨。正常生理情况下，血氨水平在 47～65μmo/L。氨具有毒性，特别是脑组织对氨的作用尤为敏感。

一、血氨有三个重要来源

1. 氨基酸脱氨基作用和胺类分解均可产生氨

（1）是体内氨的主要来源。

（2）胺类的分解也可以产生氨。

$$RCH_2NH_2 \xrightarrow{\text{胺氧化酶}} RCHO + NH_3$$

2. 肠道细菌作用产生氨

（1）两个来源

1）肠内氨基酸在肠道细菌作用下产生氨。

2）肠道尿素经肠道细菌尿素酶水解产生氨。

（2）肠道产氨的量较多，每日约 4g。

（3）肠内腐败作用增强时，氨的产生量增多。

（4）在碱性环境中，NH_3 比 NH_4^+ 易于穿过细胞膜而被吸收，而 NH_4^+ 偏向于转变成 NH_3。

（5）肠道 pH 偏碱时，氨的吸收加强。临床上对高血氨患者采用弱酸性透析液作结肠透析，而禁止用碱性肥皂水灌肠，就是为了减少氨的吸收。

3. 肾小管上皮细胞分泌的氨主要来自谷氨酰胺

（1）谷氨酰胺在谷氨酰胺酶的催化下水解成谷氨酸和 NH_3，这部分氨分泌到肾小管腔中主要与尿中的 H^+ 结合成 NH_4^+，以铵盐的形式由尿排出体外。这对调节机体的酸碱平衡起着重要作用。

（2）酸性尿有利于肾小管细胞中的氨扩散入尿，但碱性尿则可妨碍肾小管细胞中 NH_3 的分泌，此时氨被吸收入血，成为血氨的另一个来源。

（3）临床上对因肝硬化而产生腹水的患者，不宜使用碱性利尿药，以免血氨升高。

二、氨在血液中以丙氨酸和谷氨酰胺的形式转运

1. 氨通过丙氨酸葡萄糖循环从骨骼肌运往肝

（1）定义：丙氨酸和葡萄糖反复地在肌和肝之间进行氨的转运，将这一途径称为丙氨酸-葡萄糖循环。

（2）部位：骨骼肌与肝之间。

（3）过程

1）肌肉中的氨基酸经转氨基作用将氨基转给丙酮酸生成丙氨酸；丙氨酸经血液运到肝。

2）在肝中，丙氨酸通过联合脱氨基作用，释放出氨，用于合成尿素。

3）转氨基后生成的丙酮酸可经糖异生途径生成葡萄糖。

4）葡萄糖由血液输送到肌组织，沿糖分解途径转变成丙酮酸，后者再接受氨基而生成丙氨酸。

（4）生理意义：通过这个循环，肌中的氨以无毒的丙氨酸

形式运输到肝，同时，肝又为肌提供了生成丙酮酸的葡萄糖。

2. 氨通过谷氨酰胺从脑和骨骼肌等组织运往肝或肾

（1）谷氨酰胺是另一种转运氨的形式，它主要从脑、肌肉等组织向肝或肾运氨。

（2）过程：氨与谷氨酸在谷氨酰胺合成酶的催化下生成谷氨酰胺，并由血液输送到肝或肾，再经谷氨酰胺酶水解成谷氨酸及提供其酰胺基使天冬氨酸转变成天冬酰胺。

（3）注意：谷氨酰胺的合成与分解是由不同酶催化的不可逆反应，其合成需要 ATP 参与，并消耗能量。

（4）意义：谷氨酰胺既是氨的解毒产物，也是氨的储存及运输形式。

（5）应用

1）临床上，氨中毒患者可服用或输入谷氨酸盐，以降低氨的浓度。

2）治疗白血病：机体细胞能够合成足量的天冬酰胺以供蛋白质合成的需要，但白血病细胞却不能或很少能合成天冬酰胺，必须依靠血液从其他器官运输而来。临床上应用天冬酰胺酶使天冬酰胺水解成天冬氨酸，从而减少血中酰胺，达到治疗白血病的目的。

三、氨的主要代谢去路是在肝合成尿素

正常情况下体内的氨主要在肝中合成尿素而解毒，只有少部分氨在肾以铵盐形式由尿排出。正常成人尿素占排氮总量的80%~90%，可见肝在氨解毒中起着重要作用。体内氨的来源与去路保持动态平衡，使血氨浓度很低并相对稳定。

1. 尿素是通过鸟氨酸循环合成的

（1）肝是合成尿素的最主要器官。

（2）肾及脑等其他组织虽然也能合成尿素，但合成量甚微。

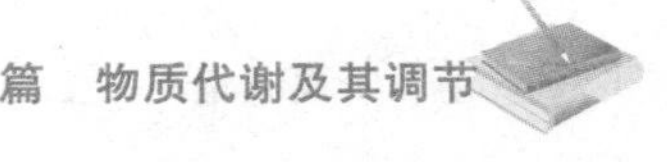

（3）临床上可见急性重型肝炎患者血及尿中几乎不含尿素而氨基酸含量增多。

（4）鸟氨酸循环机制

1）鸟氨酸与氨及 CO_2 结合生成瓜氨酸。

2）瓜氨酸再接受 1 分子氨而生成精氨酸。

3）精氨酸水解产生尿素，并重新生成鸟氨酸。

4）鸟氨酸参与第二轮循环。

（5）循环过程中，鸟氨酸所起的作用与三羧酸循环中草酰乙酸所起的作用类似，其含量在循环中不变。

（6）通过鸟氨酸循环，2 分子氨与 1 分子 CO_2 结合生成 1 分子尿素及 1 分子水。

（7）尿素是中性、无毒、水溶性很强的物质，由血液运输至肾，从尿中排出。

（8）鸟氨酸循环原料：小分子化合物，如 NH_3、CO_2、H_2O 和 ATP 等。

2. 肝中鸟氨酸循环的反应步骤（消耗 3 个 ATP、4 个高能磷酸键）

（1）NH_3、CO_2 和 ATP 缩合生成氨基甲酰磷酸

1）过程：在 Mg^{2+}、ATP 及 *N*-乙酰谷氨酸（AGA）存在时，氨与 CO_2 可在氨基甲酰磷酸合成酶Ⅰ（CPS-Ⅰ）的催化下，合成氨基甲酰磷酸。

2）此反应不可逆，消耗 2 分子 ATP。

3）CPS-Ⅰ：①是一种关键酶，AGA 是此酶的别构激活剂。②AGA 的作用：使酶的构象改变，暴露了酶分子中的某些巯基，从而增加了酶与 ATP 的亲和力。

4）CPS-Ⅰ和 AGA 都存在于肝细胞线粒体中。

（2）氨基甲酰磷酸与鸟氨酸反应生成瓜氨酸

1）在鸟氨酸氨基甲酰转移酶（OCT）催化下，氨基甲酰磷

酸与鸟氨酸缩合生成瓜氨酸和磷酸。

2）此反应不可逆。

3）OCT 也存在于肝细胞的线粒体中，并通常与 CPS-Ⅰ结合成酶的复合体。

（3）瓜氨酸与天冬氨酸反应生成精氨酸代琥珀酸

1）过程：瓜氨酸在线粒体合成后，即被转运到线粒体外，在胞质中经精氨酸代琥珀酸合成酶（关键酶）的催化下，与天冬氨酸反应生成精氨酸代琥珀酸，消耗 1 个 ATP，2 个高能磷酸键。

2）天冬氨酸起着供给氨基的作用。

3）天冬氨酸又可由草酰乙酸与谷氨酸经转氨基作用而生成，而谷氨酸的氨基又可来自体内多种氨基酸。

（4）精氨酸代琥珀酸裂解生成精氨酸与延胡索酸

1）过程：精氨酸代琥珀酸再经精氨酸代琥珀酸裂解酶的催化，裂解成精氨酸及延胡索酸。

2）多种氨基酸的氨基也可通过天冬氨酸的形式参与尿素合成。

3）精氨酸代琥珀酸裂解产生的延胡索酸可经过柠檬酸循环的中间步骤转变成草酰乙酸，后者与谷氨酸进行转氨基反应，又可重新生成天冬氨酸。

（5）精氨酸水解释放尿素并再生成鸟氨酸

1）在胞质中，精氨酸受精氨酸酶的作用，水解生成尿素和鸟氨酸。

2）鸟氨酸通过线粒体内膜上载体的转运再进入线粒体，并参与瓜氨酸合成。如此反复，完成鸟氨酸循环。

3）尿素作为代谢终产物排出体外。

4）尿素合成的总反应为 $2NH_3 + CO_2 + 3ATP + 3H_2O \rightarrow H_2N—CO—NH_2 + 2ADP + AMP + 4Pi$。

3. 尿素合成受膳食蛋白质和两种关键酶的调节

（1）高蛋白质膳食增加尿素生成

1）高蛋白质膳食时尿素的合成速度加快，排出的含氮物中尿素约占 90%。

2）反之，低蛋白质膳食时尿素合成速度减慢，尿素排出量可低于含氮排泄量的 60%。

（2）AGA 激活 CPS-Ⅰ启动尿素合成

1）CPS-Ⅰ是鸟氨酸循环启动的关键酶。

2）AGA 为其别构激活剂，精氨酸是 AGA 合酶的激活剂。

3）精氨酸浓度增高时，尿素合成加速。

（3）精氨酸代琥珀酸合成：精氨酸代琥珀酸合成酶的活性最低，是尿素合成启动以后的关键酶，可调节尿素的合成速度。

4. 尿素生成障碍可引起高血氨症或氨中毒

（1）高血氨症：正常生理情况下，血氨的来源与去路保持动态平衡，血氨浓度处于较低的水平。氨在肝中合成尿素是维持这种平衡的关键。当肝功能严重损伤时，尿素合成发生障碍，血氨浓度升高，称为高血氨症。

（2）高血氨的毒性作用可能的机制

1）肝昏迷氨中毒学说：氨进入脑组织，可与脑中的 α-酮戊二酸结合生成谷氨酸，氨也可与脑中的谷氨酸进一步结合生成谷氨酰胺。脑中氨的增加可以使脑细胞中的 α-酮戊二酸减少，导致三羧酸循环减弱，ATP 生成减少，引起大脑功能障碍，严重时可发生昏迷，这就是肝昏迷氨中毒学说的基础。

2）谷氨酸、谷氨酰胺增多，产生渗透压效应，引起脑水肿。

第四节　个别氨基酸的代谢

一、氨基酸的脱羧基作用需要脱羧酶催化

有些氨基酸可通过脱羧作用生成相应的胺类。氨基酸脱羧

酶的辅酶是磷酸吡哆醛。

1. 谷氨酸脱羧生成γ-氨基丁酸（GABA）

（1）催化此反应的酶是*L*-谷氨酸脱羧酶，此酶在脑、肾组织中活性很高，所以脑中GABA的含量较多。

（2）GABA是抑制性神经递质，对中枢神经有抑制作用。

2. 组氨酸脱羧生成组胺

（1）乳腺、肺、肝、肌及胃黏膜中组胺含量较高，主要存在于肥大细胞中。

（2）组胺是一种强烈的血管舒张剂，并能增加毛细血管的通透性

（3）收缩平滑肌引起支气管痉挛，导致哮喘。

（4）组胺还可以刺激胃蛋白酶及胃酸的分泌。

3. 色氨酸经过羟化后脱羧生成5-羟色胺

（1）5-羟色胺广泛分布于体内各组织，除神经组织外，还存在于胃肠、血小板及乳腺细胞中。

（2）脑内的5-羟色胺可作为神经递质，具有抑制作用。在外周组织，5-羟色胺有收缩血管的作用。

（3）经单胺氧化酶作用，5-羟色胺可以生成5-羟色醛，进一步氧化而成5-羟吲哚乙酸。

4. 某些氨基酸脱羧基可产生多胺类物质

（1）鸟氨酸脱羧基生成腐胺，然后再转变成亚精胺和精胺。

（2）亚精胺与精胺是调节细胞生长的重要物质。

（3）凡生长旺盛的组织，如胚胎、再生肝、肿瘤组织等，鸟氨酸脱羧酶活性和多胺的含量也较高。

（4）多胺促进细胞增殖的机制可能与其稳定细胞结构、与核酸分子结合并增强核酸与蛋白质合成有关。

（5）临床上测定患者血、尿中多胺含量作为肿瘤辅助诊断及病情变化的指标之一。

主治语录：氨基酸脱羧基作用产生的胺类化合物具有重要的生理功能。

二、某些氨基酸在分解代谢中产生一碳单位

1. 四氢叶酸作为一碳单位的载体参与一碳单位代谢

（1）某些氨基酸在分解代谢过程中可以产生含有一个碳原子的基团，称为一碳单位。

（2）体内的一碳单位有甲基（$—CH_3$）、亚甲基（$—CH_2—$）、次甲基（═CH —）、甲酰基（—CHO,）及亚氨甲基（—CH═NH）等。

（3）一碳单位不能游离存在，常与四氢叶酸（FH_4）结合而转运和参加代谢。

（4）四氢叶酸是一碳单位的运载体。

（5）哺乳类动物体内，四氢叶酸可由叶酸经二氢叶酸还原酶的催化，通过两步还原反应而生成。

2. 由氨基酸产生的一碳单位可相互转变

（1）一碳单位主要来源于氨基酸代谢。一碳单位主要来自丝氨酸、甘氨酸（苏氨酸可转变成甘氨酸）、组氨酸及色氨酸的分解代谢。

（2）在适当条件下，一碳单位可以通过氧化还原反应而彼此转变。但是在这些反应中，N^5-甲基四氢叶酸的生成是不可逆的。

3. 一碳单位的主要功能是参与嘌呤和嘧啶的合成

（1）一碳单位的主要生理作用是作为合成嘌呤及嘧啶的原料，在核酸生物合成中占有重要地位。

（2）举例

1）N^{10}-CHO-FH_4 与 N^5, N^{10} = CH-FH_4 分别提供嘌呤合成时 C_2 与 C_8 的来源。

2）N^5, N^{10}-CH_2-FH_4提供 dTMP 合成时甲基的来源。

（3）一碳单位将氨基酸与核酸代谢密切联系起来。

（4）一碳单位代谢的障碍可引起巨幼红细胞贫血等疾病。

（5）磺胺药及某些抗恶性肿瘤药（甲氨蝶呤等）也正是分别通过干扰细菌及恶性肿瘤细胞的叶酸、四氢叶酸合成，进一步影响一碳单位代谢与核酸合成而发挥其药理作用。

（6）常用的磺胺药拮抗对氨基苯甲酸、抑制细菌合成叶酸，进而抑制细菌生长，但对人体影响不大。

（7）叶酸类似物如甲氨蝶呤等可抑制 FH_4的生成，从而抑制核酸的合成，起到抗肿瘤作用。

主治语录：某些氨基酸分解代谢过程中产生的一碳单位可用于嘌呤和嘧啶核苷酸的合成。

三、含硫氨基酸的代谢可产生多种生物活性物质

含硫氨基酸包括甲硫氨酸、半胱氨酸、胱氨酸。

1. 甲硫氨酸参与甲基转移反应

（1）甲硫氨酸转甲基作用与甲硫氨酸循环有关

1）甲硫氨酸分子中含有 S-甲基，通过各种转甲基作用可以生成多种含甲基的重要生理活性物质，如肾上腺素、胆碱、肉碱等。

2）甲硫氨酸在转甲基之前，首先必须与 ATP 作用，生成 S-腺苷甲硫氨酸（SAM）。此反应由甲硫氨酸腺苷转移酶催化。

3）SAM 中的甲基称为活性甲基，SAM 称为活性甲硫氨酸。

4）过程：活性甲硫氨酸在甲基转移酶的作用下，可将甲基转移至另一种物质，使其甲基化，而活性甲硫氨酸即变成 S-腺苷同型半胱氨酸，后者进一步脱去腺苷，生成同型半胱氨酸。

5）体内约有 50 多种物质需要 SAM 提供甲基，生成甲基化合物。

6）甲基化作用是重要的代谢反应，具有广泛的生理意义（包括DNA与RNA的甲基化），而SAM则是体内最重要的甲基直接供给体。

（2）甲硫氨酸循环

1）甲硫氨酸循环的定义：①甲硫氨酸在体内最主要的分解代谢途径是通过上述转甲基作用而提供甲基，与此同时产生的S-腺苷同型半胱氨酸进一步转变成同型半胱氨酸。②同型半胱氨酸可以接受N^5-甲基四氢叶酸提供的甲基，重新生成甲硫氨酸，形成一个循环过程，称为甲硫氨酸循环。

2）甲硫氨酸循环的生理意义：由N^5-CH_3-FH_4提供甲基合成甲硫氨酸，再通过SAM提供甲基，以进行体内广泛存在的甲基化反应。

3）体内不能合成甲硫氨酸，必须由食物供给。

4）N^5-CH_3-FH_4提供甲基使同型半胱氨酸转变成甲硫氨酸的反应，是目前已知体内能利用N^5-CH_3-FH_4的唯一反应。催化此反应的N^5-甲基四氢叶酸转甲基酶，又称甲硫氨酸合成酶，其辅酶是维生素B_{12}，它参与甲基的转移。

5）维生素B_{12}不足时可以产生巨幼红细胞性贫血：①维生素B_{12}缺乏时，N^5-CH_3-FH_4上的甲基不能转移给同型半胱氨酸，这不仅不利于甲硫氨酸的生成，同时也影响四氢叶酸的再生，使组织中游离的四氢叶酸含量减少，不能重新利用它来转运其他一碳单位，导致核酸合成障碍，影响细胞分裂。②高同型半胱氨酸血症具有重要的病理意义，可能是动脉粥样硬化和冠心病发病的独立危险因子。

2. 甲硫氨酸为肌酸合成提供甲基

（1）肌酸和磷酸肌酸是能量储存、利用的重要化合物。

（2）合成原料：肌酸以甘氨酸为骨架，由精氨酸提供脒基，S-腺苷甲硫氨酸供给甲基而合成。

（3）合成部位：肝是合成肌酸的主要器官。

（4）在肌酸激酶（CK）催化下，肌酸转变成磷酸肌酸，并储存 ATP 的高能磷酸键。

（5）磷酸肌酸在心肌、骨骼肌及大脑中含量丰富。

（6）肌酸激酶由两种亚基组成，即 M 亚基（肌型）与 B 亚基（脑型），有 3 种同工酶

1）MM 型，主要在骨骼肌。

2）MB 型，主要在心肌；心肌梗死时，血中 MB 型肌酸激酶活性增高，可作为辅助诊断的指标之一。

3）BB 型，主要在脑。

（7）产物

1）肌酸和磷酸肌酸代谢的终产物是肌酐。

2）肌酐主要在肌肉中通过磷酸肌酸的非酶促反应而生成。

3）肌酐由肾脏经尿中排出。

4）正常成人，每日尿中肌酐的排出量恒定。

5）肾严重病变时，肌酐排泄受阻，血中肌酐浓度升高。血肌酐浓度可作为肾功能检测的指标。

3. 半胱氨酸与多种生理活性物质的生成有关

（1）半胱氨酸与胱氨酸可以互变

1）半胱氨酸含有巯基（—SH），胱氨酸含有二硫键（—S—S—），两者可以相互转变。

2）两个半胱氨酸残基间形成的二硫键对于维持蛋白质空间构象的稳定及其功能具有重要作用，如胰岛素 A、B。

（2）半胱氨酸可转变成牛磺酸：半胱氨酸首先氧化成磺基丙氨酸，再经磺基丙氨酸脱羧酶催化，脱去羧基生成牛磺酸。牛磺酸是结合胆汁酸的组分之一。

（3）半胱氨酸可生成活性硫酸根

1）含硫氨基酸分解可产生硫酸根，半胱氨酸是主要来源。

2）体内的硫酸根，一部分以无机盐的形式随尿排出，另一部分由 ATP 活化生成活性硫酸根，即 3′-磷酸腺苷-5′-磷酸硫酸（PAPS）。

3）其中 PAPS 为活性硫酸，是体内硫酸基的供体。可以使某些物质生成硫酸脂，如固醇类激素。

主治语录：含硫氨基酸代谢产生的活性甲基，参与体内重要含甲基化合物的合成。

四、芳香族氨基酸的代谢需要加氧酶催化

芳香族氨基酸包括苯丙氨酸、酪氨酸和色氨酸。

1. 苯丙氨酸和酪氨酸代谢既有联系又有区别

（1）苯丙氨酸羟化生成酪氨酸（苯丙氨酸的主要代谢途径），该反应不可逆。

1）正常情况下，苯丙氨酸的主要代谢是经羟化作用，生成酪氨酸。

2）催化此反应的酶是苯丙氨酸羟化酶。

3）苯丙氨酸羟化酶是一种加单氧酶，其辅酶是四氢生物蝶呤，催化的反应不可逆，因而酪氨酸不能变为苯丙氨酸。

4）苯丙酮尿症（PKU）：当苯丙氨酸羟化酶先天性缺乏时，苯丙氨酸不能转变为酪氨酸，体内苯丙氨酸蓄积，并经转氨基作用生成苯丙酮酸，再进一步转变成苯乙酸等衍生物。此时尿中出现大量苯丙酮酸等代谢产物，称为苯丙酮尿症。患儿脑发育障碍，智力下降。

（2）酪氨酸转变为儿茶酚胺和黑色素或彻底氧化分解。

1）儿茶酚胺与黑色素的合成：酪氨酸经酪氨酸羟化酶作用，生成 3, 4-二羟苯丙氨酸（DOPA），又称多巴。①酪氨酸羟化酶是以四氢生物蝶呤为辅酶的加单氧酶，是儿茶酚胺合成的关键酶，

受终产物的反馈调节。②通过多巴脱羧酶的作用，多巴转变成多巴胺。多巴胺是脑中的一种神经递质，帕金森病患者脑内多巴胺生成减少。③在肾上腺髓质中，多巴胺侧链的β碳原子可再被羟化，生成去甲肾上腺素，后者经N-甲基转移酶催化，由活性甲硫氨酸提供甲基，转变成肾上腺素。④多巴胺、去甲肾上腺素、肾上腺素统称为儿茶酚胺，即含邻苯二酚的胺类。

2）酪氨酸代谢的另一条途径是合成黑色素：①在黑色素细胞中酪氨酸酶的催化下，酪氨酸羟化生成多巴，后者经氧化、脱羧等反应转变成吲哚醌。②黑色素即是吲哚醌的聚合物。③人体缺乏酪氨酸酶，导致黑色素合成障碍，皮肤、毛发等发白，称为白化病。

3）酪氨酸的分解代谢：①酪氨酸在酪氨酸转氨酶的催化下，生成对羟苯丙酮酸，后者经尿黑酸等中间产物进一步转变成延胡索酸和乙酰乙酸，两者分别参与糖和脂肪酸代谢。②苯丙氨酸和酪氨酸是生糖兼生酮氨基酸。③代谢尿黑酸的酶缺陷可导致尿黑酸尿症。

2. 色氨酸分解代谢可产生丙酮酸和乙酰乙酰CoA

（1）色氨酸除生成5-羟色胺外，本身还可分解代谢。

（2）在肝中，色氨酸通过色氨酸加氧酶（又称吡咯酶）的作用，生成一碳单位和多种酸性中间代谢产物。

（3）色氨酸分解可产生丙酮酸与乙酰乙酰辅酶A，所以色氨酸是一种生糖兼生酮氨基酸。

主治语录：芳香族氨基酸代谢产生重要的神经递质、激素及黑色素

五、支链氨基酸的分解有相似的代谢过程

1. 支链氨基酸包括亮氨酸（生糖氨基酸）、异亮氨酸（生酮

氨基酸）和缬氨酸（生糖兼生酮氨基酸），它们都是必需氨基酸。

2. 分解代谢过程　这三种氨基酸分解代谢的开始阶段基本相同。

（1）经转氨基作用，生成各自相应的α-酮酸。

（2）经过若干步骤

1）缬氨酸分解产生琥珀酸单酰辅酶A。

2）亮氨酸产生乙酰辅酶A及乙酰乙酰辅酶A。

3）异亮氨酸产生乙酰辅酶A及琥珀酸单酰辅酶A。

（3）支链氨基酸的分解代谢主要在骨骼肌中进行。

（4）芳香族氨基酸在肝中代谢。

3. 各种氨基酸除了作为合成蛋白质的原料外，还可以转变成其他多种含氮的生理活性物质。

4. 氨基酸衍生物的重要含氮化合物　见表2-8-2。

表2-8-2　氨基酸衍生物的重要含氮化合物

氨基酸	衍生化合物
天冬氨酸、谷氨酰胺、甘氨酸	嘌呤碱（含氮碱基、核酸成分）
天冬氨酸	嘧啶碱（含氮碱基、核酸成分）
甘氨酸	卟啉化合物（细胞色素、血红素成分）
苯丙氨酸、酪氨酸	儿茶酚胺、甲状腺素（神经递质、激素）
色氨酸	5-羟色胺、烟酸（神经递质、维生素）
谷氨酸	γ-氨基丁酸（神经递质）
甲硫氨酸、鸟氨酸	亚精胺、精胺（细胞增殖促进剂）
组氨酸	组胺（血管舒张剂）
半胱氨酸	牛磺酸（结合胆汁酸成分）
苯丙氨酸、酪氨酸	黑色素（皮肤色素）
甘氨酸、精氨酸、甲硫氨酸	肌酸、磷酸肌酸（能量储存）
精氨酸	一氧化氮（NO）（细胞信息转导分子）

历年真题

1. 谷类和豆类食物的营养互补氨基酸是
   A. 赖氨酸和色氨酸
   B. 赖氨酸和酪氨酸
   C. 赖氨酸和丙氨酸
   D. 赖氨酸和谷氨酸
   E. 赖氨酸和甘氨酸
2. 转氨酶的辅酶是
   A. 磷酸吡哆醛
   B. 焦磷酸硫胺素
   C. 生物素
   D. 四氢叶酸
   E. 泛酸
3. 下列氨基酸在体内可以转化为γ-氨基丁酸（GABA）的是
   A. 谷氨酸
   B. 色氨酸
   C. 苏氨酸
   D. 天冬氨酸
   E. 甲硫氨酸

参考答案： 1. A 2. A 3. A

第九章　核苷酸代谢

核心问题

1. 了解核苷酸的生理功能。

2. 嘌呤和嘧啶核苷酸的合成的元素来源，分解代谢产物。

内容精要

1. 嘌呤核苷酸的分解代谢　尿酸的生成，痛风及痛风的治疗。

2. 嘧啶核苷酸的分解代谢　β-氨基异丁酸、NH_3、CO_2、β-丙氨酸。

第一节　核苷酸代谢概述

核苷酸是核酸的基本结构单位。核苷酸不属于营养必需物质。核苷酸在细胞中主要以5′-核苷酸的形式存在。细胞中的核苷酸浓度超过脱氧核苷酸。

一、核苷酸具有多种生物学功能

1. 作为核酸合成的原料（主要）。

2. 体内能量的利用形式，如 ATP、GTP。

3. 参与代谢和生理调节，如 cAMP、cGMP。

4. 组成辅酶，例如腺苷酸。

5. 活化中间代谢物，如 S-腺苷甲硫氨酸是活性甲基的载体。

二、核苷酸经核酸酶水解后可被吸收

1. 核酸酶

（1）核酸酶指所有可以水解核酸的酶。

（2）按其作用底物可分为 DNA 酶和 RNA 酶。

（3）按其对底物二级结构的专一性可分为单链酶和双链酶。

（4）按其对底物的作用方式可分为核酸外切酶（5′→3′核酸外切酶与 3′→5′核酸外切酶）和核酸内切酶。

（5）核酸外切酶只能水解位于核酸分子末端的磷酸二酯键，核酸内切酶只能水解位于 DNA 或 RNA 分子的磷酸二酯键。具有特异性的称为限制性核酸内切酶。

（6）作用

1）参与 DNA 的合成与修复及 RNA 合成后的剪接等重要的基因复制和基因表达过程。

2）清除多余的、结构和功能异常的核酸，同时也可以清除侵入细胞的外源性核酸。

（7）有些核酸酶是多功能酶，例如，有些 DNA 聚合酶同时具有核酸外切酶活性，在 DNA 复制过程中可以切除错配的碱基，进而保证 DNA 生物合成的准确性。

2. 核酸的消化与吸收

（1）食物中的核酸多以核蛋白的形式存在。

（2）核蛋白在胃中受胃酸的作用，分解成核酸与蛋白质。

（3）核酸进入小肠后，生成寡核苷酸和部分单核苷酸。后经小肠黏膜水解为核苷和磷酸。

（4）核苷被吸收，但嘧啶核苷酸被水解为嘧啶、碱基，之后被吸收。

三、核苷酸代谢包括合成和分解代谢

1. 核苷酸根据碱基不同，可分为嘌呤核苷酸和嘧啶核苷酸两类，均包括合成和分解。

2. 根据代谢方式可分为从头合成和补救合成两种。

（1）从头合成：碱基来源于氨基酸、一碳单位及 CO_2 等新合成含 N 的杂环。

（2）补救合成：碱基来源于体内游离碱基。

第二节　嘌呤核苷酸的合成与分解代谢

一、嘌呤核苷酸的合成存在从头合成和补救合成两条途径

1. 从头合成途径　生物体内细胞利用磷酸核糖、氨基酸、一碳单位和 CO_2 等简单物质为原料，经过一系列酶促反应，合成嘌呤核苷酸。

2. 补救合成途径　利用体内游离的嘌呤或嘌呤核苷，经过简单的反应过程，合成嘌呤核苷酸。

3. 两者在不同组织中的重要性各不相同

（1）肝组织主要进行从头合成途径，其次是小肠黏膜和胸腺。

（2）脑、骨髓等主要进行补救合成。

4. 嘌呤核苷酸的从头合成

（1）从头合成途径

1）除某些细菌外，几乎所有生物体都能合成嘌呤碱。

2）细胞定位：细胞质。

3）原料：磷酸核糖、天冬氨酸、甘氨酸、谷氨酰胺、一碳单位和 CO_2。

4）嘌呤碱合成的元素来源（图 2-9-1）：①N_1来自于天冬氨酸。②C_2、C_8来自于一碳单位。③N_3、N_9来自于谷氨酰胺。④C_6来自于 CO_2。⑤C_4、C_5、N_7来自于甘氨酸。

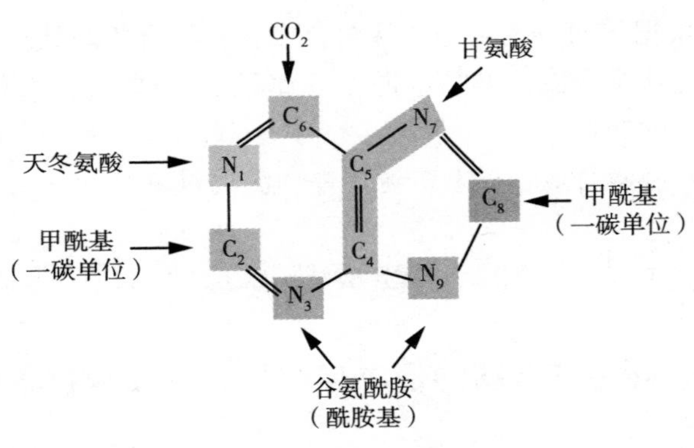

图 2-9-1　嘌呤碱合成的元素来源

5）过程（分为两个阶段）：①合成次黄嘌呤核苷酸（IMP）。②IMP 再转变成腺嘌呤核苷酸（AMP）与鸟嘌呤核苷酸（GMP）。

6）IMP 的合成：①核糖-5′-磷酸生成 5′-磷酸核糖-1′-焦磷酸（PRPP），磷酸核糖焦磷酸合成酶催化。②形成 5-磷酸核糖胺（PRA），磷酸核糖酰胺转移酶催化。③甘氨酸与 PAR 加合，生成甘氨酰胺核苷酸（GAR）。④GAR 甲酰化，生成甲酰甘氨酰胺核苷酸（FGAR）。⑤生成甲酰甘氨脒核苷酸（FGAM）。⑥生成 5-氨基咪唑核苷酸。⑦生成 5-氨基咪唑-4-羧酸核苷酸

（CAIR）。⑧天冬氨酸与 CAIR 缩合，生成 *N*-琥珀酰-5-氨基咪唑-4-甲酰胺核苷酸（SAICAR）。⑨生成 5-氨基咪唑-4-甲酰胺核苷酸（AICAR）。⑩AICAR 甲酰化，生成 5-甲酰胺基咪唑-4-甲酰胺核苷酸（FAICAR）。⑪IMP。

注意，嘌呤核苷酸从头合成的酶在细胞质中多以酶复合体形式存在。

7）IMP 转变生成 AMP 和 GMP：①IMP 虽然不是核酸分子的主要组成部分，但它是嘌呤核苷酸合成的重要中间产物，IMP 可以分别转变成 AMP 和 GMP。②AMP 和 GMP 在激酶作用下，经过两步磷酸化反应，进一步分别生成 ATP 和 GTP。③GMP 中的两个氨基的来源：天冬氨酸（生成 IMP）；谷氨酰胺。

主治语录：嘌呤核苷酸是在磷酸核糖分子上逐步合成嘌呤环的，而不是首先单独合成嘌呤碱然后再与磷酸核糖结合的，与嘧啶核苷酸的合成过程不同。

8）ATP 和 GTP 的生成：AMP 和 GMP 在激酶作用下，经过两步磷酸化反应，进一步分别生成 ATP 和 GTP。

$$AMP \xrightarrow[ATP \to ADP]{激酶} ADP \xrightarrow{激酶} ATP$$

$$GMP \xrightarrow[ATP \to ADP]{激酶} GDP \xrightarrow[ATP \to ADP]{激酶} GTP$$

（2）从头合成的调节（图 2-9-2）

1）以反馈调节为主。

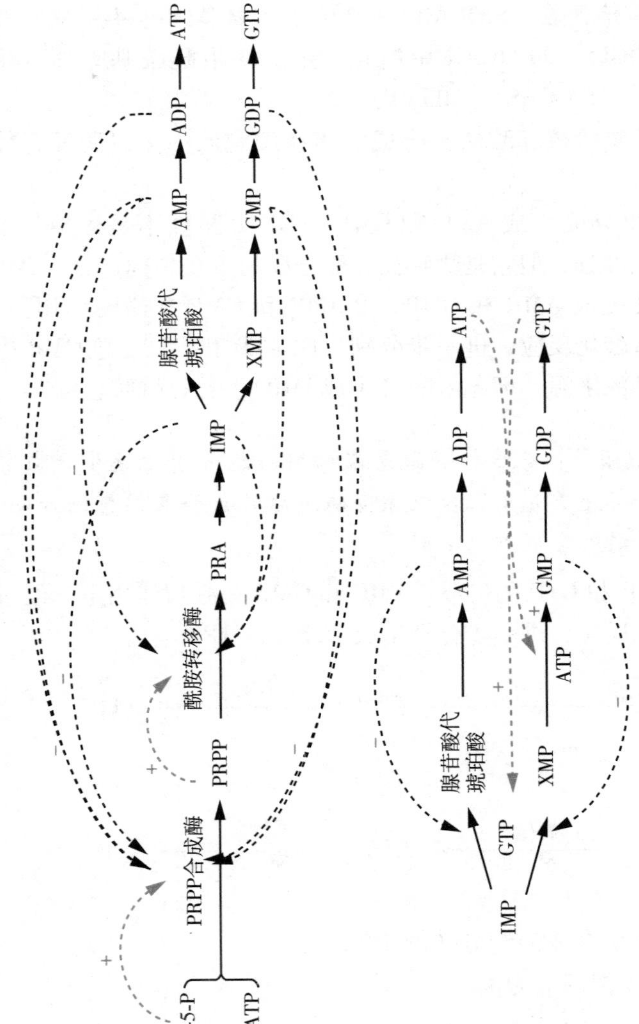

图2-9-2 嘌呤核苷酸从头合成的调节

“+”表示促进；“-”表示抑制

2）嘌呤核苷酸合成起始阶段的 PRPP 合成酶和 PRPP 酰胺转移酶（两者为被调控的关键酶），均可被合成产物 IMP、AMP 及 GMP 等抑制；PRPP 增加可以促进酰胺转移酶活性，加速 PRA 生成。

3）在嘌呤核苷酸合成调节中，PRPP 合成酶起着更大的作用。

4）在形成 AMP 和 GMP 过程中：①过量的 AMP 控制 AMP 的生成，而不影响 GMP 的合成。②过量的 GMP 控制 GMP 的生成，而不影响 AMP 的合成。③交叉调节：IMP 转变成 AMP 时需要 GTP，而 IMP 转变成 GMP 时需要 ATP；这种交叉调节作用对维持 ATP 与 GTP 浓度的平衡具有重要意义。

5. 嘌呤核苷酸的补救合成

（1）有两种方式

1）新合成嘌呤核苷酸（利用现成嘌呤碱或嘌呤核苷）。

2）嘌呤核苷的重新利用（利用腺苷激酶催化的磷酸化反应）。

（2）新合成嘌呤核苷酸

1）参与补救合成的酶：腺嘌呤磷酸核糖转移酶（APRT）、次黄嘌呤-鸟嘌呤磷酸核糖转移酶（HGPRT）。

2）合成过程

$$\text{腺嘌呤}+\text{PRPP}\xrightarrow{\text{APRT}}\text{AMP}+\text{PPi}$$

$$\text{次黄嘌呤}+\text{PRPP}\xrightarrow{\text{HGPRT}}\text{IMP}+\text{PPi}$$

$$\text{鸟嘌呤}+\text{PRPP}\xrightarrow{\text{HGPRT}}\text{GMP}+\text{PPi}$$

3）其中 APRT 受 AMP 的反馈抑制，HGPRT 受 IMP 与 GMP 的反馈抑制。

4）嘌呤核苷酸不同合成途径的比较，见表 2-9-1。

表 2-9-1 嘌呤核苷酸不同合成途径的比较

比较项目	从头合成	补救合成
概念	利用简单物质，经复杂酶促反应，合成嘌呤核苷酸	利用体内游离的嘌呤或嘌呤核苷，经简单反应合成嘌呤核苷酸
原料	天冬氨酸、谷氨酰胺、甘氨酸、CO_2、一碳单位	游离的嘌呤碱、嘌呤核苷
部位	肝（主要）、小肠及胸腺的胞质	脑、骨髓、脾脏
重要性	主要合成途径	次要合成途径

（3）嘌呤核苷的重新利用

1）参与补救合成的酶：腺苷激酶。

2）合成过程

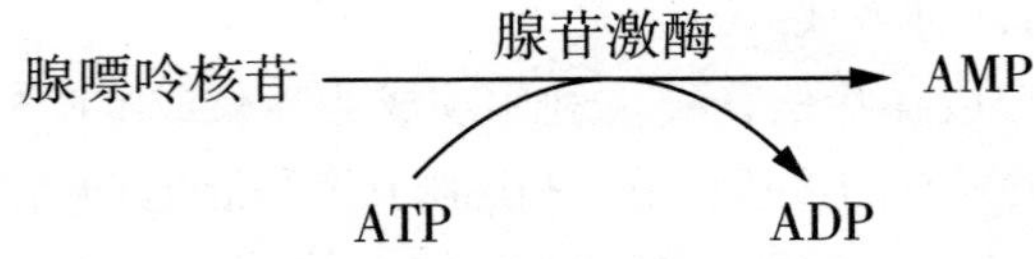

（4）补救合成的生理意义：一方面补救合成节省从头合成时的能量和一些氨基酸的消耗；另一方面体内某些组织器官，如脑、骨髓等只能进行补救合成。

6. 嘌呤核苷酸的相互转变

（1）体内核苷酸的相互转换来保持彼此平衡。

（2）IMP 可以转变成 XMP、AMP 及 GMP。

（3）AMP、GMP 也可以转变成 IMP。

（4）AMP 和 GMP 之间也可以相互转变。

7. 脱氧核苷酸的生成在二磷酸核苷水平进行

（1）DNA 由各种脱氧核苷酸组成。

（2）除 dTMP 是从 dUMP 转变而来以外，其他脱氧核苷酸都是在二磷酸核苷（NDP）水平上进行（N 代表 A、G、U、C 等碱基），由核苷酸还原酶催化。

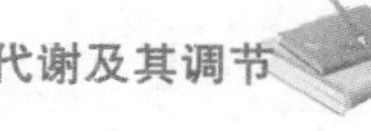

（3）酶体系

1）核苷酸还原酶从 NADPH 获得电子时，需要一种硫氧还蛋白作为电子载体，其所含的巯基在核苷酸还原酶作用下氧化为二硫键；后者再经另一种称为硫氧还蛋白还原酶的催化，重新生成还原型的硫氧化还原蛋白。

2）核苷酸还原酶是一种别构酶，包括两个亚基，只有两个亚基结合并有 Mg^{2+}时才具有酶活性。

（4）合成的调节

1）细胞除了控制核苷酸还原酶的活性以调节脱氧核苷酸的浓度之外，还可通过各种三磷酸核苷对还原酶的别构作用来调节不同脱氧核苷酸生成。

2）某一种 NDP 被还原酶还原成 dNDP 时，需要特定 NTP 的促进，同时也受其他 NTP 抑制。

3）核苷酸还原酶的别构调节，见表 2-9-2。

表 2-9-2 核苷酸还原酶的别构调节

作用物	主要促进剂	主要抑制剂
CDP	ATP	dATP、dGTP、dTTP
UDP	ATP	dATP、dGTP
ADP	dGTP	dATP、ATP
GDP	dTTP	dATP

（5）嘧啶脱氧核苷酸（dUDP、dCDP）也是通过相应的二磷酸嘧啶核苷的直接还原而生成的。

（6）经过激酶的作用，上述 dNDP 再磷酸化生成三磷酸脱氧核苷。

8. 嘌呤核苷酸的抗代谢物是一些嘌呤、氨基酸或叶酸类似物

（1）嘌呤类似物

1）种类：6-巯基嘌呤（6-MP）、6-硫基鸟嘌呤、8-氮杂鸟嘌呤等。其中6-MP在临床上应用较多。

2）6-MP：①6-MP的结构与次黄嘌呤相似，唯一不同的是分子中C_6上由巯基取代了羟基。②6-MP可在体内经磷酸核糖化而生成6-MP核苷酸，并以这种形式抑制IMP转变为AMP及GMP的反应。③6-MP能直接通过竞争性抑制，影响次黄嘌呤-鸟嘌呤磷酸核糖转移酶，使PRPP分子中的磷酸核糖不能向鸟嘌呤及次黄嘌呤转移，阻止了补救合成途径。④6-MP核苷酸结构与IMP相似，可以反馈抑制PRPP酰胺转移酶而干扰磷酸核糖胺的形成，从而阻断嘌呤核苷酸的从头合成。

（2）氨基酸类似物

1）种类：氮杂丝氨酸、6-重氮-5-氧正亮氨酸。

2）它们的结构与谷氨酰胺相似，可干扰谷氨酰胺在嘌呤核苷酸合成中的作用，从而抑制嘌呤核苷酸的合成。

（3）叶酸的类似物

1）氨蝶呤及甲氨蝶呤（MTX）。

2）能竞争性抑制二氢叶酸还原酶，使叶酸不能还原成二氢叶酸及四氢叶酸。

3）嘌呤分子中来自一碳单位的C_8及C_2均得不到供应，从而抑制了嘌呤核苷酸的合成。

4）MTX在临床上用于白血病等的治疗。

二、嘌呤核苷酸的分解代谢终产物是尿酸

1. 细胞内核苷酸的分解

（1）核苷酸在核苷酸酶的作用下水解成核苷。

（2）核苷经核苷磷酸化酶作用，磷酸解成自由的碱基及核糖-1-磷酸。

（3）嘌呤碱基最终分解为尿酸。

1）AMP→次黄嘌呤（经黄嘌呤氧化酶催化）→黄嘌呤（经黄嘌呤氧化酶催化）→尿酸。

2）GMP→鸟嘌呤→黄嘌呤（经黄嘌呤氧化酶催化）→尿酸。

2. 痛风症

（1）尿酸是人体嘌呤分解代谢的终产物，水溶性较差。当进食高嘌呤饮食、体内核酸大量分解或肾疾病而使尿酸排泄障碍时，均可导致血中尿酸升高。

（2）痛风症（尿酸过多）的治疗机制：别嘌呤醇与次黄嘌呤结构类似，则别嘌呤醇可治疗痛风。黄嘌呤、次黄嘌呤的水溶性较尿酸大得多，不会沉积形成结晶。

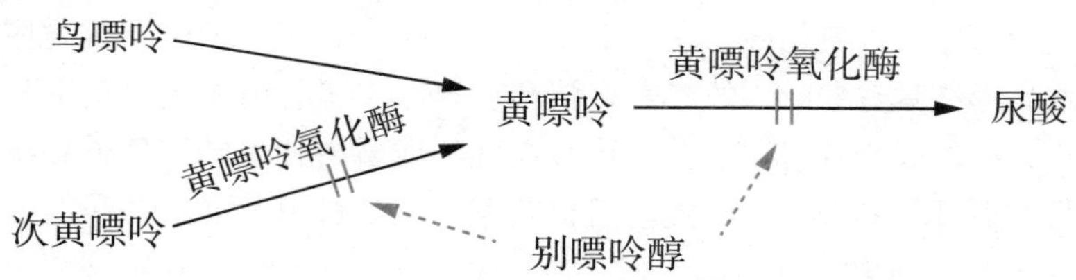

主治语录：尿酸水溶性差，若其生成过多或排泄障碍，可沉积于机体各处，致痛风症，可以用别嘌呤醇治疗。

第三节　嘧啶核苷酸的合成与分解代谢

一、嘧啶核苷酸的合成

嘧啶核苷酸分为UMP、CMP、dTMP。嘧啶核苷酸也有从头合成与补救合成两条途径。

（一）嘧啶核苷酸的从头合成比嘌呤核苷酸简单

1. 从头合成途径

（1）嘧啶核苷酸中嘧啶碱合成的原料：谷氨酰胺、CO_2和天冬氨酸等。

（2）合成部位：肝。

（3）反应过程：细胞质和线粒体。

（4）合成过程

1）尿嘧啶核苷酸的合成：①嘧啶环的合成开始于氨基甲酰磷酸的生成；氨基甲酰磷酸也是尿素合成的原料；尿素合成中所需的氨基甲酰磷酸是在肝线粒体中由氨基甲酰磷酸合成酶Ⅰ催化生成的。②嘧啶合成所用的氨基甲酰磷酸则是在细胞质中用谷氨酰胺为氮源，由氨基甲酰磷酸合成酶Ⅱ催化生成的。③氨基甲酰磷酸在细胞质中天冬氨酸氨基甲酰转移酶的催化下，与天冬氨酸化合生成氨甲酰天冬氨酸。④氨甲酰天冬氨酸经二氢乳清酸酶催化脱水，形成具有嘧啶环的二氢乳清酸，再经二氢乳清酸脱氢酶的作用，脱氢成为乳清酸。⑤乳清酸在乳清酸磷酸核糖转移酶催化下可与 PRPP 结合，生成乳清酸核苷酸，后者再由乳清酸核苷酸脱羧酶催化脱去羧基，即生成尿嘧啶核苷酸（UMP）。⑥胞嘧啶核苷酸和胸腺嘧啶核苷酸均可由 UMP 转变而来。

主治语录：嘧啶核苷酸的合成是先合成含有嘧啶环的乳清酸，然后再与磷酸核糖相连。

2）三磷酸胞苷（CTP）的合成：UMP 通过尿苷酸激酶与二磷酸核苷酸激酶的连续作用，生成 UTP，在 CTP 合成酶的催化下，消耗一分子 ATP，从谷氨酰胺接受氨基而成为 CTP。

3）脱氧胸腺嘧啶核苷酸（dTMP 或 TMP）的生成：①dTMP 是由脱氧尿嘧啶核苷酸（dUMP）经甲基化而生成的。②反应由胸苷酸合酶催化，N^5, N^{10}-亚甲四氢叶酸作为甲基供体。N^5, N^{10}-亚甲四氢叶酸提供甲基后生成的二氢叶酸又可再经二氢叶酸还原酶的作用，重新生成四氢叶酸。③dUMP 的两个来源：dUDP 的水解；或 dCMP 的脱氨基（主要）。④胸苷酸合

成酶与二氢叶酸还原酶可被用于肿瘤化疗的靶点。

2. 从头合成的调节

（1）细菌中，天冬氨酸氨基甲酰转移酶是嘧啶核苷酸从头合成的主要调节酶，它受 CTP 抑制。

（2）哺乳类动物细胞中，嘧啶核苷酸合成的调节酶则主要是氨基甲酰磷酸合成酶Ⅱ，它受 UMP 抑制。

注意：上述两种酶均受反馈机制的调节。哺乳类动物细胞中，UMP 合成起始和终末的两种多功能酶还可受到阻遏或去阻遏的调节。

（3）PRPP 合成酶是嘧啶与嘌呤两类核苷酸合成过程中共同需要的酶，它可同时接受嘧啶核苷酸及嘌呤核苷酸的反馈抑制。

（二）嘧啶核苷酸的补救合成途径与嘌呤核苷酸类似

1. 嘧啶磷酸核糖转移酶是嘧啶核苷酸补救合成的主要酶，可催化嘧啶、PRPP 反应生成磷酸嘧啶核苷和 PPi。嘧啶磷酸核糖转移酶能利用尿嘧啶、胸腺嘧啶及乳清酸作为底物，但对胞嘧啶不起作用。

2. 尿苷激酶也是一种补救合成酶，催化尿苷生成尿苷酸。

3. 脱氧胸苷可通过胸苷激酶催化生成 dTMP。

（三）嘧啶核苷酸的抗代谢物也是嘧啶、氨基酸或叶酸等的类似物

1. 嘧啶的类似物

（1）嘧啶的类似物主要有 5-氟尿嘧啶（5-FU）。

（2）5-FU 本身并无生物学活性，必须在体内转变成一磷酸脱氧氟尿嘧啶核苷（FdUMP）及三磷酸氟尿嘧啶核苷（FUTP）后，才能发挥作用。

（3）FdUMP 与 dUMP 结构相似，是胸苷酸合酶的抑制剂，

使 dTMP 合成受到阻断。FUTP 可以 FUMP 的形式掺入 RNA 分子，异常核苷酸的掺入破坏了 RNA 的结构与功能。

2. 氨基酸的类似物　氮杂丝氨酸类似谷氨酰胺，可抑制 CTP 的生成。

3. 叶酸的类似物　甲氨蝶呤干扰叶酸代谢，使 dUMP 不能利用一碳单位甲基化而生成 dTMP，进而影响 DNA 合成。

4. 核苷类似物　阿糖胞苷和环胞苷是重要的抗癌药物。阿糖胞苷能抑制 CDP 还原成 dCDP，也能影响 DNA 的合成。

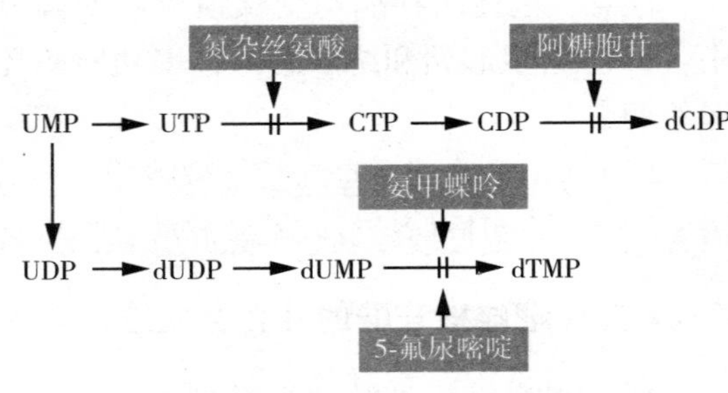

图 2-9-3　嘧啶核苷酸抗代谢物的作用

5. 嘧啶核苷酸抗代谢物的作用　见图 2-9-3。

二、嘧啶核苷酸分解最终可生成 NH_3、CO_2、β-丙氨酸及 β-氨基异丁酸

1. 嘧啶核苷酸首先通过核苷酸酶及核苷磷酸化酶的作用，除去磷酸及核糖，产生的嘧啶碱再进一步分解。

（1）胞嘧啶脱氨基转变成尿嘧啶。

（2）尿嘧啶还原成二氢嘧啶，并水解开环，最终生成 NH_3、CO_2及 β-丙氨酸。

（3）胸腺嘧啶降解成 β-氨基异丁酸，其可直接随尿排出或进一步分解。

（4）摄入含 DNA 丰富的食物、经放射治疗或化学治疗的癌症患者，尿中 β-氨基异丁酸排出量增多。

2. 嘧啶碱的降解代谢主要在肝进行。嘧啶碱的降解产物均易溶于水。

3. 嘌呤和嘧啶合成与分解的鉴别　见表2-9-3。

表2-9-3　嘌呤和嘧啶合成与分解的区别

鉴别项目		嘌　呤	嘧　啶
碱基种类		A、G	C、U、T
从头合成	过程	在嘌呤核糖分子上逐步形成	先合成嘧啶环，再与磷酸核糖相连而成
	部位	肝（主要）、小肠及胸腺的细胞质	肝脏细胞质
	嘧啶碱原料	天冬氨酸、谷氨酰胺、甘氨酸、一碳单位（来自叶酸）、CO_2	谷氨酰胺、CO_2和天冬氨酸等
	关键酶	PRPP合成酶、PRPP酰胺转移酶	氨基甲酰磷酸合成酶Ⅱ（哺乳动物）、天冬氨酸氨基甲酰转移酶（细菌）
	中间产物	IMP	UMP
补救合成	原料	游离的嘌呤碱、嘌呤核苷	游离的嘧啶碱等
分解产物		尿酸	C、U：β-丙氨酸+CO_2+NH_3 T：β-氨基异丁酸+NH_3+CO_2

历年真题

1. 与体内尿酸累积相关的酶是
   A. 四氢叶酸还原酶
   B. 酰胺转移酶
   C. 黄嘌呤氧化酶
   D. 转甲酰基酶
   E. 磷酸核糖焦磷酸合成酶
2. 男，55岁。近2年来出现关节炎症状和尿路结石，进食肉类食物时病情加重。该患者发生的疾病涉及的代谢途径是
   A. 糖代谢
   B. 脂代谢
   C. 嘌呤核苷酸代谢
   D. 嘧啶核苷酸代谢
   E. 氨基酸代谢

参考答案：1. C　2. C

第十章　代谢的整合与调整

核心问题

1. 物质代谢的特点。
2. 物质代谢之间的联系。

内容精要

体内各种营养物质的代谢总是处于一种动态的平衡之中。代谢的细胞水平调节主要通过改变关键酶活性实现。在神经系统主导下，机体通过调节激素释放，整合不同组织细胞内代谢途径，实现整体调节，维持整体代谢平衡。

第一节　代谢的整体性

代谢指机体活细胞内的全部化学变化，是生命活动的物质基础。代谢分为分解代谢和合成代谢。各代谢途径相互联系、相互作用、相互协调和相互制约。代谢具有可调节性。

一、体内代谢过程互相联系形成一个整体

1. 代谢的整体性

（1）体内各种物质包括糖、脂、蛋白质、水、无机盐、维

生素等的代谢不是孤立进行的，而是同时进行的，而且彼此互相联系，或相互转变，或相互依存，构成统一的整体。

（2）人类摄取的食物，无论动物性或植物性食物均含有蛋白质、脂类、糖类、水、无机盐及维生素等，因此从消化吸收起一直到中间代谢、排泄，各种物质代谢都是同时进行的，而且各种物质代谢之间互有联系，相互依存。

（3）糖、脂在体内氧化释出的能量保证了生物大分子蛋白质、核酸、多糖等合成时的能量需要，而各种酶蛋白的合成又是糖、脂、蛋白质等各种物质代谢得以在体内迅速进行不可缺少的条件。

2. 体内各种代谢物都具有各自共同的代谢池　在进行中间代谢时，机体不分彼此，无论自身合成的内源性营养物质和食物中摄取的外源性营养物质，均组成共同的代谢池。

3. 体内代谢处于动态平衡

（1）体内各种营养物质的代谢总是处于一种动态的平衡之中。

（2）代谢的平衡可使在代谢时，有获取则可以随之被转换，有消耗则适时获得补充，使代谢物不会出现堆积或匮乏。例如血糖浓度虽然处于一定的平衡，但每时每刻都在变化。

4. 氧化分解产生的 NADPH 为合成代谢提供所需的还原当量

（1）体内许多生物合成反应是还原性合成，需要还原当量，这些生物合成反应才能顺利进行。其中，还原当量的主要提供者是 NADPH。

（2）NADPH 主要来源于磷酸戊糖途径，所以 NADPH 将氧化反应与还原性合成连接起来。

二、物质代谢与能量代谢的相互联系

1. 糖、脂、蛋白质是人体的主要能量物质，三者之间代谢可互相替代并互相制约。

2. 乙酰辅酶A是三大营养物共同的中间代谢物，三羧酸循环是糖、脂肪、蛋白质最后分解的共同代谢途径，释出的能量均以ATP形式储存。

三、糖、脂和蛋白质代谢通过中间代谢产物而相互联系

糖、脂肪、蛋白质通过共同的中间代谢物、三羧酸循环和生物氧化等彼此联系、相互转变。

1. 糖代谢与脂代谢的相互联系

（1）摄入的糖量超过能量消耗时，葡萄糖→脂肪。

（2）脂肪的甘油部分能在体内转变为糖：脂肪的分解代谢受糖代谢的影响，脂肪能否代谢依赖于糖代谢的状况。

（3）在饥饿、糖供应不足或糖代谢障碍时：大量酮体不能进入三羧酸循环氧化，在血中积蓄，导致高酮血症。

2. 糖与氨基酸代谢的相互联系

（1）大部分氨基酸脱氨基后，生成相应的α-酮酸，可转变为糖。

精氨酸、组氨酸、脯氨酸可先转变为谷氨酸，再经过脱氨生成α-酮戊二酸。

（2）糖代谢的中间产物可氨基化生成某些非必需氨基酸。

注意，但苏氨酸、甲硫氨酸、赖氨酸、亮氨酸、异亮氨酸、缬氨酸、组氨酸、苯丙氨酸及色氨酸等9种氨基酸不能由糖代谢中间物转变而来。

3. 脂类与氨基酸代谢的相互联系

（1）蛋白质可以转变为脂肪：体内所有氨基酸均可生成乙酰辅酶A，可用于合成脂肪或胆固醇。

（2）氨基酸可作为合成磷脂的原料

(3) 脂质几乎不能转变为氨基酸。

4. 核酸与糖、蛋白质代谢的相互联系

(1) 氨基酸是体内合成核酸的重要原料。

(2) 磷酸核糖由磷酸戊糖途径提供。

第二节 代谢调节的主要方式

一、细胞内物质代谢主要通对关键酶活性的调节来实现

1. 各种代谢酶在细胞内区隔分布是物质代谢及其调节的亚细胞结构基础。

(1) 定义：参与同一代谢途径的酶，相对独立地分布于细胞特定区域或亚细胞结构，形成所谓区隔分布，有的甚至结合在一起，形成多酶复合体。这种现象称为酶的区隔分布。

(2) 主要代谢途径（多酶体系）在细胞内的分布，见表2-10-1。

表2-10-1 主要代谢途径（多酶体系）在细胞内的分布

多酶体系	分　　布
DNA 及 RNA 的合成	细胞核
蛋白质合成	内质网、细胞质
糖原合成	细胞质
脂肪酸合成	细胞质
胆固醇合成	内质网、细胞质
磷脂合成	内质网
血红素合成	细胞质、线粒体
尿素合成	细胞质、线粒体

续 表

多酶体系	分　布
糖酵解	细胞质
戊糖磷酸途径	细胞质
糖异生	细胞质、线粒体
脂肪酸氧化	细胞质、线粒体
多种水解酶	溶酶体
三羧酸循环	线粒体
氧化磷酸化	线粒体

（3）意义

1）酶在细胞内的隔离分布使有关代谢途径分别在细胞不同区域内进行，这样不致使各种代谢途径互相干扰。

2）为细胞或酶水平代谢调节创造了游离条件，使某些调节因素可专一地影响某些细胞部分的酶活性，而不致影响其他部分的酶活性，保证代谢顺利进行。

2. 关键调节酶活性决定整个代谢途径的速度和方向

（1）每条代谢途径由一系列酶促反应组成，其反应速率和方向由其中一个或几个具有调节作用的关键酶活性决定。

（2）关键酶所催化的反应的特点

1）常常催化一条代谢途径的第一步反应或分支点上的反应，速度最慢，其活性决定整个代谢途径的总速度。

2）常催化单向反应或非平衡反应，其活性决定整个代谢途径的方向。

3）酶活性除受底物控制外，还受多种代谢物或效应剂的调节。

（3）改变关键酶活性是细胞水平代谢调节的基本方式，也是激素水平代谢调节和整体代谢调节的重要环节。

（4）某些重要代谢途径的关键酶，见表 2-10-2。

表 2-10-2　某些重要代谢途径的关键酶

代谢途径	关键酶
糖原分解	糖原磷酸化酶
糖原合成	糖原合酶
糖酵解	己糖激酶
	磷酸果糖激酶-1
	丙酮酸激酶
三羧酸循环	柠檬酸合酶
	异柠檬酸脱氢酶
	α-酮戊二酸脱氢酶复合体
糖异生	丙酮酸羧化酶
	磷酸烯醇式丙酮酸羧激酶
	果糖二磷酸酶-1
	葡糖-6-磷酸酶
脂肪酸合成	乙酰辅酶 A 羧化酶
胆固醇合成	HMG-CoA 还原酶

（5）代谢调节主要是通过对关键酶活性的调节实现的，按调节的快慢可分为快速调节及迟缓调节两类。

（6）快速调节

1）在数秒及数分钟内即可发生调节，是通过改变酶的分子结构，从而改变其活性来调节酶促反应的速度。

2）快速调节又分为别构调节及化学修饰调节两种。

（7）迟缓调节：是通过对酶蛋白分子的合成或降解以改变细胞内酶含量的调节，一般需数小时或几天才能实现。

3. 别构调节通过别构效应改变关键酶活性

（1）别构调节是生物界普遍存在的代谢调节方式

1）小分子化合物与酶蛋白分子活性中心以外的特定部位特

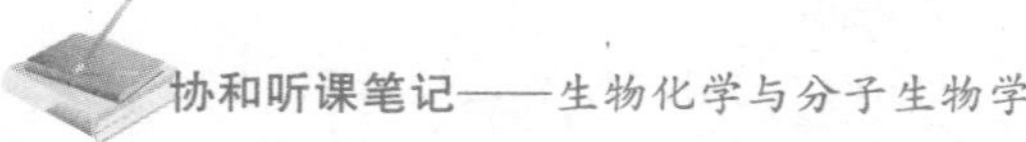

异结合，引起酶蛋白分子构象、从而改变酶的活性。这种调节称为酶的别构调节。

2）一些代谢途径中的别构酶及其效应剂，见表2-10-3。

表2-10-3　一些代谢途径中的别构酶及其效应剂

代谢途径	别构酶	别构激活剂	别构抑制剂
糖酵解	磷酸果糖激酶-1	F-2, 6-BP、AMP、ADP、F-1, 6-BP	柠檬酸、ATP
	丙酮酸激酶	F-1, 6-BP、ADP、AMP	ATP、丙氨酸
	己糖激酶		G-6-P
丙酮酸氧化脱羧	丙酮酸脱氢酶复合体	AMP、CoA、NAD^+、ADP、AMP	ATP、乙酰CoA、NADH
三羧酸循环	柠檬酸合酶	乙酰CoA、草酰乙酸、ADP	柠檬酸、NADH、ATP
	α-酮戊二酸脱氢酶复合体		琥珀酰CoA、NADH
	异柠檬酸脱氢酶	AMP、ADP	ATP
糖原分解	糖原磷酸化酶（肌）	AMP	ATP、G-6-P
	糖原磷酸化酶（肝）		葡萄糖、F-1, 6-BP、F-1-P
糖异生	丙酮酸羧化酶	乙酰CoA	AMP
氨基酸代谢	谷氨酸脱氢酶	ADP、GDP	ATP、GTP
嘌呤合成	PRPP酰胺转移酶	PRPP	IMP、AMP、GMP
嘧啶合成	氨基甲酰磷酸合成酶Ⅱ	—	UMP

（2）别构效应剂通过改变酶分子构象改变酶活性

1）别构效应剂能与别构酶的调节位点或调节亚基非共价键结合，引起酶活性中心构象变化，改变酶活性，从而调节代谢。

2）别构调节的机制：①酶的调节亚基含有一个“假底物”序列，当其结合催化亚基的活性位点时能阻止底物的结合，抑制酶活性；当效应剂分子结合调节亚基后，“假底物”序列构象变化，释放催化亚基，使其发挥催化作用。cAMP 激活 cAMP 依赖的蛋白激酶通过这种机制实现。②别构效应剂与调节亚基结合，能引起酶分子三级和/或四级结构在“T”构象（紧密态、无活性/低活性）与“R”构象（松弛态、有活性/高活性）之间互变，从而影响酶活性。氧对脱氧血红蛋白构象变化的影响通过该机制实现。

（3）别构调节使一种物质的代谢与相应的代谢需求和相关物质的代谢协调

1）别构调节是细胞水平代谢调节中一种较常见的快速调节。

2）代谢途径终产物常可使催化该途径起始反应的酶受到抑制，即反馈抑制。

3）别构调节还可使能量得以有效利用，不致浪费。

4）别构调节还可使不同代谢途径相互协调。

4. 化学修饰调节通过酶促共价修饰调节酶活性

（1）酶促共价修饰有多种方式

1）酶蛋白肽链上某些残基在酶的催化下发生可逆的共价修饰，从而引起酶活性改变，这种调节称为酶的化学修饰。

2）酶的化学修饰中以磷酸化与去磷酸化在代谢调节中最为多见，见表 2-10-4。

表 2-10-4 磷酸化/去磷酸化修饰对酶活性的调节

酶名称	化学修饰类型	酶活性改变
糖原磷酸化酶	磷酸化/去磷酸化	激活/抑制
磷酸化酶 b 激酶	磷酸化/去磷酸化	激活/抑制
糖原合酶	磷酸化/去磷酸化	抑制/激活
丙酮酸脱羧酶	磷酸化/去磷酸化	抑制/激活
磷酸果糖激酶	磷酸化/去磷酸化	抑制/激活
丙酮酸脱氢酶	磷酸化/去磷酸化	抑制/激活
HMG-CoA 还原酶	磷酸化/去磷酸化	抑制/激活
HMG-CoA 还原酶激酶	磷酸化/去磷酸化	激活/抑制
乙酰 CoA 羧化酶	磷酸化/去磷酸化	抑制/激活
激素敏感性甘油三酯脂肪酶	磷酸化/去磷酸化	激活/抑制

（2）酶的化学修饰调节具有级联放大效应：化学修饰的特点如下。

1）绝大多数属于这类调节方式的酶都具无活性（或低活性）和有活性（或高活性）两种形式。它们可分别在两种不同酶的催化下发生共价修饰，可以互相转变。催化互变的酶在体内受上游调节因素如激素的控制。

2）与别构调节不同，化学修饰是由酶催化引起的共价键的变化，且因其是酶促反应，故有放大效应。

3）磷酸化与去磷酸化是最常见的酶促化学修饰反应。酶的 1 分子亚基发生磷酸化常需消耗 1 分子 ATP，这与合成酶蛋白所消耗的 ATP 相比显然要少得多，且作用迅速，又有放大效应，因此，是体内调节酶活性经济而有效的方式。

4）催化共价修饰的酶自身也常受别构调节、化学修饰调节，并与激素调节偶联，形成由信号分子（激素等）、信号转导

分子和效应分子（受化学修饰调节的关键酶）组成的级联反应，使细胞内酶活性调节更精细协调。

主治语录：同一个酶可以同时受变构调节和化学修饰调节。

（3）酶的别构调节和化学修饰调节的比较，见表2-10-5。

表2-10-5　酶的别构调节和化学修饰调节的比较

别构调节	化学修饰调节
不需要其他酶的参与	需要其他酶的参与
无共价键的改变	酶分子有共价键的改变
多半以影响关键酶使代谢发生方向性的变化为其主要作用	以放大效应调节代谢强度为主要作用

5. 通过改变细胞内酶含量调节酶活性　酶含量调节通过改变其合成和/或降解速率实现，消耗ATP较多，所需时间较长，通常要数小时甚至数日，属迟缓调节。

（1）诱导或阻遏酶蛋白编码基因表达调节酶含量

1）诱导剂和阻遏剂：①诱导剂：指加速酶合成的化合物。②阻遏剂：指减少酶合成的化合物。

2）常见的诱导或阻遏方式：①底物对酶合成的诱导和阻遏。②产物对酶合成的阻遏。③激素对酶合成的诱导。④药物对酶合成的诱导。

（2）改变酶蛋白降解速度调节酶含量

1）改变酶蛋白分子的降解速度能调节细胞内酶的含量。

2）溶酶体——释放蛋白水解酶，降解蛋白质；蛋白酶体——泛素识别、结合蛋白质；蛋白水解酶降解蛋白质。

二、激素通过特异性受体调节靶细胞的代谢

激素能与特定组织或细胞（即靶组织或靶细胞）的受体特异结合，通过一系列细胞信号转导反应，引起代谢改变，发挥代谢调节作用。由于受体存在的细胞部位和特性不同，激素信号的转导途径和生物学效应也有所不同。

1. 膜受体激素通过跨膜信号转导调节代谢

（1）膜受体是存在于细胞表面质膜上的跨膜糖蛋白。

（2）与膜受体结合的激素包括胰岛素、生长激素、促性腺激素、促甲状腺激素、甲状旁腺素、生长因子等蛋白质、肽类激素，及肾上腺素等儿茶酚胺类激素。

（3）这些激素都是亲水的，难以越过脂双层构成的细胞膜。

（4）调节作用：作为第一信使分子与相应的靶细胞膜受体结合后，通过跨膜传递将所携带的信息传递到细胞内。然后通过第二信使将信号逐级放大，产生显著代谢效应。

2. 胞内受体激素通过激素-胞内受体复合物改变基因表达、调节代谢

（1）包括类固醇激素，甲状腺素，1,25（OH）$_2$-维生素 D_3及视黄酸等疏水性激素。

（2）作用机制：胞内受体激素通过激素-胞内受体复合物改变基因表达、调节物质代谢。

三、机体通过神经系统及神经-体液途径协调整体的代谢

在神经系统主导下，调节激素释放，并通过激素整合不同组织器官的各种代谢，实现整体调节，以适应饱食、空腹、饥饿、营养过剩、应激等状态，维持整体代谢平衡。

1. 饱食状态下机体三大物质代谢与膳食组成有关

（1）饱食状态下机体主要分解葡萄糖，为机体各组织器官供能。

（2）未被分解的葡萄糖去路

1）在胰岛素的作用下，在肝内合成肝糖原、在骨骼肌内合成肌糖原储存。

2）在肝内转换为丙酮酸、乙酰辅酶 A，合成甘油三酯，以 VLDL 形式输送至脂肪等肌组织。

（3）膳食的种类及激素水平，见表 2-10-6。

表 2-10-6　膳食的种类及激素水平

膳食种类	激素水平
混合膳食	胰岛素水平中度升高
高糖膳食	胰岛素水平明显升高，胰高血糖素降低
高蛋白膳食	胰岛素水平中度升高，胰高血糖素水平升高
高脂膳食	胰岛素水平降低，胰高血糖素水平升高

1）摄入高糖膳食：小肠吸收的葡萄糖生成肝糖原、肌糖原和甘油三酯，后者转送到脂肪等组织储存；大部分葡萄糖被直接转换成甘油三酯等非糖物质储存或利用。

2）摄入高蛋白膳食：小肠吸收的氨基酸生成葡萄糖，供应脑及其他肝外组织；生成乙酰辅酶 A，合成甘油三酯，供应脂肪组织等肝外组织；直接输送到骨骼肌。

3）摄入高脂膳食：小肠吸收的甘油三酯输送到脂肪、肌组织；脂肪组织部分分解脂肪生成脂肪酸，输送到其他组织；肝产生酮体，供应脑等其他组织。

2. 空腹机体代谢以糖原分解、糖异生和中度脂肪动员为特征

（1）空腹通常指餐后12小时以后，此时体内胰岛素水平降低，胰高血糖素升高。

（2）餐后6~8小时肝糖原即开始分解补充血糖，主要供给脑，兼顾其他组织需要。

（3）餐后12~18小时，肝糖原即将耗尽，糖异生补充血糖；脂肪动员中度增加，释放脂肪酸；肝氧化脂肪酸，产生酮体，主要供应肌组织；骨骼肌部分氨基酸分解，补充肝糖异生的原料。

3. 饥饿时机体主要氧化分解脂肪供能

（1）短期饥饿（1~3天未进食）后糖氧化供能减少而脂肪动员加强，特点如下。

1）机体从葡萄糖氧化供能为主转变为脂肪氧化供能为主：此时，脂肪酸和酮体是机体的主要基本能源。

2）骨骼肌蛋白质分解加强：骨骼肌蛋白质分解的氨基酸大部分转变为丙氨酸和谷氨酰胺释放入血。

3）肝糖异生作用明显增强：饥饿2天后，肝糖异生明显增加，用以满足脑和红细胞对糖的需要。肝是饥饿初期糖异生的主要场所，小部分在肾皮质。

4）脂肪动员加强，酮体生成增多：脂肪酸和酮体成为心肌、骨骼肌等的重要燃料，一部分酮体可被大脑利用。

5）组织对葡萄糖利用降低：但饥饿初期大脑仍以葡萄糖为主要能源。

（2）长期饥饿（未进食3天以上）可造成器官损害甚至危及生命

1）脂肪动员进一步加强，肝生成大量酮体，脑组织利用酮体增加，超过葡萄糖，占总耗氧量的60%。

2）蛋白质分解减少：机体蛋白质分解下降，释出氨基酸减少，负氮平衡有所改善。

3）糖异生明显减少：乳酸和甘油成为肝糖异生的主要原料。饥饿晚期，肾糖异生作用明显增强。

主治语录：短期饥饿，糖异生主要来自氨基酸；长期饥饿，糖异生主要来自脂肪酸的甘油。

4. 应激使机体分解代谢加强

（1）概念：应激是机体或细胞为应对内、外环境刺激（如中毒、感染、发热、创伤、疼痛、高强度运动或恐惧等）作出一系列非特异性反应。

（2）机体整体反应

1）交感神经兴奋。

2）肾上腺髓质及皮质激素分泌增多。

3）胰高血糖素、生长激素增加，胰岛素分泌减少。

（3）代谢改变

1）血糖升高：这对保证大脑，红细胞的供能有重要意义。

2）脂肪动员加强：血浆脂肪酸升高，成为骨骼肌、肾等组织的主要能量来源。

3）蛋白质分解加强：尿素生成及尿氮排出增加，呈负氮平衡。

（4）总之，应激时机体代谢特点是分解代谢增强，合成代谢受到抑制，以满足机体在此种紧张状态下对能量的需要。应激时机体代谢的改变，见表 2-10-7。

表 2-10-7　应激时机体的代谢的改变

内分泌腺及组织	代谢改变	血中含量
胰腺 A-细胞	胰高血糖素分泌增加	胰高血糖素↑
胰腺 B-细胞	胰岛素分泌抑制	胰岛素↓

续 表

内分泌腺及组织	代谢改变	血中含量
肾上腺髓质	去甲肾上腺素及肾上腺素分泌增加	肾上腺素↑
肾上腺皮质	皮质醇分泌增加	皮质醇↑
肝	糖原分解增加	葡萄糖↑
	糖原合成减少	
	糖异生增强	
	脂肪酸 β-氧化增加	
骨骼肌	糖原分解增加	乳酸↑
	葡萄糖的摄取利用减少	葡萄糖↑
	蛋白质分解增加	氨基酸↑
	脂肪酸 β-氧化增加	
脂肪组织	脂肪酸分解增强	游离脂肪酸↑
	葡萄糖摄取和利用减少	甘油↑
	脂肪酸合成减少	

5. 肥胖是多因素引起代谢失衡的结果

（1）肥胖是多种慢性疾病的危险因素

1）动脉粥样硬化、冠心病、卒中、糖尿病、高血压等疾病中，肥胖人群患病的风险高于正常人群。

2）代谢综合征：指一组以肥胖、高血糖（糖调节受损或糖尿病）、高血压以及血脂异常［高甘油三酯（TG）血症和/或低高密度脂蛋白胆固醇（HDL-C）血症］集结发病的临床综合征。

（2）较长时间的能量摄入大于消耗导致肥胖

1）过剩能量以脂肪形式储存是肥胖的基本原因。

2）当能量摄入大于消耗、机体将过剩的能量以脂肪形式储存于脂肪细胞过多时，脂肪组织就会产生反馈信号作用于摄食中枢，调节摄食行为和能量代谢，不会产生持续性的能量摄入

大于消耗。神经内分泌失调的机制：①抑制食欲的激素功能障碍引起肥胖。②刺激食欲的激素功能异常增强引起肥胖。③肥胖患者脂连蛋白缺陷。④胰岛素抵抗导致肥胖。

3）在肥胖形成期，靶细胞对胰岛素敏感，血糖降低，耐糖能力正常。在肥胖稳定期则表现出高胰岛素血症，组织对胰岛素抵抗，耐糖能力降低，血糖正常或升高。越肥胖或胰岛素抵抗，血糖浓度越高，糖代谢的紊乱程度越重。同时还引起脂代谢异常。

主治语录：在神经系统主导下，机体通过调节激素释放，整合不同组织细胞内代谢途径，实现整体调节，以适应饱食、空腹、饥饿、营养过剩、应激等状态，维持整体代谢平衡。

第三节　体内重要组织和器官的代谢特点

一、肝是人体物质代谢中心和枢纽

1. 肝是机体物质代谢的枢纽，是人体的“中心生化工厂”。

2. 它的耗氧量占全身耗氧量的20%，在糖、脂、蛋白质、水、盐及维生素代谢中均具有独特而重要的作用。

3. 肝合成及储存糖原的量最多，可达肝重的5%，75～100g，而肌糖原仅占肌重的1%，脑及成熟红细胞则无糖原储存。

4. 肝还具有糖异生途径，可使氨基酸、乳酸、甘油等非糖物质转变为糖，保证机体对糖的需要，而肌因无相应酶体系则缺乏此能力。

二、脑主要利用葡萄糖供能且耗氧量大

1. 葡萄糖和酮体是脑的主要能量物质　脑没有糖原，也没

有作为能量储存的脂肪及蛋白质用于分解代谢，葡萄糖是脑主要的供能物质。长期饥饿血糖供应不足时，脑主要利用由肝生成的酮体供能。

2. 脑耗氧量高达全身耗氧总量的1/4　脑功能复杂，活动频繁，能量消耗多且连续，是人体静息状态下单位重量组织耗氧量最大的器官。

3. 脑具有特异的氨基酸及其代谢调节机制　血液与脑组织之间可迅速进行氨基酸交换，但氨基酸在脑内富集量有一定量的限制。

三、心肌可利用多种能源物质

1. 心肌可利用多种营养物质及其代谢中间产物为能源　主要通过有氧氧化脂肪酸、酮体和乳酸获得能量，极少进行糖酵解。

2. 心肌分解营养物质供能方式以有氧氧化为主

（1）肌红蛋白能储氧，以保证心肌有节律、持续舒缩运动所需氧的供应。

（2）细胞色素及线粒体利于进行有氧氧化，故心肌分解代谢以有氧氧化为主。

四、骨骼肌以肌糖原和脂肪酸为主要能量来源

1. 不同类型骨骼肌产能方式不同

（1）不同类型骨骼肌具有的糖酵解、氧化磷酸化能力不同。

（2）红肌（如长骨肌）耗能多，富含肌红蛋白及细胞色素体系，具有较强氧化磷酸化能力，适合通过氧化磷酸化获能。白肌（如胸肌）则相反，耗能少，主要靠酵解供能。

2. 骨骼肌适应不同耗能状态选择不同能源　骨骼肌收缩所需能量的直接来源是ATP。

五、脂肪组织是储存和动员甘油三酯的重要组织

1. 机体将从膳食中摄取的能量主要储存于脂肪组织

（1）机体从膳食摄取的能量物质主要是脂肪和糖。

（2）生理情况下，餐后吸收的脂肪和糖除部分氧化供能外，其余部分主要以脂肪的形式储存于脂肪组织，供饥饿时利用。

2. 饥饿时主要靠分解储存于脂肪组织的脂肪供能　饥饿时血中游离脂肪酸水平升高，酮体水平也随之升高。

六、肾可进行糖异生和酮体生成

1. 肾是可进行糖异生和生成酮体两种代谢的器官。

2. 肾髓质无线粒体，主要靠糖酵解供能；肾皮质主要靠脂肪酸及酮体有氧氧化供能。

3. 一般情况下，肾糖异生产生的葡萄糖较少，只有肝糖异生葡萄糖量的10%。但长期饥饿（5~6周）后，肾糖异生的葡萄糖大量增加，可达每天40g，与肝糖异生的量几乎相等。

主治语录：各组织、器官除基本代谢外，具有某些特点酶系的表达，因此各组织、器官在能量代谢上各有其主导的和独特的代谢方式。

人体各组织、器官高度分化，功能各异，都有其各自的特点。重要器官及组织氧化供能的特点，见表2-10-8。

表 2-10-8 重要器官及组织氧化供能的特点

器官或组织	主要代谢途径	主要代谢物	主要代谢产物	特定的酶	主要功能
肝	糖异生、脂肪酸β-氧化、糖有氧氧化、脂肪合成、酮体生成	葡萄糖、脂肪酸、乳酸、甘油、氨基酸	葡萄糖、VLDL、HDL、酮体	葡糖激酶、葡糖-6-磷酸酶、甘油激酶、磷酸烯醇式丙酮酸羧激酶	物质代谢的枢纽
脑	糖有氧氧化、糖酵解、氨基酸代谢	葡萄糖、氨基酸、酮体	乳酸、CO_2、H_2O		神经中枢
心肌	有氧氧化	乳酸、脂肪酸、酮体、葡萄糖	CO_2、H_2O	脂蛋白脂肪酶	泵出血液
骨骼肌	糖酵解、有氧氧化	脂肪酸、葡萄糖、酮体	乳酸、CO_2、H_2O	脂蛋白脂肪酶	肌肉收缩
脂肪组织	酯化脂肪酸、脂肪动员、合成脂肪	VLDL、CM	游离脂肪酸、甘油	脂蛋白脂肪酶、激素敏感脂肪酶	储存脂肪
肾	糖异生、糖酵解	脂肪酸、葡萄糖、乳酸、甘油	葡萄糖	甘油激酶、磷酸烯醇式丙酮酸羧激酶	泌尿

历年真题

糖原分解、糖异生、磷酸戊糖途径、糖原合成途径的共同代谢物是

A. 1, 6-双磷酸果糖

B. F-6-P

C. G-1-P

D. 3-磷酸甘油醛

E. G-6-P

参考答案：E

第三篇　遗传信息的传递

第十一章　真核基因与基因组

核心问题

1. 真核基因的结构和功能。
2. 真核基因组的结构和功能。

内容精要

基因是能够编码蛋白质或 RNA 等具有特定功能产物的、负载遗传信息的基本单位，除了某些以 RNA 为基因组的 RNA 病毒外，通常是指染色体或基因组的一段 DNA 序列。基因组是指一个生物体内所有遗传信息的总和。

第一节　真核基因的结构与功能

一、概述

1. 基因　是能够编码蛋白质或 RNA 等具有特定功能产物的、负载遗传信息的基本单位。通常是指染色体或基因组的一段 DNA 序列，其包括外显子和内含子，除 RNA 病毒外。

2. 基因组　指一个生物体内所有遗传信息的总和，包括细胞核染色体 DNA 及线粒体 DNA 所携带的所有遗传物质。

3. 原核生物基因组特点

（1）由一条环状双链 DNA 组成。

（2）基因组仅有一个复制起点，具有操纵子结构。

（3）基因组内没有内含子。

（4）其结构序列很少。

（5）基因组具有多种功能识别区域：复制起始区、复制终止区等。

（6）基因组存在可移动的 DNA 序列。

4. DNA 是基因的物质基础，基因的功能实际上是 DNA 的功能。

5. 基因的功能

（1）利用四种碱基的排列，确定遗传及信息。

（2）通过复制将所有的遗传信息，遗传给子代细胞。

（3）基因表达的模板。

二、真核基因的基本结构

1. 真核基因的结构　包括含编码蛋白质或 RNA 的序列及相关的非编码序列。

2. 非编码序列　包括单个编码序列间的间隔序列与转录起始点后的 5′-端非翻译区、3′-端非翻译区。

3. 断裂基因（割裂基因）　与原核生物相比较，真核基因结构最突出的特点是其不连续性，称为断裂基因或割裂基因。

4. 外显子　在基因序列中，出现在成熟 mRNA 分子上的序列。

5. 内含子　位于外显子之间、与 mRNA 剪接过程中被删除的部分所对应的间隔序列。

6. 原核细胞的基因基本没有内含子。高等真核生物绝大部分编码蛋白质的基因都有内含子，但组蛋白编码基因例外。

7. 外显子与内含子接头处有一段高度保守的序列，即内含子 5′-末端大多数以 GT 开始，3′-末端大多数以 AG 结束，这一共有序列是真核基因中 RNA 剪接的识别信号。

8. 一个基因的 5′-端称为上游，3′-端称为下游。

9. 基因序列中开始 RNA 链合成的第一个核苷酸所对应的碱基记为+1，在此碱基上游的序列记为负数，向 5′-端依次为-1、-2 等；在此碱基下游的序列为正数，向 3′-端依次为+2、+3 等。

三、基因编码区编码多肽链和特定的 RNA 分子

1. 基因编码区中的 DNA 碱基序列决定一个特定的成熟的 RNA 分子的序列。换言之，DNA 的一级序列决定着 RNA 的一级序列。

2. 基因的编码序列决定了其编码产物的序列和功能。

3. 编码序列中一个碱基的改变或突变，都有可能使基因功能发生重要的变化。

四、调控序列参与真核基因表达调控

1. 旁侧序列　位于基因转录区前后并与其紧邻的 DNA 序列通常是基因的调控区。

2. 顺势作用元件　包括启动子、上游调控元件、增强子、绝缘子、加尾信号和一些细胞信号反应元件等。

3. 启动子提供转录起始信号

（1）启动子是 DNA 分子上能够介导 RNA 聚合酶结合并形成转录起始复合体的序列。

（2）大部分启动子位于基因转录起点的上游，不被转录。例外：编码 tRNA 的启动子，位于下游，可被转录。

（3）三类启动子

1）Ⅰ类启动子：富含 GC 碱基对，主要编码 rRNA 的基因，包括核心启动子、上游启动子元件。

2）Ⅱ类启动子：具有 TATA 盒特征结构，主要是能转录 mRNA 且编码蛋白质的基因和一些 snRNA 基因，包括 TATA 盒、上游调控元件（增强子、起始元件）。

3）Ⅲ类启动子：包括 A 盒、B 盒、C 盒。具有此启动子的基因包括 5S rRNA、tRNA、U6 snRNA 等。

4. 增强子增强邻近基因的转录　增强子是增强真核启动子工作效率的顺式作用元件，可以在相对于启动子的任何方向和任何位置上发挥增强作用。不同的增强子序列结合不同的调节蛋白。

5. 沉默子是负调节元件　沉默子是可抑制基因转录的特定 DNA 序列。当其结合一些反式作用因子时对基因的转录起阻遏作用，使基因沉默。

6. 绝缘子阻碍增强子的作用　绝缘子是基因组上对转录调节起重要作用的一种元件，可以阻碍增强子的作用以及保护基因不受附近染色质环境的影响。

第二节　真核基因组的结构与功能

病毒、原核生物以及真核生物的遗传信息量差别较大，其基因组的组织排列顺序、基因的种类、数目和分布也有着巨大的不同。人类基因组包括细胞核基因组（3000Mb）与线粒体基因组（16.6kb）。

一、真核基因组具有独特的结构

1. 特点

（1）基因的编码序列所占比例远小于非编码序列。

（2）高等真核生物基因组含有大量的重复序列。

（3）真核基因组中存在多基因家族和假基因。

（4）除配子细胞外，体细胞有两份同源的基因组。

（5）大约60%的人基因转录后发生可变剪接，80%的可变剪接会使蛋白质的序列发生改变。

2. 真核生物基因组DNA与蛋白质结合，以染色体的方式存在于细胞核内。不同的真核生物具有不同的染色体数目。在基因密度最大的染色体上，也存在无基因的“沙漠区”，即在500kb区域内，没有任何基因的编码序列。

二、真核基因组中存在大量重复序列

重复序列分为高度重复序列、中度重复序列、单拷贝序列。

1. 高度重复序列

（1）高度重复序列是指真核基因编组中含有数千到几百万个拷贝的DNA序列。不编码蛋白质或RNA。

（2）按结构特点分为反向重复序列和卫星DNA。

（3）反向重复序列：由两个顺序相同的互补拷贝在同一个DNA链上反向排列而成。

（4）卫星DNA：通常不被转录，在氯化铯密度梯度离心后呈现“卫星”条带，主要存在于染色体的着丝粒区。

（5）功能

1）参与复制水平的调节。

2）参与基因表达的调控：有些反向重复序列可以形成发夹结构，有助于稳定RNA分子。

3）参与染色体配对：α卫星DNA成簇样分布在染色体着丝粒附近。

2. 中度重复序列

（1）中度重复序列是指在真核基因组中重复十到千次的核苷酸序列。

（2）可分为短散在核元件、长散在核元件

1）短散在核元件：又称为短散在重复序列，以散在的形式分布于基因组中的较短序列。

2）长散在核元件：又称为长散在重复序列，以散在方式分布于基因组中的较长的重复序列。

3. 单拷贝序列（低度重复序列）　单拷贝序列在单倍体基因组中只出现一次或数次。在基因组中，单拷贝序列的两侧往往为散在分布的重复序列。

三、真核基因组中的多基因家族与假基因

1. 基因家族　指基因组中来源于同一个祖先，结构和功能均相似的一组基因。多基因家族是真核基因组的另一结构特点。

2. 多基因家族分类

（1）基因家族成簇地分布在某一条染色体上。可同时发挥作用，合成某些蛋白。例如，组蛋白基因家族就成簇地集中在第 7 号染色体长臂 3 区 2 带到 3 区 6 带区域内。

（2）一个基因家族的不同成员成簇地分布于不同染色体上。例如人类珠蛋白基因家族分为 α 珠蛋白和 β 珠蛋白两个基因簇，α 珠蛋白基因簇、β 珠蛋白基因簇分别位于第 16 号和第 11 号染色体。

3. 基因超家族　指 DNA 序列相似，功能不一定相关的若干个单拷贝基因或若干组基因家族。例如免疫球蛋白基因超家族、*ras* 基因超家族。

4. 假基因　指基因组中存在的一段与正常基因非常相似但一般不能表达的 DNA 序列。

5. 假基因分类　经过加工的假基因（没有内含子）与未经过加工的假基因（有内含子）。

6. 经过加工的假基因缺少正常基因表达所需要的调节序列、没有内含子、可能有 poly（A）尾。假基因可以表达有功能的非编码 RNA。

四、线粒体 DNA 的结构

1. 线粒体是细胞内的一种重要细胞器，是生物氧化的场所。线粒体 DNA（mtDNA）可独立编码线粒体中的蛋白质，因此 mtDNA 是核外遗传物质。

2. 人的线粒体基因组，共编码 37 个基因，包括 13 个编码构成呼吸链多酶体系的一些多肽的基因、22 个编码 mt-tRNA 的基因、2 个编码 mt-rRNA（16S 和 12S）的基因。

五、人基因组约有两万个蛋白质编码基因

1. 在进化过程中随着生物个体复杂性的增加，基因组的总趋势是由小变大、基因数也是由少变多。

2. 例如人的基因组最大，复杂程度也最高，但所含的基因数量并不是最多。

主治语录：真核基因组具有基因编码序列，在基因组中所占比例小于非编码序列、高等真核生物基因组含有大量的重复序列、存在多基因家族和假基因、具有可变剪接。真核基因组 DNA 与蛋白质结合形成染色体，储存于细胞核内。

历年真题

1. 关于基因的说法错误的是
   A. 基因是贮存遗传信息的单位
   B. 基因的一级结构信息存在于碱基序列中
   C. 为蛋白质编码的结构基因中不包含翻译调控序列
   D. 基因的基本结构是一磷酸核苷

E. 基因中存在调控转录和翻译的序列

2. 外显子的通常特点是

A. 不编码蛋白质

B. 编码蛋白质

C. 只被转录但不翻译

D. 不被转录也不被翻译

E. 和内含子的功能相似

参考答案： 1. C　2. B

第十二章　DNA 的合成

核心问题

1. DNA 复制方式、体系及有关酶类，DNA 修复类型及特点。

2. 遗传信息传递方式——中心法则，半保留复制的实验依据，反转录作用，突变类型。

3. 了解端粒和端粒酶，其他复制方式。

内容精要

1. DNA 复制是指 DNA 基因组的扩增过程。在此过程中，以亲代 DNA 作为模板，按照碱基配对原则合成子代 DNA 分子。原核生物的复制过程包括起始、延长和终止。真核生物复制发生于细胞周期的 S 期，其过程与原核生物相似，但更为复杂和精致。反转录是 RNA 病毒的复制方式。

2. 生物体内或细胞内进行的 DNA 合成主要包括 DNA 复制、DNA 修复合成和反转录合成 DNA 等过程。

3. DNA 复制　以 DNA 为模板的 DNA 合成，是基因组的复制过程。

第一节　DNA 复制的基本规律

DNA 复制的特征主要包括半保留复制、双向复制、半不连续复制。

一、DNA 以半保留方式进行复制

1. 半保留复制的概念　DNA 生物合成时，母链 DNA 解开为两股单链，各自作为模板按碱基配对规律，合成与模板互补的子链。子代细胞的 DNA，一股单链从亲代完整地接受过来，另一股单链则完全重新合成。两个子细胞的 DNA 都和亲代 DNA 碱基序列一致。这种复制方式称为半保留复制。

2. 半保留复制的意义

（1）按半保留复制方式，子代 DNA 与亲代 DNA 的碱基序列一致，即子代保留了亲代的全部遗传信息，体现了遗传的保守性。

（2）支持了 DNA 结构的双螺旋学说。

3. 保守性

（1）某种生物的后代只能是它的同种生物而不可能是其他，这就体现了遗传过程的相对保守性。

（2）遗传的保守性是相对而不是绝对的。

4. 变异现象

（1）自然界存在着普遍的变异现象。

（2）遗传信息相对稳定，是物种稳定性的分子基础，但并不意味着同一物种个体与个体之间没有区别。

（3）举例

1）病毒是简单的生物，流感病毒就有很多不同的毒株，不同毒株的感染方式、毒性差别可能很大；在预防上也有相当大的难度。

2）地球上曾有过的人口和现有的几十亿人，除了单卵双胞胎之外，两个人之间不可能有完全一样的DNA分子组成（基因型）。

（4）在强调遗传保守的同时，不应忽视其变异性。

二、DNA复制从起点双向进行

1. 原核生物

（1）双向复制：原核生物基因组是环状DNA，只有一个复制起点。复制时，DNA从起始点向两个方向解链，形成两个延伸方向相反的复制叉，称为双向复制（图3-12-1）。

（2）复制叉复制中的模板DNA形成2个延伸方向相反的开链区，最终完成复制（图3-12-1）。

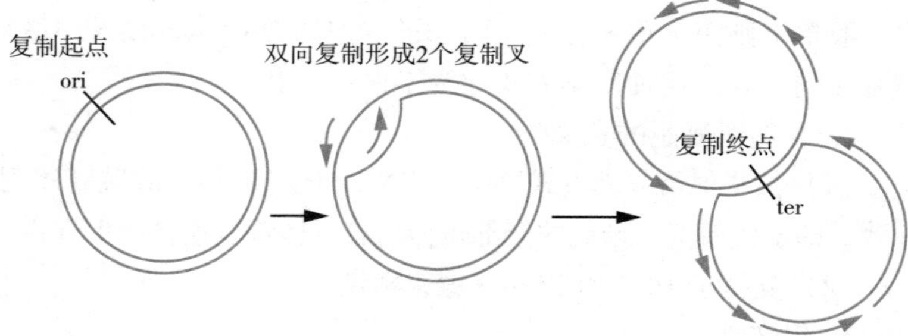

图3-12-1　原核物环状DNA的单点起始双向复制

2. 真核生物

（1）真核生物基因组庞大而复杂，由多个染色体组成，全部染色体均需复制，每个染色体又有多个起始点，是多复制子的复制。

（2）复制子：独立完成复制的功能单位。每个起始点产生两个移动方向相反的复制叉，复制完成时，复制叉相遇并汇合连接。

（3）高等生物有数以万计的复制子，复制子长度差别很大，为13～900kb。

主治语录：原核生物呈单点起始双向复制，真核生物呈多起点双向复制。

三、DNA 复制以半不连续方式进行

1. DNA 双螺旋的两股单链走向相反，一链为 5′至 3′方向，其互补链是 3′至 5′方向。

2. 由于 DNA 聚合酶只能以 5′→3′方向聚合子代 DNA 链，因此两条亲代 DNA 链作为模板聚合子代 DNA 链时的方式是不同的。

（1）顺着解链方向生成的子链，复制是连续进行的，这股链称为前导链。

（2）另一股链因为复制的方向与解链方向相反，不能顺着解链方向连续延长，必须待模板链解开至足够长度，然后从 5′→3′生成引物并复制子链。延长过程中，又要等待下一段有足够长度的模板，再次生成引物而延长。这股不连续复制的链称为后随链。

（3）前导链连续复制而后随链不连续复制，就是复制的半不连续性（图 3-12-2）。不连续复制片段只出现于同一复制叉的一股链上。

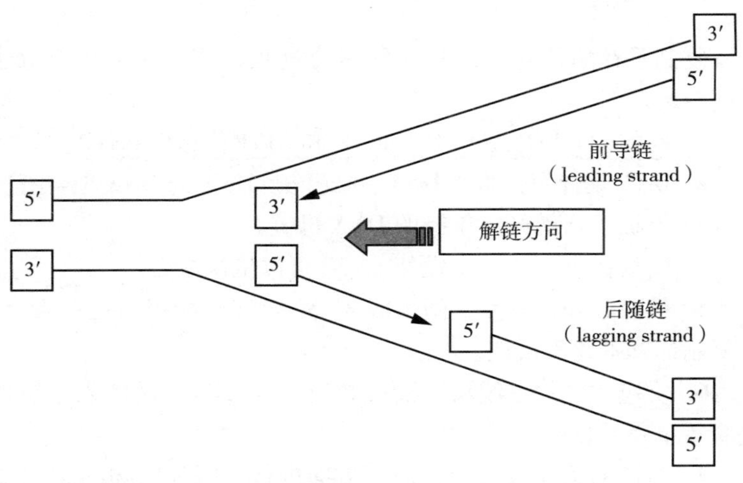

图 3-12-2　DNA 的半不连续复制

（4）沿着后随链的模板链合成的新的 DNA 片段称为冈崎片段。冈崎片段的大小，在原核生物中为 1000～2000 个核苷酸残基，而在真核生物中为 100～200 个核苷酸残基。

主治语录：在同一复制叉上只有一个解链方向。

四、DNA 复制具有高保真性

1. DNA 复制的错配概率约为 10^{-10}。主要是因为半保留复制确保亲代与子代的保真性。复制叉、核酸外切酶活性和校读功能进一步提高保真性。细菌复制酶有多个错误修复系统。

2. 复制酶有复杂的结构，不同亚基具有不同功能。修复酶的结构相对简单，除了 β 酶，修复酶都有低保真度。

第二节　DNA 复制的酶学和拓扑学变化

一、概述

复制是在酶催化下的核苷酸聚合过程，需要多种生物分子共同参与。

1. 底物即 dATP、dGTP、dCTP 和 dTTP，总称 dNTP。

2. DNA 聚合酶，简称 DNA pol（依赖 DNA 的 DNA 聚合酶）。

3. 模板　指解开成单链的 DNA 母链。

4. 引物提供 3′-OH 末端使 dNTP 可以依次聚合。

5. 核苷酸和核苷酸之间生成 3′, 5′-磷酸二酯键而逐一聚合，是复制的基本化学反应。

6. 反应的底物是脱氧三磷酸核苷（dNTP），而加入子链的是脱氧单磷酸核苷（dNMP）。

7. 新链的延长只可沿 5′向 3′方向进行，因为底物的 5′-P 是加合到延长中的子链（或引物）3′-端核糖的 3′-OH 基上生成磷酸二酯键的。

二、复制的化学反应

$$(dNMP)_n + dNTP \rightarrow (dNMP)_{n+1} + PPi$$

其中（dNMP)$_n$为引物，dNTP 为底物。N 代表 4 种碱基中的任何一种。

三、DNA 聚合酶催化脱氧核糖核苷酸间的聚合

1. 原核生物至少有 5 种 DNA 聚合酶 DNA pol Ⅰ、DNA pol Ⅱ和 DNA pol Ⅲ这 3 种聚合酶都有 5′→3′延长脱氧核苷酸链的聚合活性及 3′→5′核酸外切酶活性。3 种酶的鉴别，见表 3-12-1。

表 3-12-1 3 种酶的不同点

比较项目	DNA pol Ⅰ	DNA pol Ⅱ	DNA pol Ⅲ
分子量（kD）	103	120	250
组成	单肽链	—	多亚基不对称异聚合体
外切酶活性的方向	5′→3′，3′→5′	3′→5′	3′→5′
基因突变后的致死性	可能	不可能	可能
功能	校对复制中的错误、填补复制和修复中的空隙	参与 DNA 损伤的应急状态修复	原核生物复制延长中真正起催化作用的酶

（1）DNA 聚合酶Ⅰ

1）DNA pol Ⅰ的二级结构以 α-螺旋为主，只能催化延长约 20 个核苷酸左右，说明它不是复制延长过程中起作用的酶。

2）DNA pol Ⅰ在活细胞内的功能，主要是对复制中的错误

进行校读，对复制和修复中出现的空隙进行填补。

3）Klenow 片段：①用特异的蛋白酶，可以把 DNA pol Ⅰ水解为两个片段。②小片段有 5′→3′核酸外切酶活性。③大片段，或称 Klenow 片段，具有 DNA 聚合酶活性和 3′→5′核酸外切酶活性。④Klenow 片段是实验室合成 DNA 和进行分子生物学研究中常用的工具酶。

（2）DNA 聚合酶Ⅱ

1）DNA pol Ⅱ具有催化 5′→3′方向的 DNA 合成反应的活性。它也有 3′→5′外切酶活性，而无 5′→3′外切酶活性。

2）参与 DNA 损伤的应急状态修复。

（3）DNA 聚合酶Ⅲ（起真正作用的酶）

1）DNA pol Ⅲ是原核生物复制延长中真正起催化作用的酶。

2）DNA pol Ⅲ由 10 种（17 个）亚基组成不对称异聚合体。

3）α、ε、θ 组成核心酶，有 5′→3′聚合活性。

4）ε 亚基是复制保真性所必需的（3′→5′核酸外切酶活性及碱基选择功能）。

5）两边的 β 亚基发挥夹稳 DNA 模板链，并使酶沿模板滑动的作用。

6）其余的亚基统称 γ-复合物，有促进滑动夹加载、全酶组装至模板上及增强核心酶活性的作用。

（4）DNA pol Ⅳ和 DNA pol Ⅴ分别由 *dinB* 和 umu'_2C 编码，属于跨损伤合成 DNA 聚合酶。

2. 真核生物常见的 DNA 聚合酶

DNA polα：引物酶。

DNA polβ：DNA 修复。

DNA polγ：线粒体 DNA 合成。

DNA polδ：后随链合成。

DNA polε：前导链合成。

3. DNA 聚合酶的碱基选择和校读功能

（1）DNA 复制的保真性至少要依赖 3 种机制

1）遵守严格的碱基配对规律。

2）聚合酶在复制延长中对碱基的选择功能。

3）复制出错时有即时的校读功能。

（2）复制的保真性依赖正确的碱基选择：碱基配对的关键在于氢键的形成。G-C 以 3 个氢键，A-T 以 2 个氢键维持配对，错配碱基之间难以形成氢键。模板为嘌呤时，错配为嘌呤（dG、dA）比错配为嘧啶（dC）的机会要大。

（3）聚合酶中的核酸外切酶活性在复制中辨认切除错配碱基并加以校正

1）原核生物的 DNA pol Ⅰ和真核生物的 DNA polδ、DNA polε 的 3′→5′外切酶活性都很强。

2）举例：模板链是 G，新链错配成 A 而不是 C。①DNA pol Ⅰ的 3′→5′外切酶活性就把错配的 A 水解下来，同时利用 5′→3′聚合酶活性补回正确配对的 C，复制可以继续下去，这种功能称为即时校读。②如果是正确的配对，3′→5′外切酶活性是不表现的。

3）DNA pol Ⅰ还有 5′→3′外切酶活性，实施切除引物、切除突变片段的功能。

四、复制中的 DNA 分子拓扑学变化

DNA 分子的碱基埋在双螺旋内部，只有把 DNA 解成单链，它才能起模板作用。

1. 多种酶参与 DNA 解链和稳定单链状态

（1）DnaB：DnaB 的作用是利用 ATP 供能来解开 DNA 双链，定名为解旋酶。

（2）单链 DNA 结合蛋白（SSB）：在复制中维持模板处于

单链状态并保护单链的完整。

（3）原核生物复制起始的相关蛋白质，见表 3-12-2。

表 3-12-2　原核生物复制起始的相关蛋白质

蛋白质（基因）	通用名	功　能
DnaA（*dnaA*）	—	辨认起始点
DnaB（*dnaB*）	解旋酶	解开 DNA 双链，消耗 ATP
DnaC（*dnaC*）	—	运送和协同 DnaB
DnaG（*dnaG*）	引物酶	催化 RNA 引物生成
SSB	单链结合蛋白/DNA 结合蛋白	稳定已解开的单链
拓扑异构酶	拓扑异构酶Ⅱ又称促旋酶	理顺 DNA 链，松弛超螺旋结构

2. DNA 拓扑异构酶改变 DNA 超螺旋状态

（1）拓扑酶

1）DNA 双螺旋沿轴旋绕，复制解链也沿同一轴反向旋转，复制速度快，旋转达 100 次/秒，造成 DNA 分子打结、缠绕、连环现象。

2）盘绕过分，称为正超螺旋；盘绕不足为负超螺旋。

3）复制时，部分 DNA 要呈松弛状态。

4）拓扑酶通过切断、旋转和再连结的作用，实现 DNA 超螺旋的转型，即把正超螺旋变为负超螺。负超螺旋比正超螺旋有更好的模板作用。

5）拓扑酶改变 DNA 分子拓扑构象，理顺 DNA 链来配合复制进程。

6）DNA 分子一边解链，一边复制，拓扑酶在复制全过程中都是有作用的。

（2）拓扑酶广泛存在于原核及真核生物，对 DNA 分子的作用是既能水解，又能连接磷酸二酯键。

（3）拓扑异构酶分为Ⅰ型和Ⅱ型两种。

1）拓扑异构酶Ⅰ作用：切断 DNA 双链中一股，使 DNA 解链旋转中不致打结，适当时候又把切口封闭，使 DNA 变为松弛状态。拓扑酶Ⅰ的催化反应不需 ATP。

2）拓扑异构酶Ⅱ：①原核生物拓扑异构酶Ⅱ又叫旋转酶，真核生物的拓扑酶Ⅱ又分好几种亚型。②拓扑酶Ⅱ的作用：使复制中的 DNA 能解结、连环或解连环，达到适度盘绕。在无 ATP 时，切断处于正超螺旋状态的 DNA 分子双链某一部位，断端通过切口使超螺旋松弛。利用 ATP 供能情况下，松弛状态的 DNA 又进入负超螺旋状态，断端在同一酶催化下连接恢复。

五、DNA 连接酶连接复制中产生的单链缺口

1. DNA 连接酶可催化两段 DNA 片段之间磷酸二酯键的形成，而使两段 DNA 连接起来。

2. 该酶的催化条件

（1）需一段 DNA 片段具有 3′-OH 末端，而另一段 DNA 片段具有 5′-P 末端。

（2）未封闭的缺口位于双链 DNA 中，即其中有一条链是完整的。

（3）需要消耗能量，在原核生物中由 NAD^+ 供能，在真核生物中由 ATP 供能。

3. DNA 连接酶作用方式　本质是将 DNA 上单链切口连接一起。连接 DNA 链 3′-OH 末端和相邻 DNA 链 5′-P 末端，使两者生成磷酸二酯键，从而把两段相邻的 DNA 链连接成一条完整的链。

4. 功能

（1）DNA 连接酶在复制中起最后接合缺口的作用。

(2) 在DNA修复、重组及剪接中也起缝合缺口（磷酸二酯键）作用。

(3) 是基因工程的重要工具酶之一。

主治语录：DNA聚合酶的限制

(1) 必需预先有3′-端带-OH的RNA或DNA引物。

(2) RNA引物必须去除。

(3) 线形DNA分子末端的3′突出必须加以保护。

第三节　原核生物DNA复制过程

一、复制的起始

包括DNA解链和引物合成两个步骤。

1. DNA的解链

(1) 复制有固定起点。

(2) DNA解链需多种蛋白质的参与

1) 由DnaA、DnaB、DnaC 3种蛋白质共同参与完成。

2) 复制叉：解旋酶DnaB在DnaC蛋白的协同下，结合并沿解链方向移动，使双链解开足够的长度，形成复制叉。

3) SSB（单链结合蛋白）结合到DNA单链上，在一定时间内使复制叉保持适当的长度，有利于核苷酸依模板掺入。

(3) 解链过程中需要DNA拓扑异构酶：通过切断、旋转和再连接的作用，把正超螺旋变为负超螺旋。

2. 引物合成和起始复合物的形成

(1) 在引物酶的催化下，以DNA链为模板，合成一段短的RNA引物。

(2) 母链DNA解成单链后，不会立即按照模板序列将dNTP聚合为DNA子链。但RNA聚合酶不需要3′-OH便可催化

NTP 的聚合，而引物酶属于 RNA 聚合酶，故复制起始部位合成的短链引物 RNA 为 DNA 的合成提供 3′-OH 末端，在 DNA pol 催化下逐一加入 dNTP 而形成 DNA 子链。

（3）引物酶是复制起始时催化 RNA 引物合成的酶。

（4）引物长度为 5～10 个核苷酸不等，引物合成的方向也是自 5′-端至 3′-端。在 DNApol Ⅲ催化下，引物末端与新配对进入的 dNTP 生成磷酸二酯键。新链每次反应后亦留有 3′-OH，复制就可继续进行下去。

二、复制的延长

1. 复制中 DNA 在 DNA pol 催化下，底物 dNTP 逐个加入引物或延长中的子链上，其化学本质是磷酸二酯键的不断生成。

2. 解链方向就是酶的前进方向，亦即复制叉向前伸展的方向。因为复制叉上解开的模板单链走向相反，所以其中一股出现不连续复制的冈崎片段（图 3-12-3）。

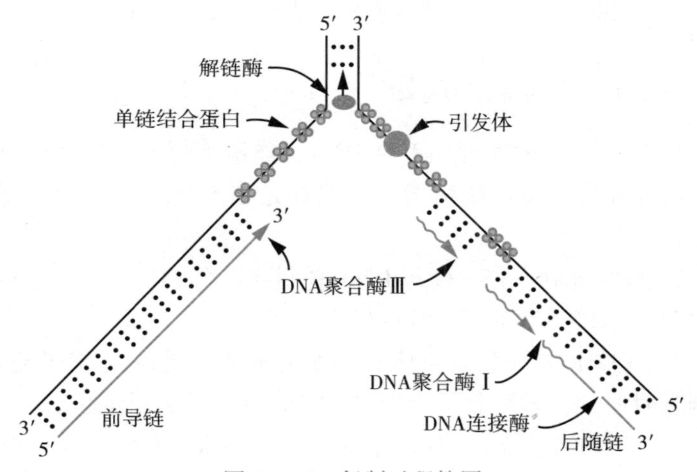

图 3-12-3　复制过程简图

三、复制的终止

包括切除引物、填补空缺和连接切口。

1. 由于复制的半不连续性，在后随链上出现许多冈崎片段。每个冈崎片段上的引物是 RNA 而不是 DNA。复制的完成还包括去除 RNA 引物和换成 DNA，最后把 DNA 片段连接成完整的子链。

2. 空隙的填补由 DNA pol Ⅰ 而不是 DNA pol Ⅲ 催化，从 5′-端向 3′-端用 dNTP 为原料生成相当于引物长度的 DNA 链。

3. dNTP 的掺入要有 3′-OH，在原引物相邻的子链片段提供 3′-OH 继续延伸，由后复制的片段延长以填补先复制片段的引物空隙。

4. 所有的冈崎片段在环状 DNA 上连接成完整的 DNA 子链。

5. 前导链在环状 DNA 最后复制的 3′-OH 端继续延长，即可填补该空隙及连接，完成基因组 DNA 的整个复制过程。

第四节　真核生物 DNA 复制过程

一、DNA 复制的起始

1. 高度重复的序列如卫星 DNA、连接染色体双倍体的部位即中心体和线性染色体两端即端粒都是在 S 期的最后阶段才复制的。

2. 自主复制序列　酵母 DNA 复制起点含 11bp 富含 AT 的核心序列 A（T）TTTATA（G）TTTA（T）。

3. 真核生物每个染色体有多个起始点，是多复制子复制。复制有时序性，即复制子以分组方式激活而不是同步起动。

4. 复制的起始需要 DNA polα、DNA polδ、DNA polε、拓扑酶和复制因子等。

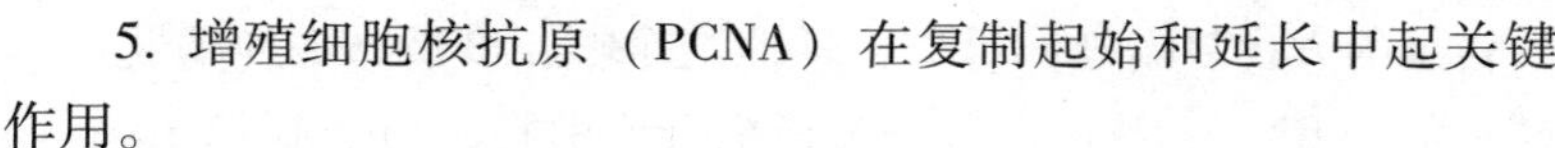

5. 增殖细胞核抗原（PCNA）在复制起始和延长中起关键作用。

二、DNA 复制的延长

1. DNA 的延长发生聚合酶的转换　DNA polδ（后随链）和 DNA polε（前导链）替换催化引物的 DNA polα。

2. 真核生物 DNA 合成，就酶的催化速率而言，远比原核生物慢，估算为 50 个 dNTP/S。

三、复制终止

1. 染色体 DNA 呈线状，复制在末端停止。

2. 复制中冈崎片段的连接，复制子之间的连接。

3. 去除真核复制 RNA 引物。

主治语录：真核生物 DNA 合成后立即组装成核小体。

四、端粒酶

1. 端粒是真核生物染色体线性 DNA 分子末端结构。端粒在维持染色体的稳定性和 DNA 复制的完整性中有着重要的作用。结构特点是富含 T-G 短序列的多次重复。

2. 端粒酶

（1）端粒酶组成：端粒酶 RNA、端粒酶协同蛋白 1 和端粒酶反转录酶。

（2）通过爬行模型机制合成端粒 DNA。端粒酶活性不一定与端粒的长度成正比。

（3）端粒酶依靠 hTR（An Cn）x 辨认及结合母链 DNA（Tn Gn）x 的重复序列并移至其 3′端，开始以反转录的方式复制；复制一段后，hTR（An Cn）x 爬行移位至新合成的母链 3′端，再以反转录的方式复制延伸母链；延伸至足够长度后，端粒酶脱离母链，随后 RNA 引物酶以母链为模板合成引物，招募 DNA pol，以母链为模板，在 DNA pol 催化下填充子链，最后引物被去除。

（4）培养的人成纤维细胞随着培养传代次数增加，端粒长度逐渐缩短。生殖细胞中端粒长于体细胞，成年人细胞中端粒比胚胎细胞中端粒短。据上述的实验结果，至少可以认为在细胞水平，老化是和端粒酶活性下降有关的。

（5）在增殖活跃的肿瘤细胞中发现端粒酶活性增高。

五、真核生物染色体 DNA

1. 复制仅仅出现在细胞周期的 S 期，而且只能复制 1 次。
2. 复制基因　DNA 复制起始所必需的全部 DNA 序列。
3. 复制许可因子　CDK 的底物，为发动 DNA 复制所需。
4. 在原核细胞中，复制基因的识别与 DNA 解旋、募集 DNA 聚合酶偶联进行。

六、真核生物线粒体 DNA

1. D-环复制是线粒体 DNA 的复制方式。
2. mtDNA 为闭合环状双链结构，第一个引物以内环为模板延伸。至第二个复制起点时，又合成另一个反向引物，以外环为模板进行反向的延伸。最后完成两个双链环状 DNA 的复制。
3. D-环复制特点　复制起点不在双链 DNA 同一位点，内、外环复制有时序差别。

第五节　反　转　录

一、反转录病毒的基因组 RNA 以反转录机制复制

1. 以 RNA 为模板合成双链 DNA 的过程称为反转录，催化

该反应的酶称为反转录酶，即依赖 RNA 的 DNA 聚合酶。

2. RNA 病毒的基因组是 RNA 而不是 DNA，其复制方式是反转录，因此也称为反转录病毒。但是并非所有的 RNA 病毒都是反转录病毒。

3. 反转录的信息流动方向（RNA→DNA）与转录过程（DNA→RNA）相反。

4. 单链 RNA 到双链 DNA 的生成步骤

（1）反转录酶以病毒基因组 RNA 为模板，催化 dNTP 聚合生成 DNA 互补链，产物是 RNA/DNA 杂化双链。

（2）杂化双链中的 RNA 被反转录酶中有 RNase 活性的组分水解，被感染细胞内的 RNaseH（H=Hybrid）也可水解 RNA 链。

（3）RNA 分解后剩下的单链 DNA 再用作模板，由反转录酶催化合成第二条 DNA 互补链。

5. 反转录酶有三种活性

（1）RNA 指导的 DNA 聚合酶活性。

（2）DNA 指导的 DNA 聚合酶活性。

（3）RNase H 活性。

6. 在某些情况下，前病毒基因组通过基因重组，插入到细胞基因组内，并随宿主基因一起复制和表达。这种重组方式称为整合。

二、反转录的发现发展了中心法则

1. 反转录酶和反转录现象，是分子生物学研究中的重大发现。

2. 反转录现象说明至少在某些生物，RNA 同样兼有遗传信息传代与表达功能。

3. 对反转录病毒的研究，拓宽了 20 世纪初已注意到的病毒致癌理论。

4. 反转录的发现发展了中心法则。

历年真题

1. 反转录的遗传信息流向是
   A. DNA→DNA
   B. DNA→RNA
   C. RNA→DNA
   D. RNA→蛋白质
   E. RNA→RNA
2. DNA 分子上能被 RNA 聚合酶特异结合的部位称为
   A. 外显子
   B. 增强子
   C. 密码子
   D. 终止子
   E. 启动子
3. 反转录酶的作用是
   A. 催化多肽链的合成
   B. 直接参与基因表达调控
   C. 可作为分子生物学的工具酶
   D. 催化以 RNA 为模板合成 RNA
   E. 参与氨基酸代谢
4. 合成 DNA 的原料是
   A. AMP、GMP、CMP、TMP
   B. dADP、dGDP、dCDP、dTDP
   C. dATP、dGTP、dCTP、dTTP
   D. dAMP、dGMP、dCMP、dTMP
   E. ADP、GDP、CDP、TDP

参考答案：1. C　2. E　3. C　4. C

第十三章　DNA 损伤和损伤修复

核心问题

1. DNA 损伤的因素、类型与意义。
2. DNA 损伤修复的类型。

内容精要

1. 损伤的体内因素　DNA 复制错误、DNA 自身不稳定性、代谢过程中的活性氧等。

2. 损伤的体外因素　物理因素、化学因素、生物因素等。

3. 损伤修复的类型　切除修复、碱基错配修复、重组修复等。

第一节　DNA 损伤

一、多种因素通过不同机制导致 DNA 损伤

1. 体内因素　包括机体代谢过程中产生的某些活性代谢物，DNA 复制过程中发生的碱基错配，以及 DNA 本身的热不稳定性等。

（1）DNA 复制错误：在复制过程中，碱基异构互变，产生

非 Watson-Crick 碱基对，如亨廷顿病、脆性 X 综合征、肌强直性营养不良等。

（2）DNA 自身的不稳定：当 DNA 受热或所处 pH 环境发生改变，DNA 分子上的核苷键可自行发生水解，导致碱基的缺失或脱落。另外，含有氨基的碱基可能自发发生脱氨基反应，转变为另一种碱基。

（3）机体代谢过程中产生的活性氧。

2. 体外因素　包括辐射、化学毒物、药物、病毒感染、植物以及微生物的代谢产物等。

（1）物理因素

1）电离辐射导致 DNA 损伤：最常见的是电磁辐射，分为电离辐射和非电离辐射。电离辐射直接破坏 DNA。

2）紫外线照射导致 DNA 损伤：分为 UVA（400~320nm）、UVB（320~290nm）和 UVC（290~100nm）。260nm 左右的紫外线易导致 DNA 损伤。

（2）化学因素

1）自由基导致 DNA 损伤：自由基是指能够独立存在，外层轨道带有未配对电子的原子、原子团或分子。与 DNA 分子发生反应，引发 DNA 的结构与功能异常。

2）碱基类似物导致 DNA 损伤：碱基类似物是人工合成的一类与 DNA 正常碱基结构类似的化合物。DNA 复制时，碱基类似物取代正常碱基掺入 DNA 链中，引发碱基对的置换，如 5-溴尿嘧啶是胸腺嘧啶的类似物。

3）碱基修饰剂、烷化剂导致 DNA 损伤：是一类通过对 DNA 链中碱基的某些基团进行修饰，改变被修饰碱基的配对，进而改变 DNA 结构的化合物。

4）嵌入性染料导致 DNA 损伤：溴化乙啶、吖啶橙等。

（3）生物因素：病毒和真菌对人体危害较大。

二、DNA 损伤的类型

DNA 分子中的碱基、核糖与磷酸二酯键均是 DNA 损伤因素作用的靶点。根据 DNA 分子结构改变的不同，DNA 损伤有碱基脱落、碱基结构破坏、嘧啶二聚体形成、DNA 单链或双链断裂、DNA 交联等多种类型。

1. 碱基损伤与糖基破坏

（1）亚硝酸等可导致碱基脱氨。

（2）在羟自由基的攻击下，嘧啶碱基易发生加成、脱氢等反应，导致碱基环破裂。

（3）具有氧化活性的物质可造成 DNA 中嘌呤或嘧啶碱基的氧化修饰，形成 8-羟基脱氧鸟苷或 6-甲基尿嘧啶等氧化代谢产物。

2. 碱基之间发生错配。

3. DNA 链发生断裂　是电离辐射致 DNA 损伤的主要形式。

4. DNA 链的共价交联

（1）DNA 分子中同一条链的两个碱基以共价键结合，称为 DNA 链内交联。

（2）DNA 分子一条链上的碱基与另一条链上的碱基以共价键结合，称为链间交联。

（3）DNA 分子与蛋白质共价键结合，称为 DNA-蛋白质交联。

（4）DNA 损伤可导致 DNA 模板发生碱基置换、插入、缺失、链的断裂等变化，并可能影响到染色体的高级结构。

（5）转换和颠换在 DNA 复制时可引起碱基错配，导致基因突变。碱基的插入和缺失可引起移码突变。

主治语录：DNA 损伤（突变）可能导致复制或转录障碍和复制后基因突变，使 DNA 序列发生永久性改变。

第二节　DNA 损伤修复

DNA 修复是机体维持 DNA 结构的完整性与稳定性，保证生命延续和物种稳定的重要环节。DNA 修复可使已发生分子改变的损伤 DNA，恢复为原有的天然状态。细胞内存在多种修复 DNA 损伤的途径或系统。常见的 DNA 损伤修复途径或系统包括直接修复、切除修复、重组修复和损伤跨越修复等。

一、直接修复

修复酶直接作用于受损的 DNA，将之恢复为原来的结构。

1. 嘧啶二聚体的直接修复（光复活修复或光复活作用）

（1）生物体内存在着一种 DNA 光裂合酶，能够直接识别和结合于 DNA 链上的嘧啶二聚体部位。

（2）在可见光（400nm）激发下，光复活酶可将嘧啶二聚体解聚为原来的单体核苷酸形式，完成修复。

（3）光复活修复并不是高等生物修复嘧啶二聚体的主要方式。

2. 烷基化碱基的直接修复　烷基转移酶将烷基从核苷酸直接转移到自身肽链上，修复 DNA 的同时自身发生不可逆转的失活。

3. 单链断裂的直接修复。

二、切除修复

切除修复是细胞内最重要和有效的修复机制，通过此修复方式，可将不正常的碱基或核苷酸除去并替换掉。主要由 DNA-pol Ⅰ 和连接酶完成。

1. 碱基切除修复

（1）依赖于生物体内存在的 DNA 糖苷酶。

（2）修复过程

1）识别水解：DNA 核苷酶识别 DNA 链中的碱基并将其水解。

2）切除：核酸内切酶将 DNA 链的磷酸二酯键切开，去除剩余的磷酸核糖部分。

3）合成：DNA 聚合酶在缺口处以另一条为模板修补合成互补序列。

4）连接：DNA 连接酶将切口重新连接，使 DNA 恢复正常结构。

2. 核苷酸切除修复

（1）不识别具体的损伤，识别损伤对 DNA 双螺旋结构造成的扭曲，修复过程与碱基切除修复类似。

（2）修复过程

1）酶系统识别 DNA 损伤部位。

2）在损伤部位两侧切开 DNA 链，去除两个切口之间的一段受损的寡核苷酸。

3）在 DNA 聚合酶作用下，以另一条链为模板，合成一段新的 DNA，填补缺损区。

4）连接酶连接，完成损伤修复。

3. 碱基错配修复　主要纠正以下错误。

（1）复制与重组中出现的碱基配对错误。

（2）因碱基损伤所致的碱基配对错误。

（3）碱基插入。

（4）碱基缺失。

三、重组修复

1. 双链 DNA 分子中的一条链断裂，可被模板依赖的 DNA

修复系统修复，不会给细胞带来严重后果。

2. 与其他修复方式不同的是，双链断裂修复由于没有互补链可言，因此难以直接提供修复断裂所必需的互补序列信息。需要另外一种更为复杂的机制，即重组修复来完成 DNA 双链断裂的修复。

3. 重组修复是指依靠重组酶系，将另一段未受损伤的 DNA 移到损伤部位，提供正确的模板，进行修复的过程。

4. 分类

（1）同源重组修复：参加重组的两段双链 DNA 在相当长的范围内序列相同。同源重组具有很高的忠实性。

（2）非同源末端连接的重组修复

1）两段 DNA 链的末端不需要同源性就能相互替代连接。非同源末端连接重组修复的 DNA 链的同源性不高，修复的 DNA 序列中可存在一定的差异。

2）参与蛋白为 DNA 依赖的蛋白激酶和 XRCC4。

四、差错倾向性 DNA 损伤修复

1. DNA 双链发生大范围的损伤或复制叉已解开母链，致使修复系统无法通过上述方式进行有效修复，此时，细胞可以诱导一个或多个应急途径，通过跨过损伤部位先进行复制，再设法修复。

2. 分类

（1）重组跨越损伤修复：转移至另一个新合成的一个子代的 DNA 分子上，由细胞内其他修复系统来后继修复。

（2）合成跨越损伤修复

1）当 DNA 双链发生大片段、高频率的损伤时，大肠杆菌可以紧急启动应急修复系统，诱导产生新的 DNA 聚合酶，替换停留在损伤位点的原来的 DNA 聚合酶Ⅲ，在子链上以随机方式

插入正确或错误的核苷酸使复制继续，越过损伤部位之后，这些新的 DNA 聚合酶完成使命后从 DNA 链上脱离，再由原来的 DNA 聚合酶Ⅲ继续复制。

2）因为诱导产生的这些新的 DNA 聚合酶的活性低，识别碱基的精确度差，一般无校对功能，所以这种合成跨越损伤复制过程的出错率会大大增加，是大肠杆菌 SOS 反应或 SOS 修复的一部分。

3）通过 SOS 修复，复制如能继续，细胞是可存活的。然而 DNA 保留的错误较多，导致较广泛、长期的突变。

第三节　DNA 损伤与修复的意义

生物多样性依赖于 DNA 损伤与损伤修复之间的良好的动态平衡。

一、DNA 损伤的双重效应

1. DNA 带来永久性的改变，即突变，可能改变基因的编码序列或基因的调控序列。

2. DNA 的这些改变使得 DNA 不能用作复制和转录的模板，使细胞的功能出现障碍，甚至死亡。

3. 突变是进化的分子基础。

二、DNA 损伤修复障碍与多种疾病相关

其结果取决于 DNA 损伤的程度和细胞的修复能力。

1. DNA 损伤修复系统与肿瘤　先天性 DNA 损伤修复系统缺陷患者容易发生恶性肿瘤。

2. DNA 损伤修复缺陷与遗传病　导致着色性干皮病（因核酸内切酶缺乏引发切除修复功能缺陷）、共济失调-毛细血管扩

张症、人毛发低硫营养不良、Cockayne 综合征和范科尼贫血等遗传病。

3. DNA 损伤修复缺陷与免疫性疾病　主要是 T 淋巴细胞功能缺陷。

4. DNA 损伤修复与衰老　寿命长的动物的 DNA 的损伤修复功能很强；寿命短的则相反。人的 DNA 修复能力本身很强，但到一定年龄会减弱。

历年真题

着色性干皮病的分子基础是

A. Na^+泵激活引起细胞失水

B. 温度敏感性转移酶类失活

C. 紫外线照射损伤 DNA 修复

D. 利用维生素 A 的酶被光破坏

E. DNA 损伤修复所需的核酸内切酶缺乏

参考答案：E

第十四章　RNA 的合成

核心问题

1. RNA 聚合酶、不对称转录以及核酶概念。
2. 熟悉复制与转录的区别、模板与酶的辨认结合。
3. 了解转录的过程、真核生物 rRNA 转录后的加工。

内容精要

mRNA 的一个重要功能就是将基因组信息传递给蛋白质。rRNA 和 tRNA 也是细胞内蛋白质生物合成所必需的。转录有 RNA pol 与启动子结合、起始、延长和终止几个阶段，RNA 合成的方向是从 5′→3′。

第一节　原核生物转录的模板和酶

一、RNA 合成的方式

1. DNA 指导的 RNA 合成，也称转录，为生物体内的主要合成方式。

（1）转录产物除 mRNA、RNA 和 tRNA 外，在真核细胞内还有 snRNA、miRNA 等非编码 RNA。

(2) 对 RNA 转录过程的调节可以导致蛋白质合成速率的改变，并由此而引发一系列细胞功能变化。

(3) mRNA 在转录、转录后加工发生错误可引起细胞异常和疾病。

2. RNA 依赖的 RNA 合成，也称 RNA 复制，由 RNA 依赖的 RNA 聚合酶催化，常见于病毒。

二、原核生物转录的模板

1. 在 DNA 分子双链上，一股链作为模板，按碱基配对规律指导转录生成 RNA，另一股链则不转录。

2. 作为一个基因载体的一段 DNA 双链片段，转录时作为 RNA 合成模板的股单链称为模板链，相对应的另一股单链被称为编码链。

3. 不对称转录

(1) 在 DNA 分子双链上某一区段，一股链用作模板指引转录，另一股链不转录。

(2) 模板链并非永远在同一条单链上。

主治语录：

转录的特性：

(1) 转录的不对称性。

(2) 转录的连续性：RNA 转录合成时，在 RNA 聚合酶的催化下，连续合成一段 RNA 链，各条 RNA 链之间无需再进行连接。

(3) 转录的单向性：RNA 转录合成时，只能向一个方向进行聚合，RNA 链的合成方向为 $5' \rightarrow 3'$，连接方式为 $3' \rightarrow 5'$ 磷酸二酯键。

(4) 有特定的起始和终止位点：RNA 转录合成时，只能以 DNA 分子中的某一段作为模板，故存在特定的起始位点和特定的终止位点。

三、RNA 聚合酶催化 RNA 合成

1. RNA 聚合酶从头启动 RNA 链的合成

（1）RNA pol 催化 RNA 的转录合成。通过在 3′-OH 端加入核苷酸，从而延长 RNA 链而合成 RNA。表达式为：$(NMP)_n + NTP \rightarrow (NMP)_{n+1} + PPi$。

（2）启动合成不需要引物。RNA pol 在转录起始处使两个核苷酸之间形成磷酸二酯键，直接启动转录。

2. RNA 聚合酶由多个亚基组成

（1）RNA 聚合酶由五种亚基构成：α_2（2 个 α）、β、β′、ω 和 σ。各主要亚基及功能见表 3-14-1。

表 3-14-1　大肠杆菌 RNA 聚合酶组分

亚基	数目	功　能
α	2	决定哪些基因被转录
β	1	与转录全过程有关（催化）
β′	1	结合 DNA 模板（开链）
β′	1	β′折叠和稳定性；σ 募集
σ	1	辨认起点

（2）核心酶由 $\alpha_2\beta\beta'\omega$ 亚基组成。催化 NTP 按模板的指引合成 RNA。

（3）全酶由核心酶和 σ 亚基组成，可在特定的位点开始转录。

四、RNA 聚合酶结合到启动子启动转录

1. 每一转录区段可视为一个转录单位，称为操纵子，包括

启动子等调控序列+基因编码区。

2. 原核生物是以 RNA pol 全酶结合到启动子上而启动转录的，其中由 σ 亚基辨认启动子，其他亚基相互配合。

3. 以开始转录的5′-端第一位核苷酸位置转录起点为+1，用负数表示其上游的碱基序号，发现-35 和-10 区 A-T 配对比较集中。-35 区的最大一致性序列是 TTGACA，-10 区的一致性序列 TATAAT。

4. -35 区是 RNA pol 对转录起始的识别序列。

第二节 原核生物的转录过程

原核生物的转录过程可分为转录起始、转录延长和转录终止三个阶段。

一、转录起始需要 RNA 聚合酶全酶

1. RNA pol 在 DNA 模板的转录起始区装配形成转录起始复合体，打开 DNA 双链，并完成第一和第二个核苷酸间聚合反应。

2. 起始步骤

（1）由 RNA pol 识别并结合启动子，形成闭合转录复合体。

（2）DNA 双链打开，闭合转录复合体成为开放转录复合体。

（3）第一个磷酸二酯键的形成。当5′-端第一位核苷酸 GTP（或 ATP）与第二位的 NTP 聚合生成磷酸二酯键后，仍保留其5′-端3个磷酸基团，生成聚合物是5′-pppGpN-OH-3′。

3. RNA 合成开始时会发生流产式起始，流产式起始被认为是启动子校对的过程。

4. 当 RNA 合成起始成功后，RNA pol 离开启动子，称为启动子解脱（启动子清除）。

二、RNA 聚合酶核心酶独立延长 RNA 链

1. 第一个磷酸二酯键生成后，转录复合体的构象发生改变，σ 亚基从转录起始复合物上脱落，并离开启动子，RNA 合成进入延长阶段。此时 DNA 模板上只有 RNA pol 的核心酶，催化 RNA 链的延长。

2. 核酸的碱基之间有 3 种配对方式，其稳定性是：G≡C>A=T>A=U。

3. GC 是最稳定的，AT 配对只在 DNA 双链形成，AU 是 3 种配对中稳定性最低的。

4. 转录延长特点

（1）核心酶负责 RNA 链延长反应。

（2）RNA 链从 5′-端向 3′-端延长，新的核苷酸都是加到 3′-OH 上。

（3）对 DNA 模板链的阅读方向是 3′-端向 5′-端，合成的 RNA 链与之呈反向互补，即酶是沿着模板链的 3′→5′方向或沿着编码链的 5′→3′方向前进的。

（4）合成区域存在着动态变化的 8bp 的 RNA-DNA 杂合双链。

（5）模板 DNA 的双螺旋结构随着核心酶的移动发生解链和再复合的动态变化。

三、原核生物转录延长与蛋白质翻译同时进行

在新合成的 mRNA 链上可看到结合在上面的多个核糖体，保证了转录和翻译都以高效率运行。

四、原核生物转录终止分为依赖 ρ 因子与非依赖 ρ 因子两大类

1. RNA 聚合酶在 DNA 模板上停顿下来不再前进，转录产物 RNA 链从转录复合物上脱落下来。

2. 依赖ρ因子的转录终止　控制转录终止的蛋白质为ρ因子，其是由相同亚基组成的六聚体蛋白质。结合 RNA 后的ρ因子和 RNA pol 都可发生构象变化，转录终止。

3. 非依赖ρ因子的转录终止

（1）DNA 模板靠近终止处有些特殊的碱基序列，转录出 RNA 后，RNA 产物形成特殊的结构来终止转录，不需要蛋白因子的协助。

（2）RNA 链延长至接近终止区时，形成茎环结构。这种二级结构是阻止转录继续向下游推进的关键。其机制可从两方面理解：

1）RNA 分子形成的茎环结构可能改变 RNA pol 的构象。

2）转录复合物上形成的局部 RNA/DNA 杂化短链的碱基配对是不稳定的，随着 RNA 茎环结构的形成，RNA 从 DNA 模板链上脱离，单链 DNA 复原为双链，转录泡关闭，转录终止。另外，RNA 链上的多聚 U 也是促使 RNA 链从模板上脱落的重要因素。

第三节　真核生物 RNA 的合成

一、真核生物有多种 DNA 依赖的 RNA 聚合酶

1. 真核生物至少有 3 种 RNA pol，分别是 RNA 聚合酶Ⅰ（RNA polⅠ）、RNA 聚合酶Ⅱ（RNA polⅡ）和 RNA 聚合酶Ⅲ（RNA polⅢ）。

（1）RNA pol I 位于细胞核的核仁，催化合成 rRNA 的前体，rRNA 的前体再加工成 28S、5.8S 及 18S rRNA。

（2）RNA polⅡ在核内转录生成前体 mRNA，然后加工成 mRNA 并输送给胞质的蛋白质合成体系。mRNA 是各种 RNA 中寿命最短、最不稳定的，需经常重新合成。在此意义上说，RNA polⅡ是真核生物中最活跃的 RNA pol。

（3）RNA polⅢ位于核仁外，催化 tRNA、5SrRNA 和一些

核小 RNA 的合成。

2. 真核生物的 RNA 聚合酶，见表 3-14-2。

表 3-14-2　真核生物的 RNA 聚合酶

种　类	Ⅰ	Ⅱ	Ⅲ
转录产物	45SrRNA	前体 mRNA，lncRNA，piRNA，miRNA	tRNA，5SrRNA，snRNA
对鹅膏蕈碱的反应	耐受	极敏感	中度敏感
定位	核仁	核内	核内

3. 3 种真核生物 RNA pol 都具有核心亚基，具有数个共同的小亚基。

4. RNA pol Ⅱ最大亚基的羧基末端有一段共有序列，为 Tyr-Ser-Pro-Thr-Ser-Pro-Ser 样的七肽重复序列片段，称为羧基末端结构域（CTD）。RNA pol Ⅰ和 RNA pol Ⅲ没有 CTD。

5. RNA pol Ⅰ、RNA pol Ⅱ、RNA pol Ⅲ分别使用不同类型的启动子，分别为Ⅰ类、Ⅱ类和Ⅲ类启动子，其中Ⅲ类启动子又可被分为 3 个亚型。

6. 双向启动子　位于两个相邻且转录方向相反的基因之间的一段 DNA 序列。分为启动子序列重叠的双向启动子、启动子序列不重叠的双向启动子。

7. 双向转录基因对　指基因组中存在的相邻且转录方向相反的基因。分为基因 5′-端不重叠的双向转录基因对、基因 5′-端重叠的双向转录基因对。

二、顺式作用元件和转录因子

RNA pol Ⅱ催化基因的转录过程分为 3 期：起始期、延长期和终止期。

1. 顺式作用元件

（1）转录起始点至上游-37bp 的启动子区域是核心启动子区，是转录起始前复合物的结合位点。

（2）位于基因上游，与 RNA 聚合酶识别、结合并起始转录有关的一些 DNA 序列称为启动子。

（3）起始点上游多数有共同的 TATA 序列，被称为 Hognest 盒或 TATA 盒。通常认为这就是启动子的核心序列。

（4）许多 RNA pol Ⅱ识别的启动子具有保守的共有序列：位于转录起始点附近的起始子（图 3-14-1）。

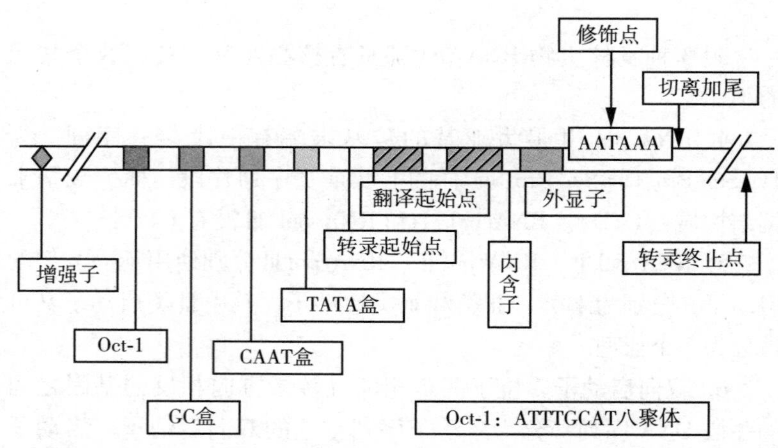

图 3-14-1　真核 RNA 聚合酶Ⅱ识别的部分启动子共有序列

2. 转录因子

（1）能直接、间接辨认和结合转录上游区段 DNA 或增强子的蛋白质，统称为反式作用因子，包括通用转录因子和特异转录因子。

（2）反式作用因子中，直接或间接结合 RNA 聚合酶，称为转录因子（TF）。

（3）TFⅡD 是由 TATA 盒结合蛋白质（TBP）和 8～10 个

TBP 相关因子（TAF）组成的复合物。

3. 转录起始前复合物

（1）真核生物 RNA pol 不与 DNA 分子直接结合，而需依靠众多的转录因子。

（2）首先是 TFⅡD 的 TBP 亚基结合 TATA，另一 TFⅡD 亚基 TAF 有多种，在不同基因或不同状态转录时，不同的 TAF 与 TBP 进搭配。

（3）在 TFⅡA 和ⅡB 的促进和配合下，形成ⅡD-ⅡA-ⅡB-DNA 复合体。

4. 少数几个反式作用因子的搭配启动特定基因的转录。

三、真核生物 RNA 转录延长

1. 真核生物转录延长过程与原核生物大致相似，但因核膜相隔，转录与翻译不同步。

2. RNA pol 前移处处都遇上核小体。

3. 转录延长过程中可以观察到核小体移位和解聚现象。

四、真核生物的转录终止和加尾修饰

1. 真核生物 mRNA 的多聚腺苷酸尾巴是转录后加进去的。

2. RNA pol 缺乏具有校读功能的 3′→5′核酸外切酶活性，因此转录发生的错误率比复制发生的错误率高，为十万分之一到万分之一。

第四节　真核生物前体 RNA 的加工和降解

一、真核前体 mRNA 经首、尾修饰、剪接和编辑加工后才能成熟

1. 前体 mRNA 在 5′-端加入“帽”结构

（1）大多数真核 mRNA 的 5′-端有 7-甲基鸟嘌呤的帽结构。RNA pol Ⅱ催化合成的新生 RNA 在长度达 25~30 个核苷酸时，其 5′-端的核苷酸就与 7-甲基鸟嘌呤核苷通过不常见的 5′，5′-三磷酸连接键相连。

（2）5′-帽结构可以使 mRNA 免遭核酸酶的攻击，也能与帽结合蛋白质复合体结合，并参与 mRNA 和核糖体的结合，启动蛋白质的生物合成。

2. 前体 mRNA 在 3′-端特异位点断裂并加上多聚腺苷酸尾

（1）真核 mRNA，除了组蛋白的 mRNA，在 3′-端都有多聚腺苷酸尾结构［poly（A）］，含 80~250 个腺苷酸。

（2）转录最初生成的前体 mRNA 3′端长于成熟的 mRNA。因此认为，加入 poly（A）之前先由核酸内切酶切去前体 mRNA 3′端的一些核苷酸，然后加入 poly（A）。

（3）前体 mRNA 上的断裂点也是聚腺苷酸化的起始点，断裂点的上游 10~30nt 有 AAUAAA 信号序列。

3. 前体 mRNA 的剪接

（1）真核基因结构最突出的特点是其不连续性，真核基因又称断裂基因。

（2）实际上，在细胞核内出现的初级转录物的分子量往往比在胞质内出现的成熟 mRNA 大几倍，甚至数十倍。前体 mRNA 中被剪接去除的核酸序列为内含子的序列，而最终出现在成熟 mRNA 分子中、作为模板指导蛋白质翻译的序列为外显子序列。去除初级转录物上的内含子，把外显子连接为成熟 RNA 的过程称为 mRNA 剪接。

（3）过程

1）内含子形成套索 RNA 被减除。形成套索利于剪接。

2）内含子在剪接接口处剪除。内含子含有的剪接位点：5′-剪接位点、剪接分支点和 3′-剪接位点。

3）剪接过程需两次转酯反应。①第一次转酯：位于内含子分支点的腺嘌呤核苷酸的2′-OH 作为亲核基团攻击连接外显子1与内含子之间的3′, 5′-磷酸二酯键，使外显子1与内含子之间的键断裂，外显子1的3′-OH 游离出来。②第二次转酯：应由外显子1的3′-OH 对内含子和外显子2之间的磷酸二酯键进行亲核攻击，使内含子与外显子2断开，由外显子1取代了套索状内含子。

4）剪接体是内含子剪接场所：剪接体是一种超大分子复合体，由5种核小 RNA（snRNA）和100种以上的蛋白质装配而成。其中的 snRNA 分别称为 U1、U2、U4、U5 和 U6。

剪接体的形成步骤：①内含子5′-端和分支点分别与 U1、U2 的 snRNA 结合，使 snRNP 结合在内含子上。②U4、U5 和 U6 加入，形成完整的剪接体。此时内含子发生弯曲而形成套索状。上、下游的外显子1和外显子2靠近。③结构调整，释放 U1 和 U4。U2 和 U6 形成催化中心，发生第一次转酯反应，随后发生第二次转酯反应，外显子1与外显子2被连接在一起。

5）前体 mRNA 分子有剪切和剪接两种模式：剪切指的是剪去某些内含子后，在上游的外显子3′-端再进行多聚腺苷酸化，不进行相邻外显子之间的连接反应。

6）前体 mRNA 分子可发生可变剪接。

4. mRNA 编辑

（1）有些基因的蛋白质产物的氨基酸序列与基因的初级转录物序列并不完全对应，mRNA 上的一些序列在转录后发生了改变，称为 RNA 编辑。

（2）例如，人类基因组上只有1个载脂蛋白 B 的基因，转录后发生 RNA 编辑，编码产生的 apoB 蛋白却有2种，一种在肝细胞合成，另一种由小肠黏膜细胞合成。

二、真核前体 rRNA 概述

1. 真核细胞的 rRNA 基因（rDNA）属于冗余基因族的序

列，即染色体上有相似或相同的纵列串联基因。

2. rDNA 位于核仁内，每个基因各自为一个转录单位。

3. 真核生物基因组的 rRNA 基因中，18S、5.8S 和 28S rRNA 基因串联，转录后生成 45S 的转录产物。

4. 真核前体 rRNA 经过剪切形成不同类别的 rRNA。

5. rRNA 成熟后，就在核仁上装配，与核糖体蛋白质一起形成核糖体，输送到胞质。生长中的细胞，其 rRNA 较稳定；静止状态的细胞，其 rRNA 的寿命较短。

三、真核前体 tRNA 的加工

1. 主要加工方式是切断和碱基修饰。

2. RNA 初级转录产物的加工：以酵母前体 $tRNA^{Tyr}$ 为例，介绍如下。

（1）在核酶 RNaseP 作用下，从 5′末端切除多余的核苷酸。

（2）在核酸内切酶 RNaseZ 作用下，从氨基酸臂的 3′末端切除 2 个 U；有时核糖核酸外切酶 RNase D 等也参与切除过程，然后氨基酸臂的 3′-端再由核苷酸转移酶加上特有的 CCA 末端。

（3）茎-环结构中的一些核苷酸碱基经化学修饰为稀有碱基。

（4）tRNA 剪接内切酶剪掉内含子，由连接酶连接外显子部分。

主治语录：核酶是具有催化功能的 RNA。

四、RNA 催化内含子的自剪接

1. 由 RNA 分子催化自身内含子剪接的反应称为自剪接。

2. 组Ⅰ型内含子　一些噬菌体的前体 mRNA 及细菌 tRNA

前体有自身剪接的内含子，以游离的鸟嘌呤核苷或鸟嘌呤核苷酸为辅因子完成剪接。

3. 组Ⅱ型内含子　形成套索状结构，但是没有剪接体参与。

注意，原核生物细胞内没有剪接体，其编码蛋白质的mRNA没有内含子，不进行剪接等转录后加工，也不进行5′-末端“帽”结构和3′-端多聚腺苷酸尾的添加。

五、真核RNA在细胞内的降解

1. 降解途径　正常转录物的降解和异常转录物的降解。两种均保证了细胞的正常生理状态。

2. 正常mRNA的降解

（1）依赖于脱腺苷酸化的mRNA降解是体内mRNA降解的主要方式。

（2）mRNA的降解过程

1）脱腺苷酸化酶侵入环状结构，进行脱腺苷酸化反应。

2）脱腺苷酸化酶脱离帽状结构，使脱帽酶能够结合mRNA的5′-端，从而对7-甲基鸟嘌呤帽状结构进行水解。

3）mRNA被5′→3′核酸外切酶识别并水解。

（3）大部分真核细胞还存在着其他不依赖于脱腺苷酸化的mRNA降解途径。例如，不经过脱腺苷酸化反应而直接进行脱帽反应，再由3′→5′核酸外切酶识别并水解。有些mRNA可有被核糖核酸内切酶参与的降解途径降解。

2. 无义介导的mRNA的降解

（1）无义介导的mRNA降解是一种广泛存在于真核生物细胞中的mRNA质量监控机制。

（2）在mRNA剪接加工时，异常的剪接反应会在可读框架内产生无义的终止密码子，称为提前终止密码子（PTC）。

主治语录：mRNA 降解是细胞保持其正常的生理状态所必需的。mRNA 降解包括正常转录物的降解和异常转录物的降解。正常转录物是指细胞产生的有正常功能的 mRNA。异常转录物是细胞产生的一些非正常转录物。在真核细胞中，正常转录物和异常转录物的降解都有多种方式。

历年真题

1. 原核生物参与转录起始的酶是
   A. 解链酶
   B. 引物酶
   C. RNA 聚合酶Ⅲ
   D. RNA 聚合酶全酶
   E. RNA 聚合酶核心酶
2. 关于 TFⅡD 的叙述，正确的是
   A. 是能与 TATA 盒结合的转录因子
   B. 能促进 RNA polⅡ与启动子结合
   C. 具有 ATP 酶活性
   D. 能解开 DNA 双链
   E. 抑制 DNA 基因转录

参考答案：1. D　2. A

第十五章　蛋白质的合成

核心问题

1. 遗传密码的特点。

2. 蛋白质生物合成体系；氨基酸的活化；蛋白质生物合成的能量消耗。

3. 了解蛋白质合成后的加工和输送；蛋白质生物合成的干扰和抑制。

内容精要

蛋白质具有高度的种属特异性。mRNA 是蛋白质合成的模板。tRNA 是氨基酸和密码子之间的特异衔接子。蛋白质合成过程包括起始、延长和终止阶段。真核生物的转录发生在细胞核，翻译在细胞质，因此这两个过程分隔进行。蛋白质生物合成是许多药物和毒素的作用靶点。

第一节　蛋白质合成体系

一、蛋白质合成体系

蛋白质的生物合成就是将核酸中由 4 种核苷酸序列编码的

遗传信息，通过遗传密码破译的方式解读为蛋白质一级结构中20种氨基酸的排列顺序。

1. 翻译模板mRNA

（1）以3个相邻核苷酸为单位进行。

（2）在mRNA的可读框区域，每3个相邻的核苷酸为一组，编码一种氨基酸或肽链合成的起始/终止信息，称为密码子或三联体密码。例如，UUU是苯丙氨酸的密码子，UCU是丝氨酸的密码子，GCA是丙氨酸的密码子。

（3）构成mRNA的4种核苷酸经排列组合可产生64个密码子，其中的61个编码20种在蛋白质合成中作为原料的氨基酸，另有3个（UAA、UAG、UGA）不编码任何氨基酸，而是作为肽链合成的终止密码子。

（4）遗传密码的特点

1）方向性：从mRNA的起始密码子AUG开始，按5′→3′的方向逐一阅读，直至终止密码子。

2）连续性：①因密码子具有连续性，若可读框中插入或缺失了非3的倍数的核苷酸，将会引起mRNA可读框发生移动，称为移码。②移码导致后续氨基酸编码序列改变，使得其编码的蛋白质彻底丧失或改变原有功能，称为移码突变。

3）简并性：①64个密码子中有61个编码氨基酸，而氨基酸只有20种，因此有的氨基酸可由多个密码子编码，这种现象称为简并性。②同一种氨基酸编码的各密码子，称为简并性密码子（同义密码子）。③细胞内所有蛋白质的一级结构的信息全部来源于DNA序列。

4）摆动性：①密码子通过与RNA的反密码子配对而发挥翻译作用，但这种配对有时并不严格遵守Watson-Crick碱基配对原则，则出现摆动。②此时mRNA密码子的第1位和第2位碱基（5′→3′）与RNA反密码子的第3位和第2位碱基（5′→3′）

之间仍为 WatsonCrick 配对，而反密码子的第 1 位碱基与密码子的第 3 位碱基配对有时存在摆动现象。③密码子的摆动性能使一种 tRNA 识别 mRNA 中的多种简并性密码子。

5）通用性：从低等生物如细菌到人类都使用着同一套遗传密码。

二、tRNA 是氨基酸和密码子之间的特异连接物

1. tRNA 通过其特异的反密码子与 mRNA 上的密码子相互配对，将其携带的氨基酸在核糖体上准确对号入座。

2. 一种氨基酸通常与多种 tRNA 特异结合，但是一种 tRNA 只能转运一种特定的氨基酸。

3. 功能部位　①氨基酸结合部位。②mRNA 结合部位。

三、核糖体

1. 核糖体沿着模板 mRNA 链从 5′端向 3′端移动。

2. 原核生物和真核生物的核糖体上均存在 A 位、P 位和 E 位这 3 个重要的功能部位。A 位结合氨酰-tRNA，称氨酰位；P 位结合肽酰-tRNA，称肽酰位；E 位释放已经卸载了氨基酸的 tRNA，称排出位（图 3-15-1）。

四、蛋白质合成需要的酶类和蛋白质因子

1. 蛋白质合成需要由 ATP 或 GTP 供能，需要 Mg^{2+}、肽酰转移酶、氨酰-tRNA 合成酶等多种分子参与反应。

2. 参与因子

（1）起始因子（IF）：原核生物和真核生物的起始因子分别以 IF 和 eIF 表示。

（2）延长因子（EF）：原核生物与真核生物的延长因子分别以 EF 和 eEF 表示。

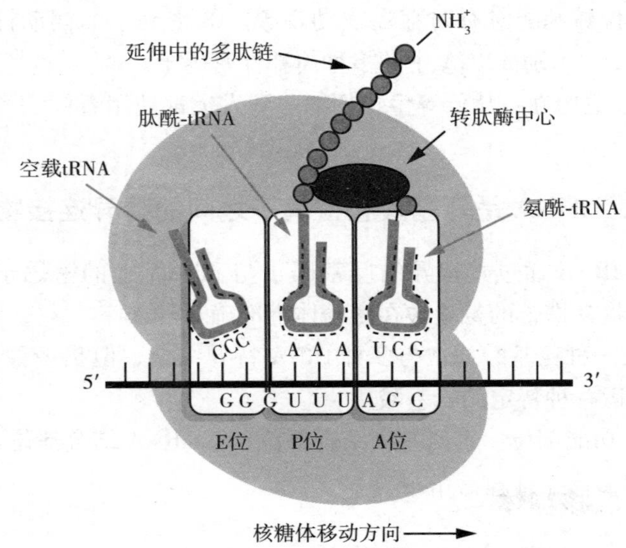

图 3-15-1　核糖体在翻译中的功能部位

(3) 终止因子或释放因子（RF）：原核生物与真核生物的释放因子分别以 RF 和 eRF 表示。

第二节　氨基酸与 tRNA 的连接

参与肽链合成的氨基酸需要与相应 tRNA 结合，形成各种氨酰-tRNA，所需酶为氨酰-tRNA 合成酶。此过程称为氨基酸的活化。

一、氨酰-tRNA 合成酶

1. 该酶对底物氨基酸和 tRNA 都有高度特异性，除了赖氨酸有两种氨酰-tRNA 合成酶与其对应，其他氨基酸各自对应一种氨酰-tRNA 合成酶，另外还有识别磷酸化丝氨酸和吡咯酪氨酸的氨酰-tRNA 合成酶。

2. 氨基酸活化为氨酰 tRNA 反应公式

$$\text{氨基酸}+\text{tRNA}+\text{ATP}\xrightarrow[\text{Mg}^{2+}]{\text{氨酰-tRNA 合成酶}}\text{氨酰-tRNA}+\text{AMP}+\text{PPi}$$

3. 反应步骤

（1）氨酰-tRNA 合成酶催化 ATP 分解为焦磷酸与 AMP。

（2）AMP、酶、氨基酸三者结合为中间复合体（氨酰-AMP-酶），其中氨基酸的羧基与磷酸腺苷的磷酸以酐键相连而活化。

（3）活化氨基酸与 tRNA3′-CCA 末端的腺苷酸的核糖 2′或 3′位的游离羟基以酯键结合，形成相应的氨酰-tRNA，腺苷一磷酸以游离形式被释放出来。

4. Tyr-tRNA^{Tyr} 代表 tRNA^{Tyr} 的氨基酸臂上已经结合有酪氨酸。

二、肽链合成的起始需要特殊的起始氨酰-tRNA

1. 在真核生物，具有起始功能的是 $\text{tRNA}_\text{i}^{\text{Met}}$，与甲硫氨酸结合后，可以在 mRNA 的起始密码子 AUG 处就位，参与形成翻译起始复合物。

2. 在原核生物为 fMet-$\text{tRNA}^{\text{fMet}}$，甲硫氨酸被甲酰化，成为 *N*-甲酰甲硫氨酸。

3. Met-$\text{tRNA}_\text{i}^{\text{Met}}$ 和 Met-$\text{tRNA}^{\text{fMet}}$ 可分别被起始或延长过程起催化作用的酶和蛋白质因子识别。

第三节　肽链的合成过程

翻译过程包括起始、延长和终止 3 个阶段。

一、翻译起始复合物的装配启动肽链合成

mRNA 和起始氨酰-tRNA 分别与核糖体结合而形成翻译起始复合物的过程。

1. 原核生物翻译起始复合物形成

（1）需要 30S 小亚基、mRNA、fMet-$tRNA^{fMet}$和 50S 大亚基，还需要 3 种起始因子（IF）、GTP 和 Mg^{2+}。

（2）主要步骤

1）核糖体大小亚基分离：在 IF 的协助下，大小亚基分离。

2）mRNA 与核糖体小亚基结合：mRNA 起始密码子 AUG 上游存在一段被称为核糖体结合位点的序列。

3）fMet-$tRNA^{met}$结合到核糖体 P 位：fMet-$tRNA^{met}$与结合了 GTP 的 IF2 一起，识别并结合于 P 位上。

4）起始复合物形成：结合于 IF2 的 GTP 被水解，释放的能量促使 3 种 IF 释放，大亚基与结合了 mRNA、fMet-$tRNA^{met}$的小亚基结合，形成由完整核糖体、mRNA、fMet-$tRNA^{met}$组成的翻译起始复合物。

2. 真核生物翻译起始复合物形成

（1）43S 前起复合物的形成：eIF1 结合于 E 位，GTP-eIF2 与起始氨酰-tRNA 结合，随后 eIF5 和 eIF5B 加入，形成 43S 的前起始复合物。

（2）mRNA 与核蛋白体小亚基结合：mRNA 与 43S 前起始复合物的结合由 eIF4F 复合物介导。eIF4F 由 eIF4E、eIF4A 和 eIF4G 组成。

（3）核糖体大亚基结合：mRNA 与 43S 前起始复合物及 eIF4F 复合物结合后产生 48S 起始复合物，此复合物从 mRNA 的 5′端向 3′端扫描起始并定位起始密码子，随后大亚基加入，起始因子释放，翻译起始复合物形成。

二、在核糖体上重复进行的三步反应延长肽链

1. 翻译起始复合物形成后，核糖体从 mRNA 的 5′-端向 3′-端移动，依据密码子顺序，从 N-端开始向 C-端合成多肽链。

2. 这是一个在核糖体上重复进行的进位、成肽和转位的循环过程，每循环 1 次，肽链上即可增加 1 个氨基酸残基。

3. 肽链的延长

（1）进位：氨酰 tRNA 按照 mRNA 模板的指令进入核糖体 A 位的过程，又称注册。此步骤需 GTP、Mg^{2+} 和延长因子（EF）参与（图 3-15-2）。

（2）成肽：核糖体 A 位和 P 位上的 tRNA 所携带的氨基酸缩合成肽的过程。由肽酰转移酶催化。

（3）转位

1）成肽反应后，核糖体需要向 mRNA 的 3′-端移动一个密码子的距离，方可阅读下一个密码子。

2）转位的结果：①P 位上的 tRNA 所携带的氨基酸或肽在成肽后交给 A 位上的氨基酸，P 位上卸载的 tRNA 转位后进入 E 位，然后从核糖体脱落。②成肽后位于 A 位的肽酰-tRNA 移动到 P 位。③A 位得以空出，且准确定位在 mRNA 的下一个密码子，以接受下一个氨酰-tRNA 进位。

4. 肽链延长阶段，每生成 1 个肽键，至少需水解 2 分子 GTP 获取能量。

5. 真核生物的肽链延长机制与原核生物基本相同，但亦有差异。真核生物需要 eEF1α、eEF1βγ 和 eEF2 这三类延长因子，其功能分别对应原核生物的 EF-Tu、EF-Ts 和 EF-G。

6. 在真核生物，一个新的氨酰 RNA 进入 A 位后会产生别构效应，致使空载 tRNA 从 E 位排出。

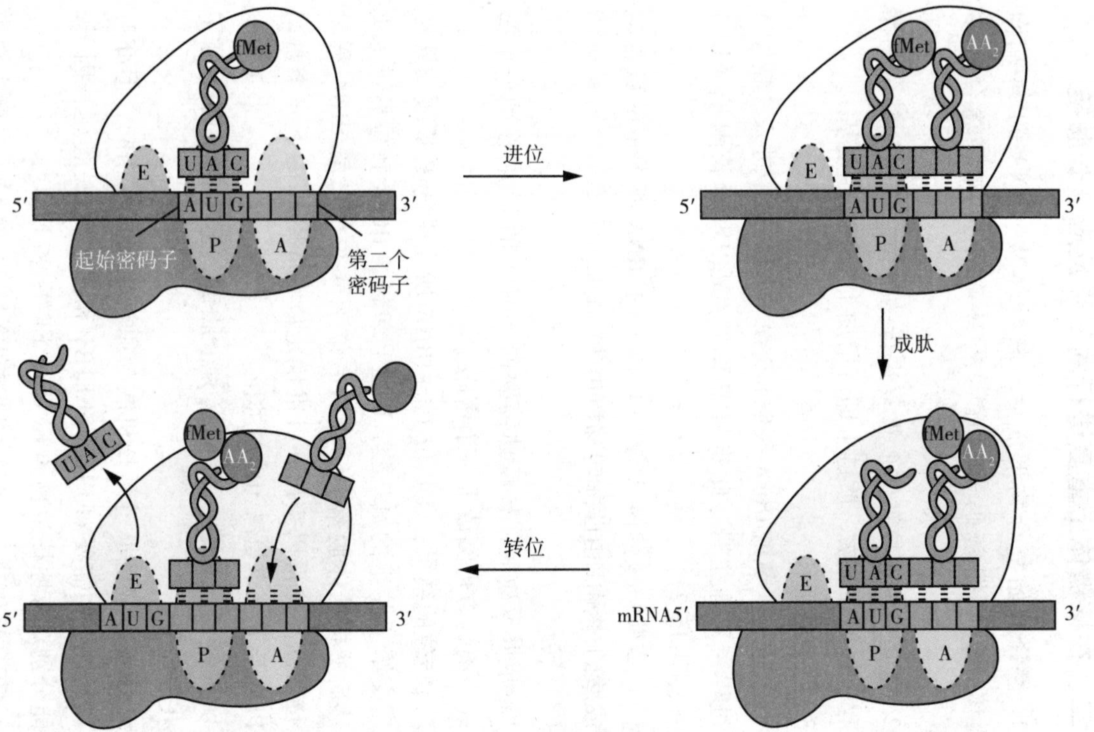

图3-15-2 肽链延长过程

三、肽链合成的终止

1. 终止密码子不被任何氨酰 RNA 识别，只有释放因子 RF 能识别终止密码子而进入 A 位，需要水解 GTP。RF 的结合可触发核糖体构象改变，将肽酰转移酶转变为酯酶，水解 P 位上肽酰-tRNA 中肽链与 tRNA 之间的酯键，新生肽链随之释放，mRNA、tRNA 及 RF 从核糖体脱离，核糖体大小亚基分离。

2. 无论在原核细胞还是真核细胞内，1 条 mRNA 模板链上都可附着 10~100 个核糖体。

3. 这些核糖体依次结合起始密码子并沿 mRNA 5′→3′方向移动，同时进行同一条肽链的合成。

4. 多个核糖体结合在 1 条 mRNA 链上所形成的聚合物称为多聚核糖体。

5. 多聚核糖体的形成可以使肽链合成高速度、高效率进行。

主治语录：

（1）氨基酸的活化以及活化氨基酸与 tRNA 的结合，均由氨酰 tRNA 合成酶催化完成。反应完成后，特异的 tRNA3′端 CCA 上的 2′或 3′位自由羟基与相应的活化氨基酸以酯键相连接，形成氨酰 tRNA。

（2）活化氨基酸在核糖体上反复翻译 mRNA 上的密码并缩合生成多肽链的循环反应过程，称为核糖体循环。

第四节　蛋白质合成后的加工和靶向运输

1. 蛋白质在翻译后还要经过水解作用切除一些肽段或氨基酸，或对某些氨基酸残基的侧链基团进行化学修饰等，才能成为有活性的成熟蛋白质，称为翻译后加工。

2. 蛋白质靶向运输或蛋白质分拣　蛋白质合成后在细胞内被定向输送到其发挥作用部位的过程。

一、分子伴侣

分子伴侣是细胞一类保守蛋白质，可识别肽链的非天然构象，促进各功能域和整体蛋白质的正确折叠。

1. 热激蛋白 70（Hsp70）

（1）Hsp70 与未折叠蛋白质的疏水区结合，既可避免蛋白质因高温而变性，又可防止新生肽链过早折叠。

（2）Hsp70 也可以使一些跨膜蛋白质在转位至膜前保持非折叠状态。

（3）与多肽链结合、释放的循环过程，使多肽链发生正确折叠。

（4）未折叠多肽链与 Hsp70 结合还可以解开多肽链之间的聚集或防止新聚集的产生。

人热激蛋白家族可存在于细胞质、内质网腔、线粒体、细胞核等部位，发挥多种细胞保护功能。

2. 伴侣蛋白的主要作用是为非自发性折叠肽链提供正确折叠的微环境。

3. 异构酶

（1）帮助细胞内新生肽链折叠为功能蛋白质。

（2）蛋白质二硫键异构酶（PDI）帮助肽链内或肽链间二硫键的正确形成。

二、肽链水解加工产生具有活性的蛋白质或多肽

1. 新生肽链的水解是肽链加工的重要形式。

2. 原核细胞中约半数成熟蛋白质的 N-端经脱甲酰基酶切除

甲酰基而保留甲硫氨酸，另一部分被氨基肽酶水解而去除 *N*-甲酰甲硫氨酸。

3. 真核细胞分泌蛋白质和跨膜蛋白质的前体分子的 N-端都含有信号肽序列，在蛋白质成熟过程中需要被切除。

4. 多肽链经水解可以产生数种小分子活性肽。

三、氨基酸残基的化学修饰改变蛋白质的活性

修饰可改变蛋白质的溶解度、稳定性、亚细胞定位以及与细胞中其他蛋白质的相互作用等，从而使蛋白质的功能具有多样性。体内常见的蛋白质化学修饰见表 3-15-1。

表 3-15-1　体内常见的蛋白质化学修饰

化学修饰类型	被修饰的氨基酸残基
磷酸化	丝氨酸、苏氨酸、酪氨酸
N-糖基化	天冬酰胺
O-糖基化	丝氨酸、苏氨酸
羟基化	脯氨酸、赖氨酸
甲基化	赖氨酸、精氨酸、组氨酸、天冬酰胺、天冬氨酸、谷氨酸
乙酰化	赖氨酸、丝氨酸
硒化	半胱氨酸

四、亚基聚合形成具有四级结构的活性蛋白

1. 蛋白质各肽链之间通过非共价键或二硫键维持一定的空间构象，有些需要与辅基聚合才能形成有活性的蛋白质。

2. 例如，成人血红蛋白由 2 条 α 链、2 条 β 链及 4 个血红素分子组成。

五、蛋白质合成后被靶向输送至细胞特定部位

1. 蛋白质在细胞质合成后，还必须被靶向输送至其发挥功能的亚细胞区域，或分泌到细胞外。所有需靶向输送的蛋白质，其一级结构都存在分拣信号，可引导蛋白质转移到细胞的特定部位。

2. 信号序列是决定蛋白质靶向输送特性的最重要结构。

3. 分泌蛋白质在内质网加工及靶向输送

（1）信号肽

1）细胞内分泌蛋白质的合成与靶向输送同时发生，其 N-端存在由数十个氨基酸残基组成的信号序列。

2）特点：①N-端含一个或多个碱性氨基酸残基。②中段含 10～15 个疏水性氨基酸残基。③C-端由一些极性较大、侧链较短的氨基酸残基组成，与信号肽裂解位点邻近。

（2）分泌蛋白质的合成及转运机制

1）在游离核糖体上，信号肽因位于肽链 N-端而首先被合成，随后被信号识别颗粒（SRP）识别并结合，SRP 随即结合到核糖体上。

2）内质网膜上有 SRP 的受体，借此受体，SRP-核糖体复合物被引导至内质网膜上。

3）在内质网膜上，肽转位复合物形成跨内质网膜的蛋白质通道，合成中的肽链穿过内质网膜孔进入内质网。

4）SRP 脱离信号肽和核糖体，肽链继续延长直至完成。

5）信号肽在内质网内被信号肽酶切除。

6）肽链在内质网中折叠形成最终构象，随内质网膜“出芽”形成的囊泡转移至高尔基复合体，最后在高尔基复合体中被包装进分泌小泡，转运至细胞膜，再分泌到细胞外。

4. 内质网蛋白质的 C-端含有滞留信号序列　内质网蛋白肽

链的 C-端含有内质网滞留信号序列，它们被输送到高尔基复合体后，可通过这一滞留信号与内质网上相应受体结合，随囊泡输送回内质网。

5. 大部分线粒体蛋白质在细胞质合成后靶向输入线粒体

（1）线粒体虽然可以进行蛋白质的合成，但绝大部分线粒体蛋白质是由细胞核基因组的基因编码。它们在细胞质中的游离核糖体中合成后靶向输送到线粒体，其中大部分定位于线粒体基质，其他定位于内膜、外膜或膜间腔。

（2）靶向输送过程

1）新合成的线粒体蛋白质与热激蛋白或线粒体输入刺激因子结合，以稳定的未折叠形式转运至线粒体外膜。

2）通过前导肽序列识别，与线粒体外膜的受体复合物结合。

3）在热激蛋白水解 ATP 和跨内膜电化学梯度的动力共同作用下，蛋白质穿过由外膜转运体和内膜转运体共同构成的跨膜蛋白质通道，进入线粒体基质。

4）蛋白质前体被蛋白酶切除前导肽序列，在分子伴侣作用下折叠成有功能构象的蛋白质。

（3）输送到线粒体内膜和膜间隙的信号序列，可以引导蛋白质从基质输送到线粒体内膜或穿过内膜进入间隙。

6. 质膜蛋白质由囊泡靶向输送至细胞膜

（1）跨膜蛋白质的肽链并不完全进入内质网腔，而是锚定在内质网膜上，通过内质网膜“出芽”方式形成囊泡。随后，跨膜蛋白质随囊泡转移至高尔基复合体进行加工，再随囊泡转运至细胞膜，最终与细胞膜融合而构成新的质膜。

（2）单次跨膜蛋白质的肽链中除 N-端含信号序列外，还有一段由疏水性氨基酸残基构成的跨膜序列，即停止转移序列，是跨膜蛋白质在膜上的嵌入区域。

7. 核蛋白质由核输入因子运载经核孔入核

（1）在细胞质合成的核蛋白质与核输入因子结合形成复合物后被导向核孔。

（2）具有 GTPase 活性的 Ran 蛋白水解 GTP 释能，核蛋白质-核输入因子复合物通过耗能机制经核孔进入细胞核基质。

（3）核输入因子 β 和 α 先后从上述复合物中解离，移出核孔后可被再利用，核蛋白质定位于细胞核内。

主治语录：蛋白质的生物合成及其降解是几乎所有生命活动的基础。

第五节　蛋白质合成的干扰和抑制

蛋白质生物合成是许多药物和毒素的作用靶点。这些药物或毒素通过阻断原核或真核生物蛋白合成体系中某组分的功能，干扰和抑制蛋白质合成过程。

一、许多抗生素通过抑制蛋白质合成发挥作用

1. 抑制肽链合成起始的抗生素

（1）伊短菌素和密旋霉素可引起 mRNA 在核糖体上错位，从而阻碍翻译起始复合物的形成，对原核生物和真核生物的蛋白质合成均有抑制作用。

（2）伊短菌素还可影响起始氨酰-tRNA 的就位和 IF3 的功能。

（3）晚霉素结合于原核 23S rRNA，阻止 fMet-$tRNA^{fMet}$ 的转位。

2. 抑制肽链延长的抗生素

（1）干扰进位的抗生素

1）四环素：结合 30S 亚基的 A 位，从而抑制氨酰-tRNA 的进位。

2）粉毒素：降低 EF-Tu 的 GTP 酶活性，从而抑制 EF-Tu 与氨酰-tRNA 结合。

3）黄色霉素：阻止 EF-Tu 从核糖体释放。

（2）引起读码错误的抗生素：氨基糖苷类抗生素能与 30S 亚基结合，影响翻译的准确性。

1）链霉素：结合 30S 亚基，在较低浓度时引起读码错误。

2）潮霉素 B 和新霉素：与 16S rRNA 及 rpS12 结合，干扰 30S 亚基的解码部位，引起读码错误。

（3）影响成肽的抗生素

1）氯霉素：结合核糖体 50S 亚基，通过阻止肽酰转移而抑制肽键形成。

2）林可霉素：作用于 A 位和 P 位，阻止 tRNA 在这两个位置就位。

3）红霉素：与核糖体 50S 亚基中肽链排出通道结合，阻止新生肽链从核糖体大亚基中排出。

4）嘌呤霉素：在翻译中可取代酪氨酰-tRNA 而进入核糖体 A 位，中断肽链合成。

5）放线菌酮：抑制真核生物核糖体肽酰转移酶的活性。

（4）影响转位的抗生素

1）夫西地酸、硫链丝菌肽和微球菌素：抑制 EF-G 的转位酶活性。

2）大观霉素：结合核糖体 30S 亚基，阻碍小亚基变构。

二、其他干扰蛋白质合成的物质

1. 白喉毒素　对真核生物的 eEF2 起共价修饰作用，使

eEF2 失活，从而抑制蛋白质的合成。

2. 蓖麻毒蛋白　由 A、B 两条肽链组成，A 链是一种蛋白酶，可作用于真核生物核糖体大亚基的 28S rRNA，使其失活；B 链对 A 链发挥毒性起重要的促进作用，另外 B 链上的半乳糖结合位点也是蓖麻毒蛋白发挥毒性作用的活性部位。

主治语录：遗传信息传递过程的对比见表 3-15-2。

表 3-15-2　遗传信息传递过程

对比项目	DNA 复制	RNA 转录	蛋白质合成	DNA 修复	反转录
原料	dNTP	NTP	20 种氨基酸	dNTP	dNTP
模板	DNA	DNA	mRNA	DNA	RNA
引物	RNA	无	无	无	tRNA
场所	染色质	染色质	核糖体	核	核
能量	原料、ATP	原料	ATP 、GTP	原料、ATP	原料
主要的酶及因子	拓扑异构酶、解旋酶、DNA 结合蛋白、引物酶、DNA 聚合酶Ⅰ和Ⅲ、连接酶	RNA 聚合酶、ρ 因子	氨酰-tRNA 合成酶、起始因子、延伸因子、转肽酶、终止因子	特异核酸内切酶、DNA 聚合酶Ⅰ、连接酶	反转录酶
链延伸方向	5′→3′	5′→3′	N-端→C-端	5′→3′	5′→3′
产物	DNA	RNA	蛋白质	DNA	
碱基配对方式	A-T，T-A，G-C，C-G，引物 A-U	A-U、T-A、G-C、C-G		同复制	A-T、U-A、G-C、C-G、T-A
特点	半保留、半不连续复制	不对称转录	核糖体循环		

续　表

对比项目	DNA 复制	RNA 转录	蛋白质合成	DNA 修复	反转录
基本过程	解链、引发、链延长、终止、末端复制	起始、链延长、终止	活化、起始、链延伸、终止		
加工	一般无加工	剪接、修饰等	去除 N-端 Met 或 fMet、二硫键形成、水解修剪、侧链修饰、亚基聚合		

历年真题

蛋白质合成的直接模板是

A. DNA

B. mRNA

C. tRNA

D. rRNA

E. hnRNA

参考答案：B

第十六章　基因表达调控

核心问题

1. 基因表达调控的基本概念、特点。

2. 原核生物乳糖操纵子的结构、调控。

3. 真核生物基因表达调控的特点、顺式作用元件的概念、种类和特点。

内容精要

基因表达主要是基因转录及翻译的过程，产生有功能的蛋白质和RNA。基因表达的方式有组成性表达及诱导、阻遏之分。真核基因转录激活受顺式作用元件与反式作用因子相互作用调节。

第一节　基因表达调控基本概念与特点

一、基因表达产生有功能的蛋白质和RNA

1. 基因表达　基因转录及翻译的过程，也是基因所携带的遗传信息表现为表型的过程。

2. 在一定调节机制控制下，基因表达通常经历转录和翻译

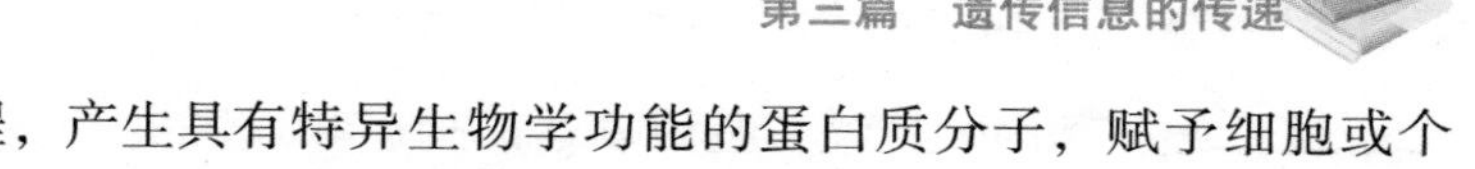

过程，产生具有特异生物学功能的蛋白质分子，赋予细胞或个体一定的功能或形态表型。

二、基因表达的特异性

所有生物的基因表达都具有严格的规律性，即表现为时间特异性和空间特异性。

1. 时间特异性

（1）定义：某一特定基因的表达严格按特定的时间顺序发生。

（2）举例：编码甲胎蛋白（α-AFP）基因。

1）在胎儿肝细胞中活跃表达，因此合成大量的甲胎蛋白。

2）在成年后这一基因的表达水平很低，故几乎检测不到AFP。但是，当肝细胞发生转化形成肝癌细胞时，编码 AFP 的基因又重新被激活，大量 AFP 被合成。因此，血浆中 AFP 的水平可以作为肝癌早期诊断的一个重要指标。

（3）阶段特异性：在每个不同的发育阶段，都会有不同的基因严格按照自己特定的时间顺序开启或关闭，表现为与分化、发育阶段一致的时间性。

2. 空间特异性

（1）定义：在个体生长全过程，某种基因产物在个体的不同组织或器官表达，称为基因表达的空间特异性。

（2）如编码胰岛素的基因只在胰岛 B 细胞中表达，指导生成胰岛素；编码胰蛋白酶的基因在胰岛细胞中几乎不表达，而在胰腺腺泡细胞中有高水平的表达。

（3）细胞或组织特异性：基因表达伴随时间顺序所表现出的这种空间分布差异，实际上是由细胞在器官的分布决定的。

（4）差异基因表达：同一个体内不同器官、组织、细胞的差异性的基础是特异的基因表达。

（5）细胞基因表达谱：基因表达的种类和强度决定了细胞的分化状态和功能。

三、基因表达的方式

基因表达调控指细胞或生物体在接受内、外环境信号刺激时或适应环境变化的过程中在基因表达水平上作出应答的分子机制。

1. 组成性表达

（1）管家基因：有些基因产物对生命全过程都是必需的或必不可少的。这类基因在一个生物个体的几乎所有细胞中持续表达，不易受环境条件的影响。

（2）基本基因表达

1）定义：管家基因的表达水平受环境因素影响较小，而是在生物体各个生长阶段的大多数或几乎全部组织中持续表达或变化很小。将此类基因表达称为基本（或组成性）基因表达。

2）基本基因表达只受启动子和 RNA 聚合酶等因素的影响，而基本不受其他机制调节。但实际上，基本基因表达水平并非绝对“一成不变”，所谓“不变”是相对的。

2. 诱导和阻遏表达

（1）一些基因表达很容易受环境变化的影响。随外环境信号变化，这类基因的表达水平可以出现升高或降低的现象。

（2）诱导：可诱导基因在一定的环境中表达增强的过程。

（3）阻遏：可阻遏基因表达产物水平降低的过程。

3. 协调调节

（1）定义：在一定机制控制下，功能上相关的一组基因，无论其为何种表达方式，均需协调一致、共同表达。

（2）基因的协调表达体现在生物体的生长发育全过程。

（3）原核生物、单细胞生物调节基因的表达就是为适应环境、维持生长和细胞分裂。

（4）在多细胞生物，基因表达调控的意义还在于维持细胞分化与个体发育。

四、基因表达受调控序列和调节分子共同调节

1. 顺式作用元件　调控序列与被调控的编码序列位于同一条 DNA 链上。

2. 调节蛋白

（1）定义：调控基因远离被调控的编码序列，实际上是其他分子的编码基因，只能通过其表达产物来发挥作用。又称反式作用因子。

（2）调节蛋白不仅能对处于同一条 DNA 链上的结构基因的表达进行调控，而且还能对不在一条 DNA 链上的结构基因的表达起到同样的作用。

（3）反式作用因子的调节蛋白具有特定的空间结构，通过特异性地识别某些 DNA 序列与顺式作用元件发生相互作用。

五、基因表达调控呈现多层次和复杂性——四个基本的调控点

在遗传信息传递的各个水平上均可进行基因表达调控。

1. 基因结构的活化　DNA 暴露碱基后 RNA 聚合酶才能有效结合。活化状态的基因表现为：①对核酸酶敏感。②结合有非组蛋白及修饰的组蛋白。③低甲基化。

2. 转录起始　最有效的调节环节，通过 DNA 元件与调控蛋白相互作用来调控基因表达。

3. 转录后加工及转运　RNA 编辑、剪接、转运。

4. 翻译及翻译后加工　翻译水平可通过特异的蛋白因子阻断 mRNA 翻译。翻译后对蛋白的加工、修饰也是基本调控环节。

主治语录：转录起始是基因表达的基本控制点。

第二节 原核基因表达调控

原核基因的特点：①基因组中很少有重复序列。②编码蛋白质的结构基因为连续编码，且多为单拷贝基因，但编码 rRNA 的基因仍然是多拷贝基因。③结构基因在基因组中所占的比例（约占 50%）远远大于真核基因组。④许多结构基因在基因组中以操纵子为单位排列。

一、操纵子

1. 操纵子是原核基因转录调节的基本单位，由结构基因、调控基因、调节基因组成。

2. 功能

（1）结构基因：共用同一个启动子和一个转录终止信号序列，因此转录合成时仅产生一条 mRNA 长链，为几种不同的蛋白质编码。

（2）调控序列

1）启动子：启动子是 RNA 聚合酶结合的部位，是决定基因表达效率的关键元件。

2）操纵元件：是一段能被特异的阻遏蛋白识别和结合的 DNA 序列。

（3）调节基因：编码能够与操纵元件结合的阻遏蛋白。抑制基因转录，介导负性调节。

（4）调控蛋白质

1）特异因子决定 RNA 聚合酶对一个或一套启动序列的特异性识别和结合能力。

2）激活蛋白可结合启动子邻近的 DNA 序列，提高 RNA 聚合酶与启动序列的结合能力，从而增强 RNA 聚合酶的转录活性，是一种正性调节。

二、原核生物表达调控（乳糖操纵子）

1. 大多数原核基因调控通过操纵子机制实现。

2. 结构

（1）大肠杆菌（*E. coli*）的乳糖操纵子含 Z、Y 及 A 3 个结构基因，分别编码 β-半乳糖苷酶、通透酶、乙酰基转移酶，此外还有一个操纵序列 O、一个启动序列 P 及一个调节基因 I。

（2）I 基因编码一种阻遏蛋白，后者与 O 序列结合，使操纵子受阻遏而处于转录失活状态。

（3）在启动序列 P 上游还有一个分解（代谢）物基因激活蛋白（CAP）结合位点，由 P 序列、O 序列和 CAP 结合位点共同构成乳糖操纵子（*lac* operon）的调控区，3 个酶的编码基因即由同一调控区调节，实现基因产物的协调表达。

3. 乳糖操纵子的调节机制

（1）阻遏蛋白的负性调节

1）在没有乳糖存在时，乳糖操纵子处于阻遏状态。

2）当有乳糖存在时，乳糖操纵子即可被诱导。

（2）CAP 的正性调节

1）当没有葡萄糖时，cAMP 浓度较高，cAMP 与 CAP 结合，这时 CAP 结合在启动序列附近的 CAP 位点，可刺激 RNA 转录活性，使之提高 50 倍。

2）当葡萄糖存在时，cAMP 浓度降低，cAMP 与 CAP 结合受阻，因此乳糖操纵子表达下降。

3）对乳糖操纵子来说，CAP 是正性调节因素，Lac 阻遏蛋白是负性调节因素。

（3）协调调节：Lac 阻遏蛋白负性调节与 CAP 正性调节两种机制协同合作。

1）当阻遏蛋白封闭转录时，CAP 对该系统不能发挥正性调节作用。

2）无 CAP 存在，即使阻遏蛋白与操纵序列没有结合，操纵子仍无转录活性。

主治语录：总的结果是使细菌适应外界环境中能源物质种类，优先利用最简单的葡萄糖分子。

三、色氨酸操纵子

1. 阻遏作用

（1）在细胞内无色氨酸时，阻遏蛋白不能与操纵序列结合，因此色氨酸操纵子处于开放状态，结构基因得以表达。

（2）当细胞内色氨酸的浓度较高时，色氨酸作为辅阻遏物与阻遏蛋白形成复合物并结合到操纵序列上，关闭色氨酸操纵子，停止表达用于合成色氨酸的各种酶。

2. 衰减作用

（1）转录衰减：促进已经开始转录的 mRNA 合成终止，进一步加强阻遏作用。

（2）转录衰减通过前导序列 L（衰减子）来实现。前导序列 L 的结构特点如下。

1）它可以转录生成一段内含 4 个特殊短序列的前导 mRNA。

2）其中序列 1 有独立的起始和终止密码子，可翻译成为一个有 14 个氨基酸残基的前导肽，它的第 10 位和第 11 位都是色氨酸残基。

3）序列 1 和序列 2 间、序列 2 和序列 3 间、序列 3 和序列 4 间存在一些互补序列，可分别形成发夹结构，形成发卡结构的能力依次是 1/2 发夹>2/3 发夹>3/4 发夹。

4）序列 4 的下游有一个连续的 U 序列，是一个不依赖于 ρ

因子的转录终止信号。

（3）转录衰减的机制

1）色氨酸浓度较低时，前导肽的翻译因色氨酸量的不足而停滞在第 10/11 的色氨酸密码子部位，核糖体结合在序列 1 上，因此前导 mRNA 倾向于形成 2/3 发夹结构，转录继续进行。

2）色氨酸浓度较高时，前导肽的翻译顺利完成，核糖体可以前进到序列 2，因此发夹结构在序列 3 和序列 4 形成，连同其下游的多聚 U 使得转录中途终止，表现出转录的衰减。

四、原核基因表达在翻译水平的精细调控

1. 蛋白质分子结合于启动子或启动子周围进行自我调节。

2. 翻译阻遏利用蛋白质与自身 mRNA 的结合实现对翻译起始的调控。

3. 反义 RNA 利用结合 mRNA 翻译起始部位的互补序列调节翻译起始。

4. mRNA 密码子的编码频率影响翻译速度。

主治语录：原核基因表达在翻译水平受到精细调控。

第三节　真核基因表达调控

一、真核基因表达特点

1. 真核基因组比原核基因组大得多。

2. 原核基因组的大部分序列都为编码基因，而哺乳类基因组中大约只有 10%的序列编码蛋白质、rRNA、tRNA 等，其余 90%的序列功能不明。

3. 真核生物编码蛋白质的基因是不连续的，转录后需要剪接去除内含子，这就增加了基因表达调控的层次。

4. 原核生物的基因编码序列在操纵子中，多顺反子 mRNA 使得几个功能相关的基因自然协调控制；而真核生物则是一个结构基因转录生成一条 mRNA，即 mRNA 是单顺反子，许多功能相关的蛋白质即使是一种蛋白质的不同亚基也将涉及多个基因的协调表达。

5. 真核生物 DNA 在细胞核内与多种蛋白质结合构成染色质，这种复杂的结构直接影响着基因表达。

6. 真核生物的遗传信息不仅存在于核 DNA 上，还存在于线粒体 DNA 上，核内基因与线粒体基因的表达调控既相互独立又需要协调。

二、染色体结构与真核细胞表达密切相关

1. 转录活化的染色质对核酸酶敏感

超敏位点：染色质活化后，对核酸酶高度敏感的位点。转录活化区域是没有核小体蛋白结合的“裸露”DNA 链。

2. 转录活化染色质的组蛋白发生改变（变得松弛而不稳定）

组蛋白特点：①富含赖氨酸的 H1 组蛋白含量降低。②H2A-H2B组蛋白二聚体的不稳定性增加，使它们容易从核小体核心中被置换出来。③核心组蛋白 H3、H4 可发生乙酰化、磷酸化以及泛素化等修饰。

3. 组蛋白修饰　包括乙酰化、磷酸化、甲基化、泛素化修饰和 ADP-核糖基化。

发挥组蛋白共价修饰的蛋白质分子：组蛋白乙酰基转移酶（HAT，转录辅激活因子）和组蛋白去乙酰化酶（HDAC，转录辅抑制因子）。组蛋白乙酰化，有利于基因转录。组蛋白去乙酰化，抑制基因转录。

主治语录：组蛋白各种不同修饰的效应可能是协同的，也可能是相反的。

4. CpG 岛甲基化水平降低

（1）CpG 岛

1）定义：GC 含量可达 60%，长度为 300~3000bp 的区段。主要位于基因启动子与第一外显子区域。

2）CpG 岛的高甲基化促进染色质形成致密结构，因而不利于基因表达。

（2）表观遗传：在 DNA 复制后，DNA 甲基转移酶依照亲本 DNA 链的甲基化位置催化子链 DNA 在相同位置上发生甲基化的现象。

三、转录起始的调节

真核生物的 RNA 聚合酶需要与多个转录因子相互作用，才能完成转录起始复合物的装配。

1. 顺式作用元件（DNA 序列）

（1）顺式作用元件

1）绝大多数真核基因调控机制都涉及编码基因附近的非编码 DNA 序列。

2）顺式作用元件是指可影响自身基因表达活性的 DNA 序列。

3）根据顺式作用元件在基因中的位置、转录激活作用的性质及发挥作用的方式，可将真核基因的这些功能元件分为启动子、增强子、沉默子、绝缘子等。

（2）启动子

1）真核基因启动子是 RNA 聚合酶结合位点周围的一组转录控制组件，至少包括一个转录起始点以及一个以上的功能组件（TATA 盒、GC 盒、CAAT 盒）。

2）真核生物的启动子序列要比原核生物的复杂得多、序列也更长。

3）不含TATA盒的启动子：一类为富含GC的启动子，另一类启动子既不含TATA盒，也没有GC富含区，可有多个转录起始点。

（3）增强子

1）增强子与被调控基因位于同一条DNA链上，属于顺式作用元件。

2）增强子是组织特异性转录因子的结合部位，当某些细胞或组织中存在能够与之相结合的特异转录因子时方能表现活性。

3）增强子不仅能够在基因的上游或下游起作用，而且还可以远距离实施调节作用。

4）增强子作用与序列的方向性无关。

5）增强子需要有启动子才能发挥作用，没有启动子存在，增强子不能表现活性。

（4）沉默子：某些基因的负性调节元件，当其结合特异蛋白因子时，对基因转录起阻遏作用。

（5）绝缘子：位于增强子或沉默子与启动子之间，与特异蛋白因子结合后，阻碍增强子或沉默子对启动子的作用。

主治语录：真核生物启动子结构和调节远较原核生物复杂；增强子是一种能够提高转录效率的顺式作用元件；沉默子能够抑制基因的转录；绝缘子阻碍其他调控元件的作用。

2. 转录因子（TF）　真核基因的转录调节蛋白又称转录调节因子。由某一基因表达产生的蛋白质因子，通过与另一基因的特异的顺式作用元件相互作用，调节其表达。转录因子也称反式作用蛋白或反式作用因子。

（1）转录调节因子分类（按功能特性）

1）通用转录因子：①是RNA聚合酶结合启动子所必需的一组蛋白因子，帮助聚合酶与启动子结合并起始转录，对所有

基因都是必需的。②中介子也是在反式作用因子和 RNA 聚合酶之间的蛋白质复合体，它与某些反式作用因子相互作用，同时能够促进 TFⅡH 对 RNA 聚合酶最大亚基的羧基端结构域的磷酸化。

2）特异转录因子：①为个别基因转录所必需，决定该基因的时间、空间特异性表达。②包括转录激活因子和转录抑制因子。③上游因子，是与启动子上游元件如 GC 盒、CAAT 盒等顺式作用元件结合的蛋白质。

（2）转录因子结构

1）DNA 结合结构域。①锌指模体结构：一类含锌离子的模体，每个重复的“指”状结构含 20 多个氨基酸残基，1 个 α-螺旋和 2 个反向平行 β-折叠的二级结构。②碱性螺旋-环-螺旋：至少有两个 α-螺旋，由一个短肽段形成的环所连接，其中一个 α-螺旋的 N-端富含碱性氨基酸残基，是与 DNA 结合的结合域。③碱性亮氨酸拉链：在蛋白质 C-末端的氨基酸序列中，每隔 6 个氨基酸残基是一个疏水性的亮氨酸残基。

2）转录因子的转录激活结构域。①酸性激活结构域：富含酸性氨基酸的保守序列，常形成带负电荷的 β-折叠，通过与 TFⅡD 的相互作用协助转录起始复合物的组装，促进转录。②富含谷氨酰胺结构域：N-末端的谷氨酰胺残基含量高达 25%左右，可通过与 GC 盒结合发挥转录激活作用。③富含脯氨酸结构域：C-端的脯氨酸残基含量高达 20%~30%，可通过与 CAAT 盒结合发挥转录激活作用。

3）蛋白质-蛋白质相互作用方式：以二聚化结构域常见。

3. 转录起始复合物　转录起始复合物的组装是转录调控的主要方式。

四、转录后调控影响真核 mRNA 的结构和功能

1. mRNA 的稳定性影响真核生物基因表达　影响 mRNA 稳

定性的因素：

（1）5′-端的帽结构可以增加 mRNA 的稳定性。

（2）3′-端的 poly（A）尾结构防止 mRNA 降解。

2. 一些非编码小分子 RNA 可引起转录后基因沉默。

3. mRNA 前体的选择性剪接可以调节真核生物基因表达 选择性剪接的结果是由同一条 mRNA 前体产生了不同的成熟 mRNA，并由此产生了完全不同的蛋白质。

主治语录：转录终止、转录后修饰、加工，其中编辑、干扰和变位剪接等是使转录样本多样化的重要方式；出核转运、转录后转录本稳定性以及翻译启动的特异性调节也是基因表达调节的重要方式。

五、真核基因表达在翻译及翻译后仍可受到调控

1. 翻译起始因子活性的调节

（1）翻译起始因子 eIF-2α 的磷酸化抑制翻译起始：eIF-2α 主要参与起始 $Met\text{-}tRNAi^{Met}$的进位过程，其 α 亚基的活性可因磷酸化而降低，导致蛋白质合成受到抑制。如血红素对珠蛋白合成的调节。

（2）eIF-4E 及 eIF-4E 结合蛋白的磷酸化激活翻译起始：磷酸化的 eIF-4E 与帽结构的结合力是非磷酸化的 eIF-4E 的 4 倍，因而可提高翻译的效率。

2. RNA 结合蛋白参与对翻译起始的调节

（1）RNA 结合蛋白：能够与 RNA 特异序列结合的蛋白质。

（2）铁反应元件结合蛋白（IRE-BP）作为特异 RNA 结合蛋白，在调节铁转运蛋白受体 mRNA 稳定性方面起重要作用。

3. 对翻译产物水平及活性的调节可以快速调控基因表达 通过对蛋白质可逆的磷酸化、甲基化、酰基化修饰，可以达到

调节蛋白质功能的作用，是基因表达的快速调节方式。

4. 小分子 RNA 对基因表达的调节十分复杂

（1）微 RNA（miRNA）

1）长度一般为 20~25 个碱基。

2）在不同生物体中普遍存在。

3）其序列在不同生物中具有一定的保守性。

4）具有明显的表达阶段特异性和组织特异性。

5）miRNA 基因以单拷贝、多拷贝或基因簇等多种形式存在于基因组中，而且绝大部分位于基因间隔区。

（2）干扰小 RNA（siRNA）：是细胞内的一类双链 RNA，在特定情况下通过一定酶切机制，转变为具有特定长度和特定序列的小片段 RNA。

（3）siRNA 和 miRNA

1）相同点：①非编码小分子 RNA。②均由 Dicer 切割产生。③长度都在 22 个碱基左右。④都组成 RNA 诱导的沉默复合体（RISC），与 mRNA 作用而引起基因沉默。

2）差异（表 3-16-1）。

表 3-16-1　siRNA 和 miRNA 的差异比较

项目	siRNA	miRNA
前体	内源或外源长双链 RNA 诱导产生	内源发夹环结构的转录产物
结构	双链分子	单链分子
功能	降解 mRNA	阻遏其翻译
靶 mRNA 结合	需完全互补	不需完全互补
生物学效应	抑制转座子活性和病毒感染	发育过程的调节

5. 长非编码 RNA 在基因表达调控中的作用不容忽视。

主治语录：

（1）真核基因与原核基因的结构特点：真核细胞基因组非常复杂：结构庞大、重复序列（高度、中度、单拷贝）、不连续性（外显子、内含子、外显子侧翼序列）、单顺反子（一个编码基因转录、翻译生成一条多肽链）。

（2）原核基因表达调控特点：σ因子决定RNA聚合酶的识别特异性；操纵子（元）模型的普遍性：多顺反子转录，通过调控单个启动基因的活性来完成协调表达。阻遏蛋白与阻遏机制的普遍性：负性调节占主导。

（3）真核基因表达调控特点：①活性染色体结构变化：对核酸酶高度敏感；拓扑结构变化（转变为正超螺旋）；DNA碱基修饰（如CpG岛低甲基化）、组蛋白减少。②正性调节占主导。③转录与翻译分隔进行（表达差异）。④转录后修饰、加工。⑤RNA聚合酶有三种。

历年真题

1. 下列属于反式作用因子的是
   A. 延长因子
   B. 增强子
   C. 操纵序列
   D. 启动子
   E. 转录因子
2. 属于顺式作用元件的是
   A. 转录抑制因子
   B. 转录激活因子
   C. 增强子
   D. ρ因子
   E. σ因子
3. 基因表达是指
   A. 基因突变
   B. 遗传密码的功能
   C. mRNA合成后的修饰过程
   D. 蛋白质合成后的修饰过程
   E. 基因转录和翻译的过程

参考答案：1. E　2. C　3. E

第十七章　细胞信息转导的分子机制

核心问题

1. 第二信使、受体、G 蛋白的概念。

2. MAPK 途径。

3. 受体活性的调节，信息转导途径的相互联系，信息转导与疾病。

内容精要

细胞通讯和细胞信号转导是机体内一部分细胞发出信号，另一部分细胞接收信号并将其转变为细胞功能变化的过程。信号的传递和终止、信号转导过程中的级联放大效应、信号转导途径的通用性和特异性、信号转导途径的复杂且多样性形成了细胞信号转导的基本规律。

第一节　细胞信号转导概述

一、概念

1. 细胞通讯　细胞间或细胞内，精确和高效地发送与接收信息，并通过放大机制引起快速的细胞生理反应。

2. 信息转导　细胞对外界的某种刺激或信号发生反应，由细胞内多种分子相互作用发生的反应，使得细胞外信息传递到细胞内，调节细胞代谢、增殖、分化、功能活动和凋亡的过程。

二、细胞外化学信号的形式

单细胞生物可直接从外界环境接受信息，多细胞生物的单个细胞主要接收来自其他细胞的信号或所处的环境。

1. 可溶性信号分子

（1）根据其溶解特性分为脂溶性化学信号和水溶性化学信号。

（2）根据其在体内的作用距离分为内分泌信号、旁分泌信号和神经递质三大类（表 3-17-1）。

表 3-17-1　可溶性信号分子的分类

	神经分泌	内分泌	旁分泌及自分泌
化学信号	神经递质	激素	细胞因子
作用距离	nm	m	mm
受体位置	膜受体	膜或胞内受体	膜受体
举例	乙酰胆碱、谷氨酸	胰岛素、甲状腺激素、生长激素	表皮生长因子、白细胞介素、神经生长因子

注：自分泌，旁分泌信号作用于发出信号的细胞自身。

2. 膜结合性信号分子

（1）细胞通过表面分子发出信号时，相应的分子即为膜结合性信号分子，在靶细胞表面存在其特异的结合的分子，通过分子间的相互作用而接受信号，并把信号传入靶细胞。

（2）这种细胞通讯方式称为膜表面分子接触通讯。

主治语录：可溶性信号分子作为游离分子在细胞间传递；膜结合性信号分子需要细胞间接触才能传递信号。

三、细胞经由特异性受体接收细胞外信号

1. 受体　细胞膜上或细胞内能特异识别生物活性分子并与之结合的成分，进而引起生物学效应的特殊蛋白质。

2. 配体　能够与受体特异性结合的分子称为配体。可溶性和膜结合性信号分子都是常见的配体。

3. 受体的分类

（1）膜受体。

（2）细胞内受体：位于细胞质或细胞内的受体，其相应配体是脂溶性信号分子，例如类固醇激素、甲状腺激素、维A酸等。

（3）水溶性和脂溶性化学信号的转导（图3-17-1）。

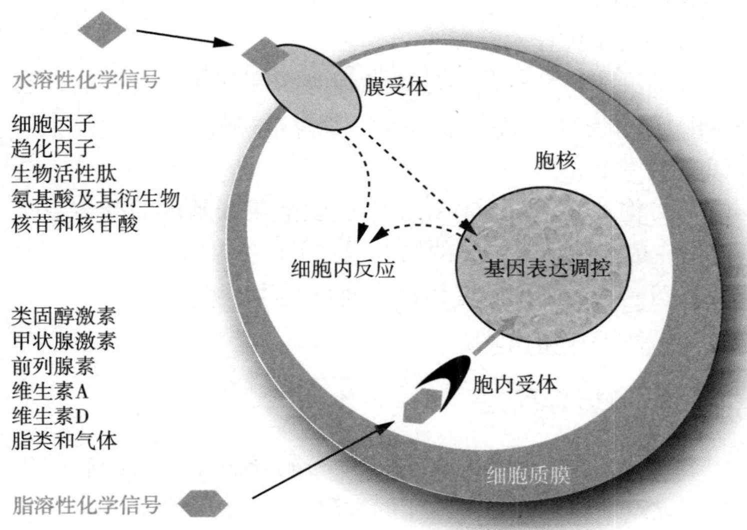

图3-17-1　水溶性和脂溶性化学信号的转导

4. 受体结合配体

（1）受体的作用

1）识别外源信号分子并与之结合。

2）转换配体信号，使配体信号成为细胞内分子可识别的信号，并传递至其他分子引起细胞应答。

（2）细胞内受体直接传递信号或通过特定的途径传递信号：有许多细胞内受体是基因表达的调控蛋白，与进入细胞的信号分子结合，可直接传递信号。另一些细胞内受体可以结合细胞内产生的信号分子，可直接激活效应分子或通过信号转导途径激活效应分子。

（3）膜受体识别细胞外信号分子并转换信号：膜受体识别并结合细胞外信号分子，将细胞外信号转换成能够被细胞内分子识别的信号，通过信号转导途径将信号分子传递至效应分子，引起细胞做出规律性应答。

5. 受体与配体作用特点

（1）高度专一性：受体选择性地与特定配体结合，这种选择性是由分子的空间构象所决定的，保证准确性。

（2）高度亲和力。

（3）可饱和性：由于存在于细胞膜上或细胞内的受体数目是一定的，因此配体与受体的结合也是可以饱和的。

（4）可逆性：配体与受体通常通过非共价键而结合。

（5）特定的作用模式。

四、信号转导网络

1. 信号转导途径　由一组特定信号转导分子形成的有序化学变化并导致细胞行为发生改变的过程。

2. 信号传导网络　不同信号传导途径之间的相互作用，具有广泛的交联互动性。

3. 网络调节　如一种激素的作用受到其他细胞因子或激素的影响，发出信号的细胞又受到其他细胞信号的调节。

第二节　细胞内信号转导分子

一、概述

1. 信号转导分子　细胞外的信号经过受体转换进入细胞内，通过细胞内一些蛋白质分子和小分子活性物质进行传递。这些能够传递信号的分子称为信号转导分子。

2. 分类　小分子第二信使、酶、调节蛋白。

3. 信号转导分子传递信号的基本方式

（1）改变下游信号转导分子的构象。

（2）改变下游信号转导分子的细胞内定位。

（3）信号转导分子复合物的形成或解聚。

（4）改变小分子信使的细胞内浓度或分布等。

二、第二信使

配体与受体结合后并不进入细胞内，但能间接激活细胞内其他可扩散、并调节信号转导蛋白活性的小分子或离子，在细胞内传递信号的分子。

1. 小分子信使传递信号具有相似的特点

（1）上游信号转导分子使第二信使的浓度升高或分布变化。

（2）小分子信使浓度可迅速降低。

（3）小分子信使激活下游信号转导分子。

2. 环核苷酸是重要的细胞内第二信使　目前已知的细胞内环核苷酸类第二信使有 cAMP 和 cGMP 两种。

（1）cAMP 和 cGMP 的上游信号转导分子是相应的核苷酸环化酶

1）cAMP 的上游分子是腺苷酸环化酶（AC），AC 是膜结合的糖蛋白。

2）cGMP 的上游分子是鸟苷酸环化酶（GC）。GC 有两种形式：膜结合型的受体分子和存在于细胞质的受体分子。

（2）在细胞内调节蛋白激酶活性：环核苷酸在细胞内调节蛋白激酶活性，但蛋白激酶不是 cAMP 和 cGMP 的唯一靶分子。

1）cAMP 的下游分子是蛋白激酶 A（PKA），PKA 是由催化亚基（C）和调节亚基（R）组成的四聚体。R 亚基抑制 C 亚基的催化活性。

2）cGMP 的下游分子是蛋白激酶 G（PKG），PKG 是由相同亚基组成的二聚体，其催化结构域和调节结构域在同一个亚基内。

（3）磷酸二酯酶催化环核苷酸水解。

3. 脂质衍生出第二信使

（1）磷脂酰肌醇激酶和磷脂酶催化生成第二信使

1）磷脂酰肌醇激酶（PI-K）催化磷脂酰肌醇（PI）的磷酸化，分为 PI-3K、PI-4K、PI-5K 等。

2）磷脂酰肌醇特异性磷脂酶 C（PLC）将磷脂酰肌醇-4, 5-二磷酸（PIP_2）分解为甘油二酯（DAG）和三磷酸肌醇（IP_3）。

（2）脂质第二信使作用于相应的靶蛋白质

1）DAG：脂溶性分子，生成后仍留在质膜上。

2）IP_3：水溶性分子，在细胞内扩散至内质网或肌质网膜上，并与其受体结合。

3）Ca^{2+}：IP_3的受体，结合后，促进 Ca^{2+} 释放。

4）PKC：属于蛋白质丝氨酸/苏氨酸激酶。

4. 钙离子激活信号转导相关的酶类

（1）钙离子在细胞中的分布具有明显的区域特征：胞外游离钙浓度高于胞内钙浓度，其中胞内的钙离子大部分储存于胞内钙库（内质网和线粒体），胞质浓度很低。

（2）钙离子的下游信号转导分子是钙调蛋白。钙调蛋白（CaM）是一种钙结合蛋白，有 4 个结构域，一个结构域可结合一个钙离子。结合后形成 Ca^{2+}/CaM 复合物，可调节钙调蛋白依赖性蛋白激酶的活性。

（3）钙调蛋白不是钙离子的唯一靶分子。

5. NO 等小分子也具有信使功能　NO 可通过激活鸟苷酸环化酶、ADP-核糖转移酶和环氧化酶等而传递信号。

三、酶促反应传递信号

信号转导分子的酶：①催化小分子信使生成和转化的酶，如腺苷酸环化酶、鸟苷酸环化酶、磷脂酶 C、磷脂酶 D（PLD）等。②蛋白激酶，如蛋白质丝氨酸/苏氨酸激酶和蛋白质酪氨酸激酶。

1. 蛋白激酶和蛋白磷酸酶可调控信号传递　蛋白激酶（PK）与蛋白磷酸酶（PP）催化蛋白质的可逆磷酸化修饰，对下游分子的活性进行调节。

（1）主要的蛋白激酶

1）蛋白质丝氨酸/苏氨酸激酶：作用于丝氨酸/苏氨酸的羟基。

2）蛋白质酪氨酸激酶：作用于酪氨酸的酚羟基。

（2）蛋白磷酸酶拮抗蛋白激酶诱导的效应：蛋白磷酸酶使磷酸化的蛋白质发生去磷酸化，拮抗蛋白激酶的作用，两者共同构成了蛋白质活性的调控系统。

2. 许多信号途径涉及蛋白质丝氨酸/苏氨酸激酶的作用

（1）受环核苷酸调控的 PKA 和 PKG。

（2）受 DAG/Ca^{2+}调控的 PKC。

（3）受 Ca^{2+}/CaM 调控的 Ca^{2+}/CaM-PK。

（4）受 PIP_3调控的 PKB 及受丝裂原控制的丝裂原激活的蛋白激酶（MAPK）等。

3. 蛋白质酪氨酸激酶（PTK）转导细胞增殖与分化信号

（1）部分膜受体具有PTK活性：具有PTK活性的受体称为受体酪氨酸激酶（RTK），结构均为单次跨膜蛋白质，胞外为配体结合区，中间有跨膜区，胞内部含有RTK催化结构域。

（2）细胞内有多种非受体型的PKT：其本身并非受体。有些PTK直接与受体结合，由受体激活而向下游传递信号。有些则是存在于细胞质或细胞核中，由其上游信号转导分子激活，再向下游传递信号。

四、信号转导蛋白通过蛋白质相互作用传递信号

信号转导途径中的信号转导分子主要包括G蛋白、衔接蛋白和支架蛋白。

1. G蛋白的GTP/GDP结合状态决定信号的传递　鸟苷酸结合蛋白称为G蛋白，也称GTP结合蛋白。结合GTP时处于活化形式，能够与下游分子结合，并通过别构效应而激活下游分子。G蛋白自身均具有GTP酶活性，可将结合的GTP水解为GDP，回到非活化状态，停止激活下游分子。

（1）三聚体G蛋白介导G蛋白偶联受体传递的信号

1）以αβγ三聚体形式存在。

2）α亚基（Gα）：①功能位点。a. 与G蛋白偶联受体（GPCR）结合并受其活化调节的部位。b. 与βγ亚基相结合的部位。c. GDP或GTP结合部位。d. 与下游效应分子相互作用的部位。②α亚基具有GTP酶活性。

3）β和γ亚基：主要作用是与α亚基形成复合体并定位于质膜内侧。

4）三聚体G蛋白直接由G蛋白偶联受体激活，从而激活下游受体转导分子，调节细胞功能。

（2）低分子量G蛋白是信号转导途径中的转导分子

1）低分子量 G 蛋白（21kD）称为 Ras 超家族，在细胞内分别参与不同的信号转导途径。

2）控制低分子量 G 蛋白活性的调节因子：鸟嘌呤核苷酸转换因子可增加其活性；GTP 酶活化蛋白可降低其活性。

2. 衔接蛋白和支架蛋白连接信号转导网络

（1）蛋白质相互作用结构域介导信号转导途径中蛋白质的相互作用

1）信号转导途径中的一些环节是由多种分子聚集形成的信号转导复合物来完成信号传递的。

2）信号转导复合物形成的基础是蛋白质相互作用。

3）蛋白质相互作用的结构基础则是各种蛋白质分子中的蛋白质相互作用结构域。

4）蛋白质相互作用结构域的特点：①一个信号分子中可含有两种以上的蛋白质相互作用结构域，可同时结合两种以上的其他信号分子。②同一类蛋白质相互作用结构域可存在于不同的分子中。③这些结构域没有催化活性。

（2）衔接蛋白连接信号转导分子

1）衔接蛋白是信号转导途径中不同信号转导分子之间的接头分子，连接上游信号转导分子和下游信号转导分子而形成信号转导复合物。

2）大部分衔接蛋白含有 2 个或 2 个以上的蛋白质相互作用结构域。

（3）支架蛋白保证特异和高效的信号转导

1）支架蛋白是分子量较大的蛋白质，带有多个蛋白质结合域，可将同一信号转导途径中相关蛋白质组织成群的蛋白质。

2）意义：①支架蛋白结合相关的信号转导分子，使之容纳于一个隔离而稳定的信号转导途径内，避免与其他信号转导途径发生交叉反应，以维持信号转导途径的特异性。②增加了调控的复杂性和多样性。

主治语录：G 蛋白的 GTP/GDP 结合状态决定信号的传递；衔接蛋白和支架蛋白连接信号转导网络。

第三节　细胞受体介导的细胞内信号转导

一、膜受体的分类

见表 3-17-2。

表 3-17-2　膜受体的分类

特性	离子通道受体	G 蛋白偶联受体	酶偶联受体
配体	神经递质	神经递质，激素，趋化因子，外源刺激（味、光）	生长因子，细胞因子
结构	寡聚体形成的孔道	单体	具有或不具有催化活性的单体
跨膜区段数	4 个	7 个	1 个
功能	离子通道	激活 G 蛋白	激活蛋白激酶
细胞应答	去极化和超极化	去极化与超极化，调节蛋白质功能和表达水平	调节蛋白质的功能和表达水平，调节细胞分化和增殖

二、细胞内受体通过分子迁移传递信号

1. 位于细胞内的受体多为转录因子。与相应配体结合后，能与 DNA 的顺式作用元件结合，在转录水平调节基因表达。

2. 能与该型受体结合的信号分子有类固醇激素、甲状腺激素、视黄酸和维生素 D 等。

3. 当激素进入细胞后，如果其受体是位于细胞核内，激素被运输到核内，与受体形成激素受体复合物。

4. 如果受体是位于细胞质中，激素则在细胞质中结合受体，导致受体的构象变化，与热激蛋白分离，并暴露出受体的核内转移部位及 DNA 结合部位，激素受体复合物向细胞核内转移，穿过核孔，迁移进入细胞核内，并结合于其靶基因邻近的激素反应元件上。

5. 细胞内受体结构及作用机制示意图　见图 3-17-2。

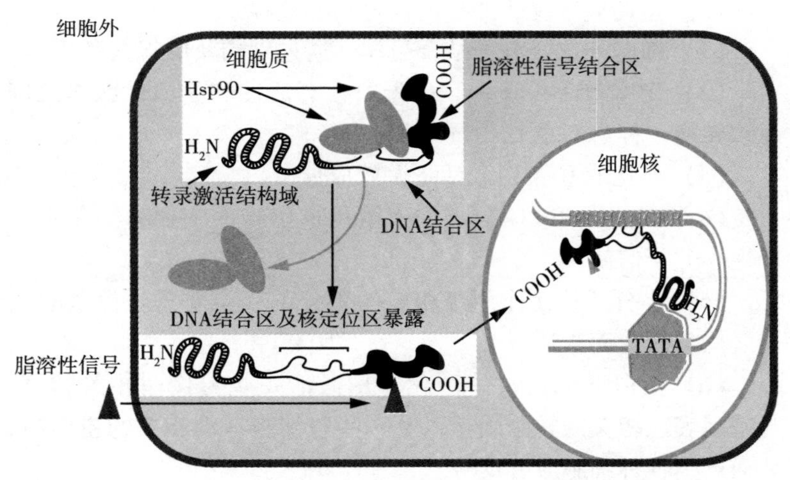

图 3-17-2　细胞内受体结构及作用机制示意图

三、离子通道型受体将化学信号转变为电信号

1. 离子通道型受体是一类自身为离子通道的受体。通道的开放或关闭直接受化学配体的控制，称为配体-门控受体通道。配体主要为神经递质。

2. 典型代表　N 型乙酰胆碱受体，由 β、γ、δ 亚基以及 2 个 α 亚基组成。

3. 离子通道受体信号转导的最终效应是细胞膜电位改变。

其引起的细胞应答主要为去极化和超极化。

四、G 蛋白偶联受体通过 G 蛋白和小分子信使介导信号转导

G 蛋白偶联受体在结构上为单体蛋白，氨基端位于细胞膜外表面，羧基端在胞膜内侧。其肽链反复跨膜七次，因此又称为七次跨膜受体。

1. G 蛋白偶联受体介导的信号转导途径

（1）细胞外信号分子结合受体，通过别构效应将其激活。

（2）受体激活 G 蛋白，G 蛋白在有活性和无活性状态之间连续转换，称为 G 蛋白循环。

（3）活化的 G 蛋白激活下游效应分子。

（4）G 蛋白的效应分子向下游传递信号的主要方式是催化产生小分子信使。

（5）小分子信使作用于相应的靶分子（主要是蛋白激酶），使之构象改变而激活。

（6）蛋白激酶通过磷酸化作用激活一些与代谢相关的酶、与基因表达相关的转录因子以及一些与细胞运动相关的蛋白质，从而产生各种细胞应答反应。

（7）哺乳类动物细胞中的 Gα 亚基种类及效应（表 3-17-3）。

表 3-17-3 哺乳类动物细胞中的 Gα 亚基种类及效应

Gα 种类	效 应	产生的第二信使	第二信使的靶分子
α_s	AC 活化↑	cAMP↑	PKA 活性↑
α_i	AC 活化↓	cAMP↓	PKA 活性↓
α_q	PLC 活化↑	Ca^{2+}、IP_3、DAG↑	PKC 活化↑
α_t	cGMP-PDE 活性↑	cGMP↓	Na^+通道关闭

2. 不同G蛋白偶联受体可通过不同途径传递信号　不同的细胞外信号分子与相应受体结合后，通过G蛋白传递信号，但传入细胞内的信号并不一样。

（1）cAMP-PKA途径：以靶细胞内cAMP浓度改变和PKA激活为主要特征。

1）调节代谢：PKA通过对效应蛋白的磷酸化作用，实现其调节功能。对糖原磷酸化酶b激酶、激素敏感脂肪酶、胆固醇酯酶起激活作用，促进糖原、脂肪、胆固醇的分解代谢；对乙酰CoA羧化酶、糖原合酶起抑制作用，抑制脂肪合成和糖原合成。

2）调节基因表达：PKA可修饰激活转录调控因子，调控基因表达。

3）调节细胞极性：通过磷酸化作用激活离子通道，调节细胞膜电位。

（2）IP_3/DAG-PKC途径

1）促甲状腺素释放激素、去甲肾上腺素、抗利尿素与受体结合后所激活的G蛋白可激活PLC。

2）PLC水解膜组分PIP_2，生成DAG和IP_3。IP_3促进细胞钙库内的Ca^{2+}迅速释放，使细胞质内的Ca^{2+}浓度升高。

3）Ca^{2+}与细胞质内的PKC结合并聚集至质膜。质膜上的DAG、磷脂酰丝氨酸与Ca^{2+}共同作用于PKC的调节结构域，使PKC变构而暴露出活性中心。

（3）Ca^{2+}/钙调蛋白依赖的蛋白激酶途径

1）G蛋白偶联受体引起细胞内Ca^{2+}浓度升高的3种方式：①某些G蛋白可以直接激活细胞质膜上的钙通道。②通过PKA激活细胞质膜的钙通道，促进Ca^{2+}流入细胞质。③通过IP_3促使细胞质钙库释放Ca^{2+}。

2）细胞质中的Ca^{2+}浓度升高后，通过结合钙调蛋白传递信号。

3）钙调蛋白依赖性蛋白激酶：可被Ca^{2+}/CaM复合物激活，

钙调蛋白依赖性激酶属于蛋白质丝氨酸/苏氨酸激酶。

（4）G蛋白偶联受体介导的信号转导（图3-17-3）。

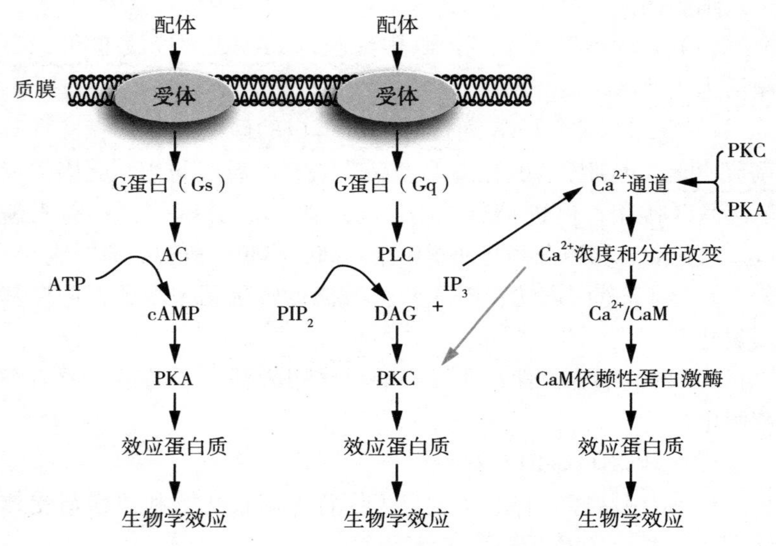

图3-17-3　G蛋白偶联受体介导的信号转导

五、酶偶联受体主要通过蛋白质修饰或相互作用传递信号

酶偶联受体主要是生长因子和细胞因子的受体，主要调节蛋白质的功能和表达水平、调节细胞增殖和分化。

1. 蛋白激酶偶联受体介导的信号转导途径具有相同的基本模式

各种途径的作用模式：

（1）胞外信号分子与受体结合，导致第一个蛋白激酶被激活。有的受体自身具有蛋白激酶活性，此步骤激活受体胞内结构域的蛋白激酶活性。有些受体自身没有蛋白激酶活性，此步骤是受体通过蛋白质-蛋白质相互作用激活某种蛋白激酶。

（2）通过蛋白质-蛋白质相互作用或蛋白激酶的磷酸化修饰

作用激活下游信号转导分子，从而传递信号，最终仍是激活一些特定的蛋白激酶。

（3）蛋白激酶通过磷酸化修饰激活代谢途径中的关键酶、转录调控因子等，影响代谢途径、基因表达、细胞运动、细胞增殖等。

2. 常见的蛋白激酶偶联受体介导的信号转导途径

（1）常见 MAPK 途径、JAK-STAT 途径、Smad 途径、PI-3K 途径、NF-κB 途径等。

（2）MAPK 途径

1）以丝裂原激活的蛋白激酶（MAPK）为代表的信号转导途径。

2）特点是具有 MAPK 级联反应。

3）MAPK 至少有 12 种，分属于 ERK 家族、p38 家族、JNK 家族。

4）Ras/MAPK 途径转导表皮生长因子信号的过程：①受体与配体结合后形成二聚体，激活受体的蛋白激酶活性。②受体自身酪氨酸残基磷酸化，形成 SH2 结合位点，从而能够结合含有 SH2 结构域的接头蛋白 Grb2。③Grb2 的两个 SH3 结构域与 SOS 分子中的富含脯氨酸序列结合，将 SOS 活化。④活化的 SOS 结合 Ras 蛋白，促进 Ras 释放 GDP、结合 GTP。⑤活化的 Ras 蛋白可激活 MAPKKK，活化的 MAPKKK 可磷酸化 MAPKK 而将其激活，活化的 MAPKK 将 MAPK 磷酸化而激活。⑥活化的 MAPK 可以转位至细胞核内，通过磷酸化作用激活多种效应蛋白，从而使细胞对外来信号产生生物学应答。

5）蛋白激酶偶联受体介导信号转导的 MAPK 途径（图 3-17-4）。

主治语录：受体的基本类型包括细胞内受体和膜表面受体两大类。膜受体又有离子通道受体、G 蛋白偶联受体和酶偶联受体三个亚类。

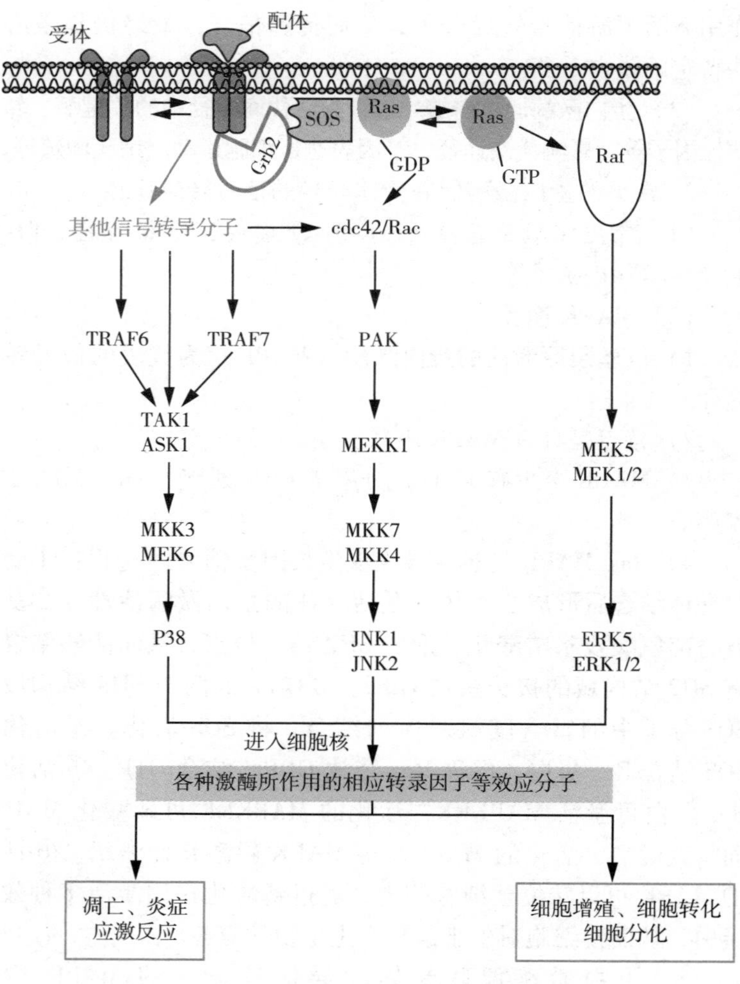

图 3-17-4　蛋白激酶偶联受体介导信号转导的 MAPK 途径

第四节　细胞信号转导的基本规律

1. 信号的传递和终止涉及许多双向反应。

2. 细胞信号在转导过程中被逐级放大。

3. 细胞信号转导途径既有通用性又有专一性。

4. 细胞信号转导途径具有多样性

（1）一种细胞外信号分子可通过不同信号转导途径影响不同的细胞。

白介素 1β 可以通过 G 蛋白偶联受体和蛋白激酶偶联受体介导的 MAPK 途径传递信号。

（2）受体与信号转导途径有多样性组合。有些受体自身磷酸化后产生多个与其他蛋白相互作用的位点，可以激活几条信号转导途径。例如，血小板衍生生长因子的受体激活后，可激活 Src 激酶活性、结合 Grb2 并激活 Ras、激活 PI-3K、激活 PLCγ。因而同时激活多条信号转导途径而引起复杂的细胞应答反应。

（3）一种信号转导分子不一定只参与一条途径的信号转导。

（4）一条信号转导途径中的功能分子可影响和调节其他途径

1）Ras/MAPK 途径可调节 Smad 途径。

2）蛋白激酶 C 可调节蛋白质酪氨酸激酶系统。

5. 不同信号转导途径可参与调控相同的生物学效应。

第五节　细胞信号转导异常与疾病

信号转导机制研究在医学发展中的意义：有助于对发病机制深入认识；为疾病诊断提供新的标记物和治疗提供新靶位。

一、信号转导异常可发生在两个层次

1. 受体异常激活和失能

（1）受体异常激活

1）基因突变可导致异常受体的产生，不依赖外源信号便能

激活细胞内的信号途径。

2）受体编码基因可因某些因素的调控作用而过度表达，使细胞表面呈现远远多于正常细胞的受体数量。

（2）受体异常失活

1）受体分子数量、结构或调节功能发生异常变化时，可导致受体异常失能，不能正常传递信号。

2）如基因突变可导致遗传性胰岛素受体异常，使受体均不能正常传递胰岛素的信号。

2. 信号转导分子的异常激活和失活

（1）细胞内信号转导分子异常激活：细胞内信号转导分子的结构发生改变，可导致其激活并维持在活性状态，如三聚体G蛋白的α亚基可因基因突变而发生功能改变。

（2）细胞内信号转导分子异常失活：失活细胞内信号转导分子表达降低或结构改变，可导致其失活。如基因突变可导致胰岛素受体介导的信号转导途径——PI-3K途径的p85亚基表达下调或结构改变，使PI-3K不能正常激活或不能达到正常激活水平，因而不能正常传递胰岛素信号。

二、信号转导异常可导致疾病的发生

异常的信号转导可使细胞获得异常功能或者失去正常功能，从而导致疾病的发生或影响疾病的过程。许多疾病的发生和发展都与信号转导异常有关。

1. 信号转导异常导致细胞获得异常功能或表型

（1）细胞获得异常的增殖能力：肿瘤。

（2）细胞的分泌功能异常：生长激素分泌过度，可刺激骨骼过度生长，引起成人的肢端肥大症和儿童的巨人症。

（3）细胞膜通透性改变：霍乱毒素的A亚基使G蛋白处于持续激活状态，持续激活PKA。

2. 信号转导异常导致细胞正常功能缺失

（1）失去正常的分泌功能：TSH受体的阻断性受体抑制TSH受体激活，抑制甲状腺的分泌，导致甲状腺功能减退。

（2）失去正常的反应性：长期儿茶酚胺刺激使心肌细胞失去对肾上腺素的反应性，导致心肌收缩功能不足。

（3）失去正常的生理调节功能：由于细胞受体功能异常而不能对胰岛素产生反应，不能正常摄入和贮存葡萄糖，从而导致血糖水平升高。

三、细胞信号转导分子是重要的药物作用靶位

在研究各种病理过程中发现的信号转导分子结构与功能的改变为新药的筛选和开发提供了靶位，由此产生了信号转导药物这一概念。

一种信号转导干扰药物是否可以用于疾病的治疗而又具有较小的副作用，主要取决于两点：所干扰的信号转导途径在体内是否广泛存在；药物自身的选择性。

主治语录：

家族性高胆固醇血症：LDL受体缺陷

非胰岛素依赖型糖尿病：胰岛素受体减少或功能障碍

霍乱和百日咳：G蛋白的异常

历年真题

可以激活蛋白激酶A的是

A. IP_3

B. DG

C. cAMP

D. cGMP

E. PIP_3

参考答案：C

第四篇　医学生化专题

第十八章　血液的生物化学

核心问题

1. 血红素合成过程及调节。
2. 红细胞代谢。

内容精要

血液由有形的红细胞、白细胞和血小板以及无形的血浆组成。血浆中蛋白质在大多肝脏合成。血红素生物合成的关键酶是 ALA 合酶。

第一节　血浆蛋白质

一、概述

1. 血液　血浆、红细胞、白细胞和血小板。
2. 血清　血液凝固后析出的淡黄色透明液体。
3. 血液的固体成分　无机物（电解质为主）和有机物（蛋

白质、非蛋白质类含氮化合物、糖类和脂类等）。

主治语录：血液功能有①运输氧气，血红蛋白（Hb）。②运输营养物质。③维持血液胶体渗透压，清蛋白。④参与凝血，凝血因子。⑤免疫功能，抗体。⑥维持内环境，调节pH。

二、血浆蛋白的分类与性质

血浆蛋白是血浆中主要的固体成分，总浓度为70~75g/L。

1. 血浆蛋白的分类

（1）按功能分类：①凝血系统蛋白质。②纤溶系统蛋白质。③补体系统蛋白质。④免疫球蛋白。⑤脂蛋白。⑥血浆蛋白酶抑制剂。⑦载体蛋白。⑧未知功能的血浆蛋白质。

（2）按电泳结果分类

1）电泳是最常用的分离蛋白质的方法，可分为5条区带（表4-18-1、图4-18-1）。

表4-18-1 血浆蛋白质的种类及功能

种类		主要功能
清蛋白（白蛋白，主要）		维持血浆渗透压、运输
α球蛋白	α_1球蛋白	营养运输
	α_2球蛋白	
β球蛋白		运输
γ球蛋白		免疫
纤维蛋白原		凝血

2）聚丙烯酰胺凝胶电泳为分辨率最高的电泳方法，超速离心法可根据蛋白质的密度将其分离。

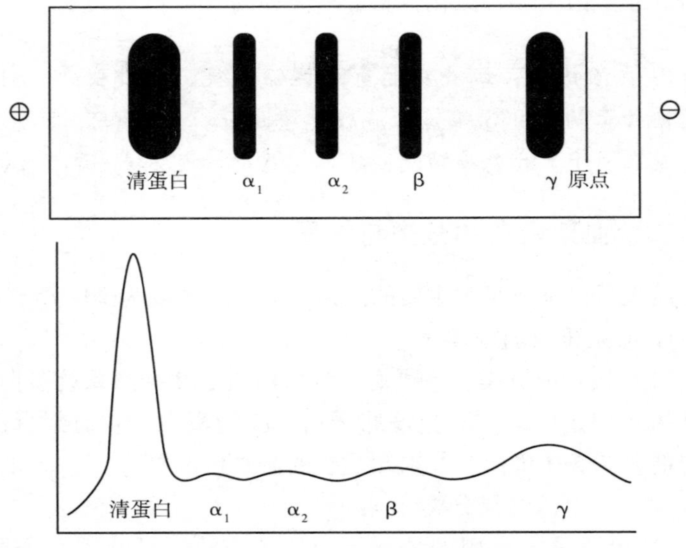

图 4-18-1 血清蛋白电泳图

2. 血浆蛋白的性质

（1）绝大多数血浆蛋白在肝合成。

（2）血浆蛋白的合成场所一般位于膜结合的多核蛋白体上。合成的蛋白质转移入内质网池，然后被酶切去信号肽，蛋白质前体成为成熟蛋白质。

（3）除清蛋白外，几乎所有的血浆蛋白均为糖蛋白。

（4）许多血浆蛋白呈现多态性。

（5）在循环过程中，每种血浆蛋白均有自己特异的半衰期。如清蛋白和结合珠蛋白的半衰期分别为 20 天和 5 天左右。

（6）血浆蛋白的水平往往与疾病紧密相关。在急性炎症或某种类型组织损伤等情况下，某些血浆蛋白的水平会增高，它们被称为急性期蛋白质（APP）。

三、血浆蛋白的功能

1. 维持血浆胶体渗透压正常人血浆胶体渗透压的大小，取决于血浆蛋白质的摩尔浓度。

2. 维持血浆正常的 pH（7.35~7.45）。

3. 运输作用。

4. 免疫作用。主要包括免疫球蛋白（IgG、IgA、IgM、IgD 和 IgE）、补体。

5. 催化作用

（1）血浆功能酶：大部分在肝合成后入血，在血浆中发挥作用。

（2）外分泌酶：包括胃蛋白酶、胰蛋白酶、胰淀粉酶、胰脂肪酶和唾液淀粉酶等。

（3）细胞酶：存在于细胞和组织，参与物质代谢。

6. 营养作用。

7. 凝血、抗凝血和纤溶作用。

8. 血浆蛋白质异常与临床疾病　①风湿病。②肝疾病。③多发性骨髓瘤。

第二节　血红素的合成

血红蛋白（Hb）是红细胞的主要组成成分，由珠蛋白和血红素组成。

一、血红素的合成过程

1. 基础原料　甘氨酸、琥珀酰 CoA 和 Fe^{2+} 等。

2. 生物合成步骤

（1）δ-氨基-γ 酮戊二酸（ALA）的合成：反应部位在线粒体（图 4-18-2）。

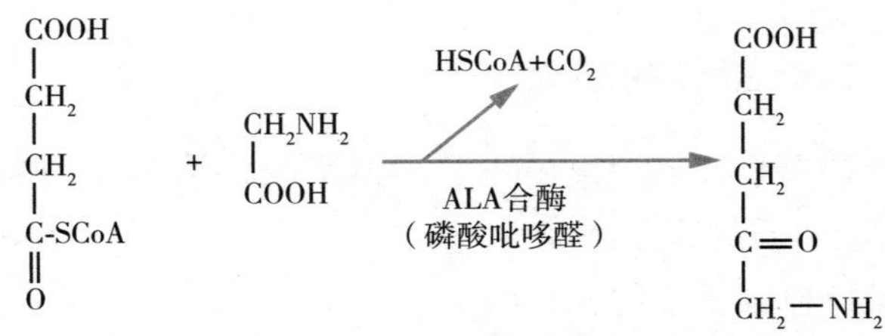

图 4-18-2　ALA 的合成

（2）胆色素原的合成：反应部位在胞质，2 分子 ALA 脱水缩合成 1 分子胆色素原。

（3）尿卟啉原与粪卟啉原的合成：反应部位在胞质（图 4-18-3）。

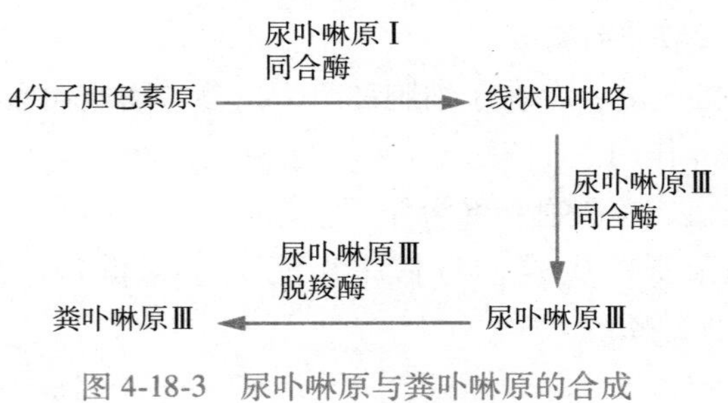

图 4-18-3　尿卟啉原与粪卟啉原的合成

（4）血红素的合成：反应部位在线粒体（图 4-18-4）。

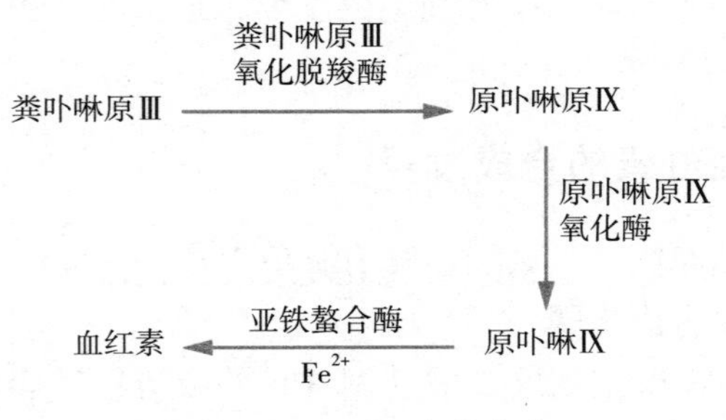

图 4-18-4　血红素的合成

（5）合成特点

1）合成的主要部位是骨髓与肝，成熟红细胞不含线粒体，故不能合成血红素。

2）合成原料是简单小分子物质。其中间产物的转变主要是吡咯环侧链的脱羧和脱氢反应。

3）血红素合成的起始和最终过程均在线粒体中进行，而其他中间步骤则在胞质中进行。

二、血红素合成调节

见表 4-18-2。

表 4-18-2 血红素合成调节

ALA 合酶	①血红素合成的关键酶 ②受血红素反馈抑制 ③高铁血红素强烈抑制此酶 ④某些固醇类激素可诱导其生成
ALA 脱水酶与亚铁螯合酶	①ALA 脱水酶可被血红素抑制，不引起明显的生理效应 ②重金属可抑制此两种酶 ③亚铁螯合酶还需要还原剂，才能抑制血红素的合成
促红细胞生成素（EPO）	①在肾合成，缺氧时释放入血。EPO 可加速有核红细胞的成熟以及血红素和 Hb 的合成 ②EPO 是红细胞生成的主要调节剂 ③卟啉症：铁卟啉合成代谢异常而导致卟啉或其他中间代谢排出增多

主治语录：血红素的合成受多种因素的调节，其中最主要的调节步骤是 ALA 的合成。

第三节　血细胞物质代谢

一、红细胞的代谢

1. 概述

（1）红细胞是血液中最主要的细胞。在骨髓中由造血干细胞定向分化而成的红系细胞。

（2）主要功能是运送氧。

（3）红系细胞发育过程：原始红细胞、早幼红细胞、中幼红细胞、晚幼红细胞、网织红细胞等阶段，最后成为成熟红细胞。

（4）哺乳动物的成熟红细胞除质膜和胞质外，无细胞核和线粒体等细胞器。

（5）葡萄糖是成熟红细胞的主要能量物质。

（6）代谢途径：①糖酵解通路和 2,3-二磷酸甘油酸（2,3-BPG），为主要途径。②磷酸戊糖途径。

2. 糖酵解

（1）是红细胞获得能量的唯一途径。

（2）1mol 葡萄糖经酵解生成 2mol 乳酸的过程中，产生 2mol ATP 和 2mol $NADH+H^+$。

（3）ATP 在红细胞中的生理作用

1）维持红细胞膜上钠泵（Na^+，K^+-ATP 酶）的转运。

2）维持红细胞膜上钙泵（Ca^{2+}-ATP 酶）的转运。

3）维持红细胞膜上脂质与血浆脂蛋白中的脂质进行交换。

4）少量 ATP 用于谷胱甘肽、NAD^+/$NADP^+$的生物合成。

5）ATP 用于葡萄糖的活化，启动糖酵解过程。

（4）2,3-二磷酸甘油酸旁路（图 4-18-5）：是调节血红蛋白（Hb）运氧的重要因素。

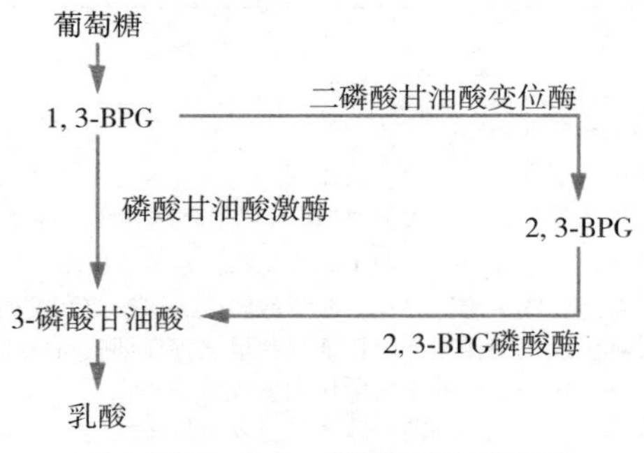

图 4-18-5　2, 3-二磷酸甘油酸支路

3. 磷酸戊糖途径

（1）主要功能：产生 NADPH+H^+。

（2）NADH 和 NADPH 的功能：对抗氧化剂，保护细胞膜蛋白、血红蛋白和酶蛋白的巯基等不被氧化，从而维持红细胞的正常功能。

（3）磷酸戊糖途径是红细胞产生 NADPH 的唯一途径。

（4）葡糖-6-磷酸脱氢酶缺乏症（蚕豆病）因红细胞中磷酸戊糖途径中的关键酶缺乏导致 NADPH 量不足。

4. 红细胞不能合成脂肪酸　成熟红细胞由于没有线粒体，因此无法从头合成脂肪酸。

5. 高铁血红素促进珠蛋白的合成　高铁血红素有抑制 cAMP 激活蛋白激酶 A 的作用，从而使 eIF-2 保持去磷酸化的活性状态，有利于珠蛋白的合成，进而影响血红蛋白的合成。

二、白细胞的代谢

1. 白细胞在机体免疫反应中发挥作用。

2. 白细胞代谢特点　见表 4-18-3。

表 4-18-3　白细胞代谢特点

代谢特点	作　　用
糖酵解	是主要获能途径
粒细胞和单核巨噬细胞	①产生活性氧，发挥杀菌作用 ②磷酸戊糖途径产生的 NADPH 经氧化酶递电子体系使 O_2 还原产生超氧阴离子、H_2O_2、·OH 等活性氧，起杀菌作用 ③单核巨噬细胞可将花生四烯酸转变成血栓烷和前列腺素 ④在脂氧化酶作用下，粒细胞和单核吞噬细胞将花生四烯酸转变成白三烯，粒细胞中的组氨酸代谢生成组胺 ⑤组胺、白三烯和前列腺素是速发型超敏反应中重要的生物活性物质
单核巨噬细胞和淋巴细胞	①单核巨噬细胞可合成多种酶、补体和各种细胞因子 ②B 淋巴细胞分化为浆细胞，分泌多种抗体蛋白

主治语录：红细胞功能的正常主要依赖无氧氧化和磷酸戊糖旁路。

历年真题

1. 促红细胞生成素（EPO）的产生部位主要是
   A. 脾
   B. 肾
   C. 肝
   D. 骨髓
   E. 血液
2. 在血清蛋白电泳中，泳动最慢的蛋白质是
   A. 清蛋白
   B. α_1 球蛋白
   C. α_2 球蛋白
   D. β 球蛋白
   E. γ 球蛋白
3. 食用新鲜蚕豆发生溶血性黄疸患者缺陷的酶是
   A. 3-磷酸甘油醛脱氢酶
   B. 异柠檬酸脱氢酶
   C. 琥珀酸脱氢酶
   D. 葡糖-6-磷酸脱氢酶
   E. 6-磷酸葡萄糖酸脱氢酶
4. 血红素合成的原料是
   A. 乙酰 CoA、甘氨酸、Fe^{3+}
   B. 琥珀酰 CoA、甘氨酸、Fe^{2+}

C. 乙酰 CoA、甘氨酸、Fe^{2+}

D. 丙氨酰 CoA、组氨酸、Fe^{2+}

E. 草酰 CoA、丙氨酸、Fe^{2+}

5. 血红蛋白的合成描述正确的是

A. 以甘氨酸、天冬氨酸为原料

B. 只有在成熟红细胞才能进行

C. 与珠蛋白合成无关

D. 受肾分泌的促红细胞生成素调节

E. 合成全过程仅受 ALA 合酶的调节

参考答案： 1. B　2. E　3. D　4. B　5. D

第十九章　肝的生物化学

核心问题

1. 胆汁酸的分类及胆汁酸的肠肝循环，掌握胆色素的肠肝循环。

2. 了解血清胆红素与黄疸的关系。

内容精要

肝通过肝糖原合成与分解、糖异生维持血糖的相对稳定。肝在脂质代谢中占据中心地位。肝将胆固醇转化为胆汁酸，协助脂质的消化与吸收。肝生物转化分两相反应：第一相反应包括氧化、还原和水解，第二相反应是结合反应。

第一节　肝在物质代谢中的作用

一、概述

1. 肝是人体最大的实质性器官，也是体内最大的腺体。成人正常肝约 1.5kg。

2. 结构特点

（1）具有肝动脉和门静脉双重血液供应。

（2）存在肝静脉和胆道系统双重输出通道。

（3）具有丰富的肝血窦。

（4）肝细胞含有丰富的细胞器（如内质网、线粒体、溶酶体、过氧化物酶体等）和丰富的酶体系，有些甚至是肝所独有的。

3. 肝在机体的作用　见表 4-19-1。

表 4-19-1　肝在机体的作用

参与方面	肝功能
代谢	糖、脂、氨基酸及蛋白质、胆红素、激素等代谢
分泌	胆汁酸、胆固醇、胆红素
血液	凝血因子、胎儿红细胞生成
解毒	胆红素、氨、乙醇、药物等
储存	糖原、脂类、氨基酸及蛋白质、铁、铜、维生素
免疫	吞噬清除细菌及其他异物并可分泌 IgA 等

二、肝脏在糖代谢中的作用

1. 肝是维持血糖水平相对稳定的重要器官。

2. 主要通过调节糖原合成与分解、糖异生途径维持血糖的相对恒定，以保障全身各组织，尤其是大脑和红细胞的能量供应。

3. 不同营养状态下肝内糖代谢　见表 4-19-2。

表 4-19-2　不同营养状态下肝内糖代谢

饱食状态	肝糖原合成↑，过多糖则转化为脂肪，以 VLDL 形式输出
空腹状态	肝糖原分解↑
饥饿状态	以糖异生为主，脂肪动员↑→酮体合成↑→节省葡萄糖

4. 磷酸戊糖途径

（1）为肝的生物转化作用提供足够的 NADPH。

（2）生成 UDP-葡糖醛酸，作为肝生物转化结合反应中最重要的结合物质。

三、肝在脂类代谢中的作用

1. 作用　在脂类的消化、吸收、合成、分解与运输均具有重要作用。

2. 肝细胞合成并分泌胆汁酸，为脂质（包括脂溶性维生素）的消化、吸收所必需。

3. 肝在脂类代谢各过程中的作用　见表 4-19-3。

表 4-19-3　肝在脂类代谢各过程中的作用

代　谢	特　　点
消化吸收	分泌胆汁，其中胆汁酸为脂类消化吸收所必需
合成	①饱食后合成甘油三酯、胆固醇、磷脂，组装成 VLDL 分泌入血，输至肝外组织摄取和利用 ②肝是体内产生酮体的唯一器官 ③肝是合成胆固醇的主要器官，还合成 HDL、apoCⅡ
分解	①饥饿时，脂肪酸 β-氧化分解 ②肝是转化及排出胆固醇的主要器官 ③胆汁酸的生成是肝降解胆固醇的最重要途径 ④肝是 LDL 降解的重要器官
运输	合成 LCAT，在血浆中将胆固醇转化为胆固醇酯以利运输

4. 脂肪肝　磷脂合成障碍可影响 VLDL 的合成和分泌，导致肝内脂肪运出障碍而在肝中堆积。

四、肝在蛋白质代谢中的作用

1. 作用　肝在蛋白质的合成、分解及氨基酸代谢中起重要作用。

2. 在血浆蛋白质中的作用

（1）合成与分泌血浆蛋白质，除 γ 球蛋白，几乎所有的血浆蛋白来源于肝（如清蛋白、凝血酶原、纤维蛋白原、凝血因子Ⅰ、凝血因子Ⅱ等）。

（2）血浆清蛋白

1）由肝实质细胞合成，是血浆中的主要蛋白质成分。

2）维持血浆胶体渗透压：若血浆清蛋白低于 30g/L，会出现水肿或腹水。

3）清蛋白 45～50g/L，清蛋白/球蛋白（A/G）为 1.5～2.5。比值下降或者倒置，提示肝功能严重受损。

3. 甲胎蛋白（α-AFP）　是原发性肝癌的重要肿瘤标志物。

4. 在氨基酸代谢中的作用

（1）肝是体内除支链氨基酸（亮氨酸、异亮氨酸、缬氨酸）以外的所有氨基酸分解和转变的重要器官。

（2）清除血氨及胺类，合成尿素。

五、肝在维生素代谢中的作用

肝在维生素的吸收、储存、运输及转化等方面起重要作用（表 4-19-4）。

表 4-19-4　肝内维生素储存、运输和转化

功　能	具体表现
吸收	肝合成和分泌胆汁酸，可促进脂溶性维生素 A、维生素 D、维生素 E、维生素 K 的吸收

续　表

功　能	具体表现
储存	肝是维生素 A、维生素 E、维生素 K 和维生素 B_{12}的主要储存场所
运输	合成、分泌视黄醇结合蛋白，运输视黄醇；合成、分泌维生素 D 结合蛋白，运输大多数维生素 D 代谢产物
转化	胡萝卜素→维生素 A、维生素 D_3→25-羟维生素 D_3等

六、肝在激素代谢中的作用

1. 多种激素在发挥其调节作用后，主要在肝中代谢转化，从而降解或失去活性的过程，称为激素的灭活，包括一些水溶性激素、一些类固醇激素的灭活。

2. 肝细胞严重损伤时，激素的灭活功能降低，体内的雌激素、醛固酮、抗利尿激素等水平升高，可出现男性乳房女性化、蜘蛛痣、肝掌（雌激素使局部小动脉扩张）及水钠潴留等。

主治语录：肝不仅是多种物质代谢的中枢，而且还具有生物转化、分泌和排泄等功能。

第二节　肝的生物转化作用

一、生物转化作用是机体重要的保护机制

1. 生物转化的概念

（1）人体内有些物质的存在不可避免，这些物质既不能作为构建组织细胞的成分，又不能作为能源物质，其中一些还对人体有一定的生物学效应或潜在的毒性作用，长期蓄积则对人体有害。

（2）机体在排出这些物质之前，需对它们进行代谢转变，使其水溶性提高，极性增强，易于通过胆汁或尿排出，这一过程称为生物转化。

主治语录：肝是机体内生物转化最重要的器官。

（3）生物转化的物质来源

1）内源性物质：包括体内物质代谢的产物或代谢中间物（如胺类胆红素等）以及发挥生理作用后有待灭活的各种生物活性物质（如激素、神经递质等）。

2）外源性物质：如药物、毒物、食品添加剂、环境化学污染物等和从肠道吸收的腐败产物。

2. 生物转化的生理意义

（1）通过生物转化可对体内的大部分待转化物质进行代谢处理，使其生物学活性降低或丧失（灭活），或使有毒物质的毒性减低或消除（解毒）。

（2）通过生物转化作用可增加这些物质的水溶性和极性，从而易于从胆汁或尿排出体外。

（3）有些物质经过肝的生物转化作用后，毒性反而增强或溶解性下降，不易排出体外。

二、生物转化反应作用的两相反应

1. 第一相反应　包括氧化、还原和水解。许多物质通过第一相反应，其分子中的某些非极性基团转变为极性基团，水溶性增加，即可排出体外。

（1）氧化反应

1）单加氧酶系是氧化异源物最重要的酶。①肝细胞的多种氧化酶系中，其中最重要的是细胞色素 P450 单加氧酶系。②组成：至少包括细胞色素 P450（血红素蛋白），NADPH-细胞色素

P450 还原酶（以 FAD 为辅基的黄酶）。③基本反应：$RH + O_2 + NADPH + H^+ \xrightarrow{\text{单加氧酶系}} ROH + NADP^+ + H_2O$。④单加氧酶系的羟化作用不仅增加药物或毒物的水溶性而利于排出，而且还参与体内许多重要物质的羟化过程，如维生素 D_3 的羟化、胆汁酸和类固醇激素合成过程中的羟化等。

2）单胺氧化酶类氧化脂肪族和芳香族胺类。催化的反应：①$RCH_2NH_2 + O_2 + H_2O \rightarrow RCHO + NH_3 + H_2O_2$；②$RCHO + NAD^+ + H_2O \rightarrow RCOOH + NADH + H^+$。

3）醇脱氢酶（ADH）与醛脱氢酶（ALDH）将乙醇最终氧化成乙酸。

①催化的反应：$RCH_2OH + NAD^+ \xrightarrow{\text{醇脱氢酶}} RCHO + NADH + H^+$；$RCHO + NAD^+ + H_2O \xrightarrow{\text{醛脱氢酶}} RCOOH + NADH + H^+$。②进入体内的乙醇主要在肝进行生物转化。长期饮酒后慢性乙醇中毒除经 ADH 与 ALDH 氧化外，还可启动肝微粒体乙醇氧化系统（MEOS）。MEOS 是乙醇-P450 单加氧酶，产物是乙醛，仅在血中乙醇浓度很高时起作用。

（2）还原反应

1）硝基化合物和偶氮化合物可分别在肝微粒体硝基还原酶和偶氮还原酶的催化下，以 NADH 或 NADPH 为供氢体，还原成相应的胺类，从而失去致癌作用。

2）硝基苯、偶氮苯经还原反应可生成苯胺，后者再在单胺氧化酶的作用下，生成相应的酸。

（3）水解反应：主要有脂酶、酰胺酶和糖苷酶，可分别可催化脂类、酰胺类及糖苷类化合物中酯键、酰胺键和糖苷键的水解反应，以减低或消除其生物活性。例如，阿司匹林（乙酰水杨酸）经水解反应生成水杨酸或水解后先氧化成羟基水杨酸，然后是与葡糖醛酸的结合转化反应。

主治语录：氧化反应是最多见的生物转化第一相反应。硝基还原酶和偶氮还原酶是第一相反应的主要还原酶。酯酶、酰胺酶和糖苷酶是生物转化的主要水解酶。

2. 第二相反应（结合反应）　有些物质经过第一相反应后水溶性和极性改变不明显，还需要结合更强的物质或基团，以进一步增加其水溶性，而促进排泄。

（1）结合反应

1）葡糖醛酸结合：①糖醛酸循环代谢途径产生的尿苷二磷酸葡糖（UDPG）可由 UDPG 脱氢酶催化生成尿苷二磷酸葡糖醛酸（UDPGA）。②UDPGA 作为葡糖醛酸的活性供体。③临床上采用葡醛内酯（肝泰乐）治疗肝病，就是基于其作为葡糖醛酸类制剂以增加肝对被转化物质的生物转化作用。

2）与硫酸结合：活性硫酸供体为 3′-磷酸腺苷 5′-磷酰硫酸（PAPS）。可催化硫酸基转移到类固醇、酚或芳香胺类等内、外源待转化物质的羟基上生成硫酸酯，既可增加其水溶性易于排出，又可促进其失活。

3）乙酰化是某些含胺类异源物的重要转化反应。①乙酰 CoA 为乙酰基的直接供体。②例如，异烟肼+乙酰辅酶 A→乙酰异烟肼+辅酶 A；磺胺+乙酰辅酶 A→*N*-乙酰磺胺+辅酶 A。

4）谷胱甘肽结合反应是细胞应对亲电子性异源物的重要防御反应：①主要参与对致癌物、环境污染物、抗肿瘤药物以及内源性活性物质的生物转化。②谷胱甘肽结合反应也是细胞自我保护的重要反应。

5）甲基化反应是代谢内源化合物的重要反应：甲基转移酶以 S-腺苷甲硫氨酸（SAM）为活性甲基供体，催化含有氧、氮、硫等亲核基团化合物的甲基化反应。例如，儿茶酚→O-甲基儿茶酚。

6）甘氨酸主要参与含羧基异源物的生物转化。

主治语录：结合反应是生物转化的第二相反应；葡糖醛酸结合是最重要和最普遍的结合反应。

3. 实际上，许多物质的生物转化过程非常复杂。一种物质有时需要连续进行几种反应类型才能实现生物转化目的，这反映了肝生物转化作用的连续性特点。

4. 肝内参与生物转化的主要酶类　见表4-19-5。

表4-19-5　肝内参与生物转化的主要酶类

酶类			辅酶或结合物	细胞内定位
第一相反应	氧化酶类	单加氧酶系	NADPH+H^+、O_2、细胞色素P450	内质网
		胺氧化酶	黄素辅酶	线粒体
		脱氢酶类	NAD^+	细胞质或线粒体
	还原酶类	硝基还原酶	NADH+H^+或NADPH+H^+	内质网
		偶氮还原酶	NADH+H^+或NADPH+H^+	内质网
	水解酶类			细胞质或内质网
第二相反应	葡糖醛酸基转移酶		活性葡糖醛酸（UDPGA）	内质网
	硫酸基转移酶		活性硫酸（PAPS）	细胞质
	谷胱甘肽S-转移酶		谷胱甘肽（GSH）	细胞质与内质网
	乙酰基转移酶		乙酰CoA	细胞质
	酰基转移酶		甘氨酸	线粒体
	甲基转移酶		S-腺苷甲硫氨酸（SAM）	细胞质与内质网

三、影响生物转化作用的因素

1. 年龄、性别、营养、疾病及遗传等因素对生物转化产生明显影响

（1）年龄对生物转化作用的影响很明显

1）新生儿肝生物转化酶系发育不全，对内、外源性待转化物质的转化能力较弱，容易发生药物及毒素中毒。新生儿容易发生高胆红素血症和缺乏葡糖醛酸基转移酶有关。

2）老年人肝血流量及肾的廓清速率下降，导致老年人血浆药物的清除速率降低，药物在体内半衰期延长。

3）临床上对新生儿及老年人的药物用量应较成人为低，许多药物使用时都要求儿童和老人慎用或禁用。

（2）某些生物转化反应存在明显的性别差异

1）女性体内醇脱氢酶活性高于男性，则女性对乙醇的代谢能力高于男性。

2）女性对氨基比林的转化能力比男性强。

3）妊娠期妇女肝清除抗癫痫药的能力升高，但晚期妊娠妇女的生物转化能力普遍降低。

（3）营养状况对生物转化作用亦产生影响

1）蛋白质的摄入可以增加肝细胞整体生物转化酶的活性，提高生物转化的效率。

2）饥饿数天（7 天），肝谷胱甘肽 S 转移酶作用受到明显影响，生物转化水平明显降低。

3）大量饮酒，因乙醇氧化为乙醛及乙酸，再进一步氧化成乙酰 CoA，产生 NADH，可使细胞内 NAD^+/NADH 比值降低，从而减少 UDP-葡糖转变成 UDP-葡糖醛酸，影响了肝内葡糖醛酸结合转化反应。

（4）疾病尤其严重肝病可明显影响生物转化作用

1）肝细胞损害影响肝对血浆药物的清除率。

2）肝功能低下对包括药物或毒物在内的许多异源物的摄取及灭活速度下降，药物的治疗剂量与毒性剂量之间的差距减小，容易造成肝损害。故对肝病患者用药应特别慎重。

（5）遗传因素亦可显著影响生物转化酶的活性：遗传变异可引起个体之间生物转化酶类分子结构的差异或酶合成量的差异。

2. 许多异源物可诱导生物转化作用的酶类　许多异源物可以诱导合成一些生物转化酶类，在加速其自身代谢转化的同时，亦可影响对其他异源物的生物转化。

第三节　胆汁与胆汁酸的代谢

一、胆汁

1. 分泌部位　肝细胞。

2. 成分　主要固体成分是胆汁酸盐，约占固体成分的50%。其次是无机盐、黏蛋白、磷脂、胆固醇、胆色素等。

3. 分类

（1）肝胆汁：肝细胞最初分泌的胆汁。

（2）胆囊胆汁：肝胆汁进入胆囊后，胆囊壁上皮细胞吸收其中的部分水分和其他一些成分，并分泌黏液渗入胆汁，浓缩成为胆囊胆汁，经胆总管排入十二指肠参与脂质的消化与吸收。

4. 胆汁既是一种消化液，亦可作为排泄液。

二、胆汁酸的化学

1. 分类

（1）按结构分

1）游离胆汁酸：胆酸、鹅脱氧胆酸、脱氧胆酸和少量石胆酸。

2）结合胆汁酸：上述游离胆汁酸的24位羧基分别与甘氨酸或牛磺酸结合生成各种相应的结合胆汁酸。包括甘氨胆酸、牛磺胆酸、甘氨鹅脱氧胆酸、牛磺鹅脱氧胆酸。

（2）按来源分

1）初级胆汁酸：在肝细胞以胆固醇为原料直接生成。包括胆酸、鹅脱氧胆酸及其与甘氨酸或牛磺酸的结合产物。

2）次级胆汁酸：初级胆汁酸在肠道中受细菌作用，第7位α羟基脱氧生成的胆汁酸。主要包括脱氧胆酸和石胆酸及其在肝中分别与甘氨酸或牛磺酸结合生成的结合产物。

2. 胆盐　胆汁中的初级胆汁酸与次级胆汁酸均以钠盐或钾盐的形式存在，形成相应的胆汁酸盐。

三、胆汁酸的生理功能

1. 促进脂类的消化与吸收

（1）胆汁酸的立体构型具有亲水（羧基和羟基）与疏水（烃核和甲基）两个侧面，增加脂质与脂肪酶的附着面积，有利于脂肪的消化。

（2）脂质的消化产物与胆汁酸盐结合，利于通过小肠黏膜的表面水层，促进脂质的吸收。

2. 维持胆汁中胆固醇的溶解状态以抑制胆固醇的析出

（1）胆汁中的胆固醇难溶于水，与胆汁酸及卵磷脂协同作用，使胆固醇分散形成可溶性的微团，使之不易析出沉淀而经胆道转运至肠道排出体外。

（2）胆固醇是否从胆汁中沉淀析出主要取决于胆汁中胆酸盐和卵磷脂与胆固醇之间的合适比例。

（3）胆结石

1）原因：胆汁酸和卵磷脂与胆固醇的比例下降（小于

10∶1)，易发生胆固醇析出沉淀。

2）分类：胆固醇结石（胆固醇含量超过 50%）、黑色素结石（胆固醇含量 10%~30%）、棕色素结石（含量较少）。

四、胆汁酸的代谢及胆汁酸的肠肝循环

1. 初级胆汁酸

（1）原料：胆固醇，是胆固醇在体内的主要代谢去路。

（2）主要酶类分布：肝（微粒体、细胞液）。

（3）反应过程

1）胆固醇首先在胆固醇 7α-羟化酶的催化下生成 7α-羟胆固醇。

2）7α-羟胆固醇向胆汁酸的转化包括固醇核的 3α 和 12α 羟化、加氢还原、侧链氧化断裂、加水等多步复杂酶促反应，首先生成 24 碳的胆烷酰 CoA，后者即可水解生成初级游离胆汁酸即胆酸和鹅脱氧胆酸，也可直接与甘氨酸或牛磺酸结合生成相应的初级结合胆汁酸，以胆汁酸钠盐或钾盐的形式随胆汁入肠。

（4）胆固醇 7α-羟化酶是胆汁酸合成途径的关键酶。

（5）高胆固醇饮食在抑制 HMG-CoA 还原酶合成的同时，亦可诱导胆固醇 7α-羟化酶基因的表达。肝细胞通过这两个酶的协同作用维持肝细胞内胆固醇的水平。

（6）糖皮质激素、生长激素可提高胆固醇 7α-羟化酶的活性。甲状腺素可诱导胆固醇 7α-羟化酶 mRNA 合成。

2. 次级胆汁酸

（1）进入肠道的初级胆汁酸在发挥促进脂质的消化吸收后，在回肠和结肠上段，由肠菌酶催化胆汁酸的去结合反应和脱 7α-羟基作用，生成次级胆汁酸。

（2）胆酸脱去 7α-羟基生成脱氧胆酸；鹅脱氧胆酸脱去 7α-羟基生成石胆酸。

3. 胆汁酸的肠肝循环

（1）吸收部位及排泄：进入肠道的各种胆汁酸（包括初级和次级、游离型与结合型）约有95%以上可被肠道重吸收，其余的（约为5%石胆酸）随粪便排出。

（2）重吸收方式

1）主动重吸收：结合胆汁酸（回肠）。

2）被动吸收：游离胆汁酸（小肠、大肠）。

（3）胆汁酸的肠肝循环：重吸收的胆汁酸经门静脉重新入肝。在肝细胞内，游离胆汁酸被重新转变成结合胆汁酸，与重吸收及新合成的结合胆汁酸一起重新随胆汁入肠。胆汁酸在肝和肠之间的不断循环过程，为胆汁酸“肠肝循环”。

（4）胆汁酸库

1）指体内胆汁酸储备的总量。

2）成人的胆汁酸库共3~5g，即使全部倾入小肠也难满足每日正常膳食中脂质消化、吸收的需要。人体每天进行6~12次肠肝循环，从肠道吸收的胆汁酸总量可达12~32g，借此有效的肠肝循环机制可使有限的胆汁酸库存循环利用，以满足机体对胆汁酸的生理需求。

主治语录：初级胆汁酸在肝内以胆固醇为原料生成；次级胆汁酸在肠道由肠菌作用生成；胆汁酸的肠肝循环使有限的胆汁酸库存循环利用。胆汁酸代谢受胆固醇7α-羟化酶和胆汁酸浓度的反馈调节。

第四节　胆色素的代谢与黄疸

胆色素是体内铁卟啉化合物的主要分解代谢产物，包括胆红素、胆绿素、胆素原和胆素等。

一、胆红素是铁卟啉类化合物的降解产物

1. 胆红素主要源于衰老红细胞的破坏

(1) 体内的铁卟啉化合物包括血红蛋白、肌红蛋白、细胞色素、过氧化氢酶及过氧化物酶等。

(2) 正常人每天可生成250~350mg胆红素，约80%来自衰老红细胞破坏所释放的血红蛋白的分解。

(3) 血红蛋白

1) 珠蛋白：可降解为氨基酸供体内再利用。

2) 血红素：由单核吞噬系统细胞降解生成胆红素。

2. 血红素加氧酶和胆绿素还原酶催化胆红素的生成

(1) 血红素是由4个吡咯环连接而成的环形化合物，并螯合1个二价铁离子。血红素由单核吞噬系统细胞微粒体的血红素加氧酶（HO）催化，生成线性四吡咯结构的水溶性胆绿素。释出的Fe^{2+}氧化为Fe^{3+}进入铁代谢池，可供机体再利用或以铁蛋白形式储存。

(2) 胆绿素进一步在胞质活性很强的胆绿素还原酶催化下，还原生成胆红素。

(3) 胆红素是由3个次甲基桥连接的4个吡咯环组成，分子量585。胆红素有疏水亲脂的性质，极易自由透过细胞膜进入血液。

(4) 胆红素过量对人体有害，但适宜水平的胆红素是人体内强有力的内源性抗氧化剂，是血清中抗氧化活性的主要成分，可有效地清除超氧化物和过氧化自由基。

二、血液中胆红素的运输

1. 胆红素在血浆中主要以胆红素-清蛋白复合体形式存在和运输。

2. 胆红素-清蛋白复合体

（1）增加了胆红素的水溶性，提高对胆红素的运输能力。

（2）限制了胆红素自由通透细胞膜，避免了其对组织细胞造成的毒性作用。

3. 每个清蛋白分子有一个高亲和力结合部位和一个低亲和力结合部位，可结合两分子胆红素。

4. 胆红素脑病（核黄疸）　过多的游离胆红素因系脂溶性易穿透细胞膜进入细胞，尤其是富含脂质的脑部基底核的神经细胞，干扰脑的正常功能。

5. 未结合胆红素或血胆红素或游离胆红素　未经肝结合转化的，在血浆中与清蛋白结合运输的胆红素。其不能直接与重氮试剂反应，只有在加入乙醇或尿素等氢键后才能与重氮试剂反应，生成紫红色偶氮化合物。

三、胆红素在肝细胞中转变为结合胆红素并泌入胆小管

1. 游离胆红素可渗透肝细胞而被摄取

（1）血中的胆红素运输到肝后，迅速被肝细胞摄取。

（2）胆红素可以自由双向透过肝血窦肝细胞膜表面而进入肝细胞，所以，肝细胞对胆红素的摄取量取决于肝细胞对胆红素的进一步处理能力。

（3）在肝细胞胞质中，胆红素主要与配体蛋白（Y 蛋白和 Z 蛋白）相结合，以 Y 蛋白为主。

（4）配体蛋白是胆红素在肝细胞质的主要载体，Y 蛋白和 Z 蛋白系谷胱甘肽 S 转移酶（CST）家族成员，含量丰富，对胆红素有高亲和力。

（5）Y 蛋白或 Z 蛋白可与胆红素 1∶1 结合，将胆红素携带至肝细胞滑面内质网。

2. 胆红素在内质网结合葡糖醛酸生成水溶性结合胆红素

（1）葡糖醛酸胆红素：在滑面内质网 UDP-葡糖醛酸基转移酶的催化下，由 UDPGA 提供葡糖醛酸基，胆红素分子的丙酸基与葡糖醛酸以酯键结合，生成葡糖醛酸胆红素。

（2）每分子胆红素可至多结合 2 分子葡糖醛酸，主要生成胆红素葡糖醛酸二酯和少量胆红素葡糖醛酸一酯，两者均可被分泌入胆汁。此外，少量胆红素与硫酸结合，生成硫酸酯。这些在肝与葡糖醛酸结合转化的胆红素称为结合胆红素。

3. 2 种胆红素理化性质的比较　见表 4-19-6。

表 4-19-6　2 种胆红素理化性质的比较

理化性质	未结合胆红素	结合胆红素
同义名称	间接胆红素、游离胆红素、血胆红素、肝前胆红素	直接胆红素、肝胆红素
与葡糖醛酸结合	未结合	结合
水溶性	小	大
脂溶性	大	小
透过细胞膜的能力及毒性	大	小
能否透过肾小球随尿排出	不能	能

4. 肝细胞向胆小管分泌结合胆红素　结合胆红素水溶性强，被肝细胞分泌进入胆管系统，随胆汁排入小肠。

四、胆红素在肠道内转变为胆素原和胆素

胆红素在肠中的变化，见图 4-19-1。

1. 胆素原是结合胆红素经肠菌作用的产物

（1）胆素原：经肝细胞转化生成的葡糖醛酸胆红素随胆汁进入肠道，在回肠下段和结肠的肠菌作用下，脱去葡糖醛酸基，

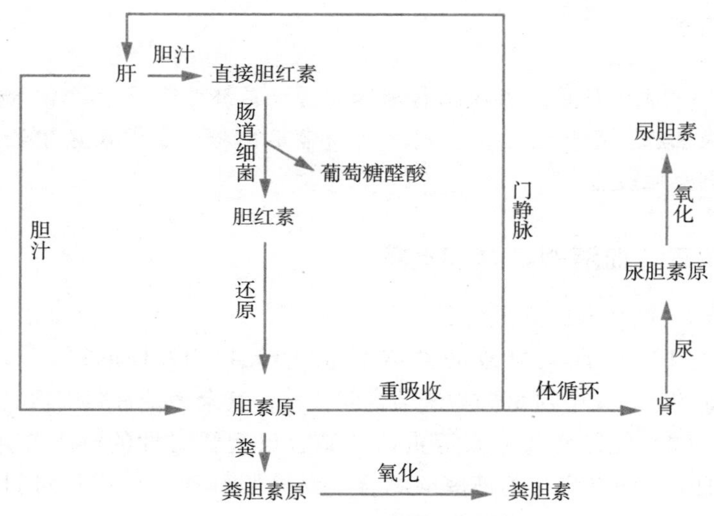

图 4-19-1 胆红素在肠中的变化

并被还原生成 d-尿胆素原和中胆素原，后者又可进一步还原生成粪胆素原，这些物质统称为胆素原。

（2）大部分胆素原随粪便排出体外，在肠道下段，这些无色的胆素原接触空气后被氧化为胆素。

（3）胆素呈黄褐色，成为粪便的主要颜色。

（4）胆道完全梗阻时，胆红素不能排入肠道形成胆素原和进而形成粪胆素，因此粪便呈灰白色或白陶土色。

2. 少量胆素原的肠肝循环

（1）肠道中生成的胆素原有 10%～20%可被肠黏膜细胞重吸收，经门静脉入肝，其中大部分以原形随胆汁排入肠腔，形成胆素原的肠肝循环。

（2）尿胆素原：小部分（10%）胆素原可以进入体循环经肾小球滤出随尿排出，形成尿胆素原。

（3）尿胆素原与空气接触后被氧化成尿胆素，成为尿的主要色素。

主治语录：临床上将尿胆素原、尿胆素及尿胆红素合称为尿三胆，是黄疸类型鉴别诊断的常用指标。正常人尿中检测不到尿胆红素。

五、血清胆红素和黄疸

1. 正常人血清胆红素

（1）正常人血浆胆红素含量为 3.4～17.1μmol/L（2～10mg/L）。其中约 80%为未结合胆红素，其余为结合胆红素。

（2）胆红素与血浆清蛋白的结合仅起暂时性的解毒作用，肝细胞内胆红素与葡糖醛酸结合（结合胆红素）反应是对胆红素的一种根本性生物转化解毒方式。

（3）正常人每天从单核吞噬细胞系统产生 250～350mg 胆红素，正常人肝每天可以清除 3000mg 以上的胆红素，故血清中胆红素含量很少。

2. 黄疸

（1）高胆红素血症：血浆胆红素浓度高于 17.1μmol/L（10mg/L）。

（2）黄疸：过量的胆红素，扩散进入组织造成黄染现象，这一体征称为黄疸。显性黄疸时血浆胆红素浓度超过 34.2μmol/L，隐性黄疸时血浆胆红素在 17.1～34.2μmol/L。

（3）溶血性黄疸

1）各种原因所致红细胞的大量被破坏，单核吞噬系统产生胆红素过多，超过了肝细胞摄取、转化和排泄胆红素的能力，造成血液中未结合胆红素浓度显著增高所致。

2）特征：①血浆总胆红素、未结合胆红素含量增高。②结

合胆红素的浓度改变不大，尿胆红素呈阴性。③由于肝对胆红素的摄取、转化和排泄增多，过多的胆红素进入胆道系统，肠肝循环增多，导致尿胆原和尿胆素含量增多，粪胆原与粪胆素增加。④伴有其他特征如贫血、脾大及末梢血液网织红细胞增多等。某些药物、某些疾病（恶性疟疾、过敏、镰状细胞贫血、蚕豆病）及输血不当等多种因素均有可能引起大量红细胞破坏，导致溶血性黄疸。

（4）肝细胞黄疸

1）由于肝细胞功能受损，造成其摄取、转化和排泄胆红素的能力降低所致的黄疸。

2）特征：①血清未结合胆红素和结合胆红素均升高。②尿胆红素呈阳性。③尿胆素原升高，但若胆小管堵塞严重，则尿胆素原反而降低。④粪胆素原含量正常或降低。由于肝功能障碍，结合胆红素在肝内生成减少，粪便颜色变浅。⑤血清 ALT、AST 活性明显升高。

3）常见于肝炎、肝硬化、肝肿瘤及中毒等引发的肝损伤。

（5）阻塞性黄疸

1）各种原因引起的胆管系统阻塞，胆汁排泄通道受阻，使胆小管和毛细胆管内压力增高而破裂，导致结合胆红素反流入血，使得血清结合胆红素水平明显升高。

2）特征：①结合胆红素明显升高，未结合胆红素升高不明显。②大量结合胆红素可从肾小球滤出，所以尿胆红素呈强阳性，尿的颜色加深，可呈茶叶水色。③由于胆管阻塞排入肠道的结合胆红素减少，导致肠菌生成胆素原减少，粪便中胆素原及胆素含量降低，完全阻塞的患者粪便可变成灰白色或白陶土色。④血清胆固醇和碱性磷酸酶活性明显升高等。

3）常见于胆管炎、肿瘤、胆结石或先天性胆管闭锁等疾病。

（6）各种黄疸血、尿、粪胆色素的实验室检查变化（表 4-19-7）

表 4-19-7 各种黄疸血、尿、粪胆色素的实验室检查变化

指	标	正 常	溶血性黄疸	肝细胞性黄疸	阻塞性黄疸
血清胆红素	浓度	<10mg/L	>10mg/L	>10mg/L	>10mg/L
	结合胆红素	极少	—	↑	↑↑
	未结合胆红素	0~8mg/L	↑↑	↑	
尿三胆	尿胆红素	-	-	++	++
	尿胆素原	少量	↑	不一定	↓
	尿胆素	少量	↑	不一定	↓
粪胆素原		40~280mg/24h	↑	↓或正常	↓或-
粪便颜色		正常	深	变浅或正常	完全阻塞时白陶土色

历年真题

1. 胆汁酸合成的关键酶是
   A. HMG-CoA 还原酶
   B. 鹅脱氧胆酰 CoA 合成酶
   C. 胆固醇 7α-羟化酶
   D. 胆酰 CoA 合成酶
   E. 7α-羟胆固醇氧化酶
2. 正常情况下适度升高胆汁酸浓度的结果是
   A. 红细胞生成胆红素减少
   B. 胆固醇 7α-羟化酶合成抑制
   C. 血中磷脂含量升高
   D. 脂肪酸生成酮体加快
   E. 甘油三酯合成增加
3. 机体可以降低外源性毒物毒性的反应是
   A. 肝生物转化
   B. 肌糖原磷酸化
   C. 三羧酸循环
   D. 乳酸循环
   E. 甘油三酯分解

（4~5 题共用备选答案）
   A. 天冬酰胺
   B. 谷氨酸
   C. 谷氨酰胺
   D. 酪氨酸
   E. 精氨酸
4. 丙氨酸氨基转移酶和天冬氨酸氨基转移酶的共同底物是
5. 可转变为黑色素的物质是

参考答案：1. C 2. B 3. A
4. B 5. D

第二十章　维　生　素

核心问题

1. 维生素在体内的活性形式（辅酶形式）。
2. 维生素的分类及引起的主要缺乏症。

内容精要

维生素是人体内不能合成或合成量甚少，必须由食物供给的一类小分子有机化合物，在调节人体物质代谢、促进生长发育和维持生理功能等方面发挥重要作用，是人体的重要营养素之一。

第一节　脂溶性维生素

一、概述

1. 共同特点

（1）均为非极性疏水的异戊二烯衍生物。

（2）不溶于水，溶于脂类及脂肪溶剂。

（3）不易排泄，主要储存于肝。

（4）吸收障碍和长期缺乏可引起相应的缺乏症，摄入过多则可发生中毒。

2. 种类　维生素 A、维生素 D、维生素 E、维生素 K。

二、维生素 A

1. 一般性质

(1) 为不饱和一元醇。

(2) 天然形式：维生素 A_1（视黄醇）和维生素 A_2（3-脱氢视黄醇）。

(3) 来源：维生素 A 来源于肝、鱼肉、蛋黄、乳制品、鱼肝油等。植物中无维生素 A，但有多种胡萝卜素（维生素 A 原），以 β-胡萝卜素最重要。

(4) 活性形式：视黄醇、视黄醛、视黄酸。

2. 生物学功能

(1) 视黄醛参与视觉传导

1) 锥状细胞是感受亮光和产生色觉的细胞，杆状细胞是感受弱光或暗光的细胞。

2) 参与完成视循环。

(2) 视黄酸调控基因表达和细胞生长与分化：视黄醇的不可逆氧化产物全反式视黄酸和 9-顺视黄酸，可与细胞内受体结合，通过 DNA 反应元件的作用，调控细胞的生长、发育和分化。

(3) 维生素 A 和胡萝卜素是有效的抗氧化剂。

(4) 维生素 A 及其衍生物可抑制肿瘤生长。

3. 维生素 A 缺乏症及中毒

(1) 缺乏症

1) 夜盲症：为 11-顺视黄醛的补充不足，视紫红质合成减少，对弱光敏感性降低，从明处到暗处看清物质需要较长的时间，严重时可导致夜盲症。

2) 眼干燥症：维生素 A 缺乏引起严重的上皮角化，眼结膜黏液分泌细胞的丢失与角化以及糖蛋白分泌的减少引起角膜干燥。

（2）摄入过多

1）头痛、恶心等中枢神经系统表现。

2）肝细胞损伤和高脂血症。

3）长骨增厚、高钙血症、软组织钙化等钙稳态失调表现。

4）皮肤干燥、脱屑和脱发。

主治语录：维生素 A 又称眼干燥症维生素。

三、维生素 D

1. 一般性质

（1）维生素 D 是类固醇的衍生物，为环戊烷多氢菲类化合物。为无色结晶，易溶于脂肪和有机溶剂。

（2）分类：维生素 D_2（麦角钙化醇）和维生素 D_3（胆钙化醇）。

（3）维生素 D_3在体内的转变（图 4-20-1）。

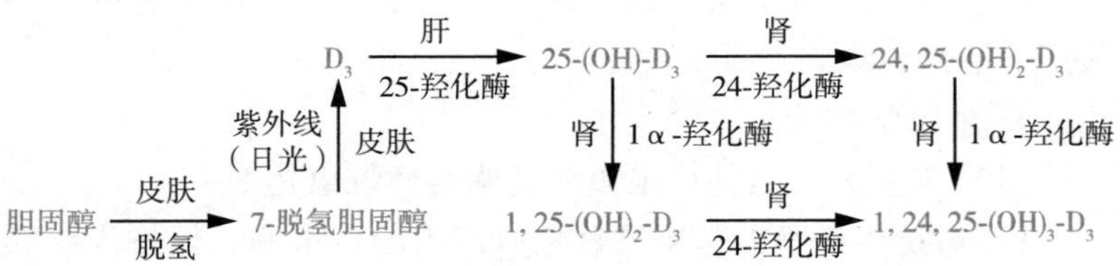

图 4-20-1　维生素 D_3在体内的转变

2. 生物学功能

（1）1, 25-（OH）$_2$-D_3调节钙、磷代谢

1）与靶细胞内特异的核受体结合，调节相关基因的表达。

2）维持血钙和血磷的平衡，促进骨和牙的钙化。

（2）1,25-（OH）$_2$-D$_3$影响细胞分化

1）促进胰岛 B 细胞合成与分泌胰岛素，具有对抗 1 型和 2 型糖尿病的作用。

2）调节皮肤、大肠、心、脑等组织细胞分化。对某些肿瘤细胞还具有抑制增殖和促进分化的作用。

3. 维生素 D 缺乏症及中毒

（1）缺乏：儿童可患佝偻病，成人发生软骨病和骨质疏松症。

（2）长期摄入：症状有异常口渴、皮肤瘙痒、厌食、嗜睡、腹泻、高钙血症、软组织钙化等。

主治语录：维生素 D 又称抗佝偻病维生素。

四、维生素 E

1. 一般性质

（1）分类：生育酚和三烯生育酚。每类分为 α、β、γ、δ 4 种。

（2）来源：植物油、油性种子和麦芽等。以 α-生育酚分布最广、活性最高。

2. 生物学功能

（1）维生素 E 是体内最重要的脂溶性抗氧化剂

1）对抗生物膜上脂质过氧化所产生的自由基，保护生物膜及其他蛋白质的结构与功能。

2）对细胞膜的保护作用使细胞维持正常的流动性。

（2）维生素 E 可调节基因表达

1）具有抗炎、维持正常免疫功能和抑制细胞增殖，降低血浆低密度脂蛋白（LDL）的浓度。

2）预防和治疗冠状动脉粥样硬化性心脏病、肿瘤和延缓

衰老。

（3）促进血红素的合成：维生素 E 能提高血红素合成的关键酶 ALA 合酶和 ALA 脱水酶的活性，从而促进血红素的合成。

3. 维生素 E 缺乏症

（1）原因：严重的脂质吸收障碍和肝严重损伤可引起缺乏症，表现为溶血性贫血症。偶尔引起神经功能障碍。

（2）动物缺乏时，生殖器官发育受损，甚至不育。

（3）治疗先兆流产和习惯性流产。

主治语录：人类尚未发现维生素 E 中毒症，但长期大量服用的副作用不能忽略。

五、维生素 K

1. 一般性质

（1）天然：①维生素 K_1，主要存在于深绿色蔬菜和植物油。②维生素 K_2，由大肠杆菌合成。

（2）人工合成：维生素 K_3。

2. 生物学功能

（1）是凝血因子合成所必需的辅酶

1）血液凝血因子Ⅱ、凝血因子Ⅶ、凝血因子Ⅸ、凝血因子Ⅹ及抗凝血因子蛋白 C 和蛋白 S，转为活性形式由 γ-羧化酶催化。

2）许多 γ-谷氨酰羧化酶的辅酶是维生素 K。

（2）对骨代谢具有重要作用

1）作用肝、骨等组织中存在维生素 K 依赖蛋白，如骨钙蛋白和骨基质的 γ-羧基谷氨酸蛋白。

2）大量维生素 K 可以降低动脉硬化的危险性。

3. 维生素 K 缺乏症

（1）原因：①胰腺疾病、胆管疾病及小肠黏膜萎缩或脂肪便等。②长期应用抗生素及肠道灭菌药等。

（2）主要症状：易出血。

主治语录：维生素 K 维持体内凝血因子Ⅱ、Ⅶ、Ⅸ和Ⅹ的正常水平，参与凝血作用。

第二节　水溶性维生素

水溶性维生素易溶于水，故易随尿液排出；在体内不易储存，必须经常从食物中摄取。包括 B 族维生素和维生素 C。

一、维生素 B_1（硫胺素）

1．一般性质

（1）来源：豆类和种子外皮、胚芽、酵母和瘦肉中。

（2）易被小肠吸收，入血后主要在肝和脑组织中经硫氨素焦磷酸激酶的催化生成焦磷酸硫胺素（TPP）。TPP 为维生素 B_1 的活性形式。

2．生物学功能

（1）TPP 是 α-酮酸氧化脱羧酶多酶复合体的辅酶，参与丙酮酸、α-酮戊二酸和 α-酮酸的氧化脱羧反应。

（2）TPP 作为转酮醇酶的辅酶参与磷酸戊糖途径。

（3）维生素 B_1 在神经传导中起一定作用。

3．缺乏症

（1）脚气病：维生素 B_1 缺乏时，氧化脱羧反应发生障碍，血中丙酮酸和乳酸堆积。神经组织供能不足以及神经细胞膜髓鞘磷脂合成受阻，导致慢性末梢神经炎和其他神经肌肉变性病变（脚气病）。严重者可发生水肿、心力衰竭。

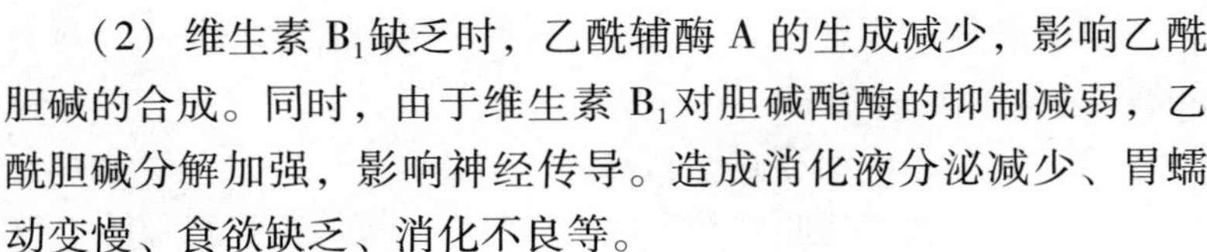

（2）维生素 B_1缺乏时，乙酰辅酶 A 的生成减少，影响乙酰胆碱的合成。同时，由于维生素 B_1 对胆碱酯酶的抑制减弱，乙酰胆碱分解加强，影响神经传导。造成消化液分泌减少、胃蠕动变慢、食欲缺乏、消化不良等。

主治语录：维生素 B_1 可抑制胆碱酯酶的活性，参与乙酰胆碱的代谢调控。

二、维生素 B_2（核黄素）

1. 一般性质

（1）呈黄色针状结晶，具有可逆的氧化还原性。

（2）来源：奶与奶制品、肝、蛋类和肉类等。

（3）黄素单核苷酸（FMN）和黄素腺嘌呤二核苷酸（FAD）是维生素 B_2的活性形式。

2. 生物学功能

（1）FMN 及 FAD 是体内氧化还原酶的辅基，主要起递氢体的作用。

（2）FMN 及 FAD 作为辅酶参与色氨酸转变为烟酸和维生素 B_6转变为磷酸吡哆醛的反应。

（3）FAD 参与体内抗氧化防御系统，维持还原型谷胱甘肽的浓度；与细胞色素 P450 结合，参与药物代谢。

3. 缺乏症　膳食供应不足是主要原因，引起口角炎、唇炎、阴囊炎、眼睑炎、畏光等。

主治语录：维生素 B_2的活性形式是 FMN 及 FAD。

三、维生素 PP

1. 一般性质

（1）种类：烟酸（尼克酸）和烟酰胺（尼克酰胺），两者均属氮杂环吡啶衍生物。

（2）来源：广泛存在于自然界。

（3）烟酰胺腺嘌呤二核苷酸（NAD^+）和烟酰胺腺嘌呤二核苷酸磷酸（$NADP^+$）是维生素 PP 在体内的活性形式。

2. 生物学功能

（1）$NADP^+$和 NAD^+在体内作为多种不需氧脱氢酶的辅酶，广泛参与体内的氧化还原反应。

（2）分子中的烟酰胺部分具有可逆的加氢及脱氢的特性，常发挥递氢体的作用。

3. 缺乏症

（1）糙皮病：表现为皮炎、腹泻及痴呆等。皮炎常对称地出现于暴露部位，痴呆则是神经组织变性的结果。

（2）抗结核药物异烟肼的结构与维生素 PP 相似，两者有拮抗作用，长期服用异烟肼可能引起维生素 PP 缺乏。

主治语录：维生素 PP 又称抗糙皮病维生素。

四、泛酸（遍多酸、维生素 B_5）

1. 广泛存在于动、植物组织。

2. 辅酶 A（CoA）和酰基载体蛋白（ACP）是泛酸在体内的活性形式。

3. 缺乏症　早期易引起疲劳、胃功能障碍等。严重时出现肢神经痛综合征，表现为脚趾麻木、步行时摇晃、周身酸痛等。

五、生物素（维生素 H、维生素 B_7、辅酶 R）

1. 是天然的活性形式，存在于肝、肾、酵母、蛋类、花生、牛乳和鱼类等食品中。

2. 缺乏症　长期使用抗生素可抑制肠道细菌生长，也可能造成生物素的缺乏，主要症状是疲乏、恶心、呕吐、食欲缺乏、皮炎及脱屑性红皮病。

六、维生素 B_6

1. 一般性质

（1）种类：吡哆醇、吡哆醛和吡哆胺。

（2）来源：广泛分布于动、植物食品中，如肝、鱼、肉类、全麦、坚果、豆类、蛋黄和酵母等。

（3）磷酸吡哆醛和磷酸吡哆胺是其活性形式。

2. 生物学功能

（1）磷酸吡哆醛是多种酶的辅酶

1）磷酸吡哆醛参与氨基酸脱氨基与转氨基作用、鸟氨酸循环、血红素的合成和糖原分解等。

2）磷酸吡哆醛是谷氨酸脱羧酶的辅酶，可增进大脑抑制性神经递质 γ-氨基丁酸的生成，故临床上常用维生素 B_6治疗小儿惊厥、妊娠呕吐和精神焦虑等。

3）磷酸吡哆醛是 ALA 合酶的辅酶，参与血红素的生成。

4）维生素 B_6是催化同型半胱氨酸分解生成半胱氨酸过程中胱硫醚 β 合成酶的辅酶。

（2）磷酸吡哆醛可终止类固醇激素作用的发挥。

3. 缺乏症与中毒

（1）维生素 B_6缺乏时，可出现低色素小细胞贫血和血清铁增高，还可造成脂溢性皮炎。

（2）抗结核药异烟肼能与磷酸吡哆醛结合，使后者失去辅酶作用，故在服用异烟肼时，应补充维生素 B_6。

（3）过量服用维生素 B_6可引起中毒，表现为周围感觉神经病。

主治语录：维生素 B_6 又称抗皮炎维生素。

七、叶酸（蝶酰谷氨酸）

1. 一般性质

（1）由蝶酸和谷氨酸结合而成。

（2）来源：酵母、肝、水果和绿叶蔬菜。

（3）含单谷氨酸的 N^5-CH_3-FH_4 是叶酸在血液循环中的主要形式（图 4-20-2）。

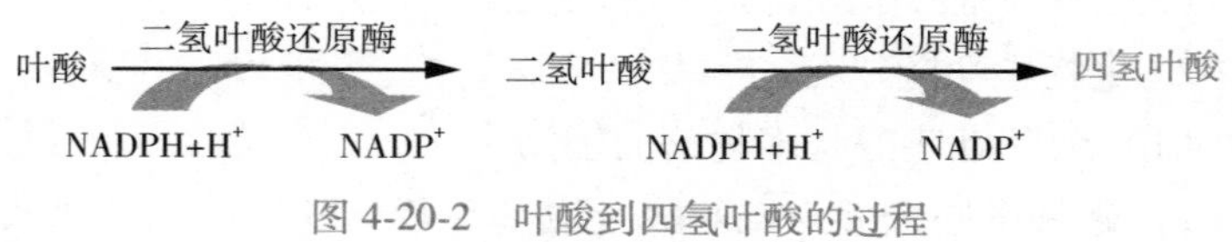

图 4-20-2 叶酸到四氢叶酸的过程

2. 生物学功能

（1）四氢叶酸（FH_4）是体内一碳单位转移酶的辅酶。

（2）甲氨蝶呤和氨蝶呤因其结构与叶酸相似，能抑制二氢叶酸还原酶的活性，使 FH_4 合成减少，进而抑制体内胸腺嘧啶核苷酸的合成，起到抗肿瘤的作用。

3. 缺乏症

（1）巨幼细胞贫血：叶酸缺乏时，DNA 合成受到抑制，骨髓幼红细胞 DNA 合成减少，细胞分裂速度降低，细胞体积变大。

（2）引起高同型半胱氨酸血症，增加动脉粥样硬化、血栓生成和高血压的危险性。

（3）孕妇叶酸缺乏，可能造成胎儿脊柱裂和神经管缺陷。

（4）叶酸缺乏可引起 DNA 低甲基化，增加一些癌症（如结肠、直肠癌）的危险性。长期口服避孕药或抗惊厥药者应补充叶酸。

八、维生素 B_{12}（钴胺素）

1. 一般性质

（1）是唯一含金属的维生素。

（2）仅由微生物合成，酵母和动物肝含量丰富。

（3）活性形式：甲钴胺素和5′-脱氧腺苷钴胺素。

2. 生物学功能　维生素 B_{12}是甲硫氨酸合成酶的辅酶，催化同型半胱氨酸甲基化生成甲硫氨酸。5′-脱氧腺苷钴胺素催化琥珀酰 CoA 的生成。

3. 缺乏症

（1）巨幼红细胞贫血：维生素 B_{12}缺乏时，核酸合成障碍阻止细胞分裂所致，即恶性贫血。

（2）髓鞘质变性退化：维生素 B_{12}缺乏可导致脂肪酸的合成异常，引发进行性脱髓鞘。

主治语录：维生素 B_{12}称为抗恶性贫血维生素。

九、维生素 C（*L*-抗坏血酸）

1. 一般性质

（1）*L*-抗坏血酸是天然的生物活性形式。

（2）广泛存在于新鲜蔬菜和水果。

（3）抗坏血酸分子中 C_2和 C_3羟基可以氧化脱氢生成脱氢抗坏血酸，后者又可接受氢再还原成抗坏血酸。

（4）还原型抗坏血酸是细胞内与血液中的主要存在形式。血液中脱氢抗坏血酸仅为抗坏血酸的1/15。

2. 生物学功能

（1）参与体内的多种羟化反应

1）苯丙氨酸代谢过程中，对-羟苯丙酮酸在对-羟苯丙酮酸羟化酶催化下生成尿黑酸。①维生素C缺乏时，尿中可出现大量对羟苯丙酮酸。②维生素C缺乏可引起儿茶酚胺的代谢异常。

2）维生素C是胆汁酸合成的关键酶7α-羟化酶的辅酶，参与将40%的胆固醇正常转变成胆汁酸。维生素C参与肾上腺皮质类固醇合成过程中的羟化作用。

3）依赖维生素C的含铁羟化酶参与蛋白质翻译后的修饰。维生素C可促进胶原蛋白的合成，胶原是结缔组织、骨及毛细血管等的重要组成部分。

4）体内肉碱合成过程需要依赖维生素C的羟化酶参与。

（2）参与体内氧化还原反应

1）可使巯基酶的-SH保持还原状态。维生素C在谷胱甘肽还原酶的作用下，将氧化型谷胱甘肽还原成还原型。

2）维生素C能使红细胞中高铁血红蛋白还原为血红蛋白，使其恢复运氧能力。

3）小肠中的维生素C可将Fe^{3+}还原成Fe^{2+}，有利于食物中铁的吸收。

4）维生素C作为抗氧化剂，影响细胞内活性氧敏感的信号转导系统，从而调节基因表达，影响细胞分化与细胞功能。

（3）具有增强机体免疫力的作用：临床上用于心血管疾病、感染性疾病等的支持性治疗。

3. 缺乏症

（1）中国居民膳食维生素C的平均需要量是85mg/d。

（2）坏血病：表现为毛细血管脆性增强易破裂、牙龈腐烂、牙齿松动、骨折以及创伤不易愈合。

4. 人体长期过量摄入维生素C可能增加尿中草酸盐的形成，增加尿路结石的危险。

主治语录：维生素C缺乏可致坏血病。

历年真题

（1~3 题共用备选答案）

A. 维生素 B_1

B. 维生素 B_6

C. 维生素 PP

D. 叶酸

E. 泛酸

1. 参与一碳单位代谢的维生素是
2. 参与氧化脱氨的维生素是
3. 参与转氨基的维生素是

参考答案： 1. D　2. C　3. B

第二十一章　钙、磷及微量元素

核心问题

1. 钙、磷在人体内的主要作用。
2. 钙、磷代谢的调控。

内容精要

钙、磷主要在体内以无机盐的形式存在。骨是人体的钙、磷储存库和代谢的主要场所，微量元素绝大多数为金属元素。长期缺乏无机元素均可导致相应的缺乏症。

第一节　钙、磷代谢

钙是人体内含量最多的无机元素之一，仅次于碳、氢、氧和氮。成人体内含 600~900g 的磷。

一、钙、磷在体内分布及其功能

1. 钙既是骨的主要成分又具有重要的调节作用

（1）人体内 99%的钙以羟基磷灰石的形式存在，少量为无定形钙，是羟基磷灰石的前体。羟基磷灰石是骨和牙的主要成分，起着保护和支撑作用。

（2）成年人血浆钙的含量为 2.25 ~ 2.75mmol/L（90 ~ 110mg/L），不到人体总钙的 0.1%。

（3）pH 下降，蛋白质结合钙解离，血浆游离钙增多；pH 升高，蛋白质结合钙增多，游离钙减少。

（4）分布于体液和其他组织中的钙不足总钙量的 1%。

2. 磷是体内许多重要生物分子的组成成分

（1）骨（约 85.7%）、各组织细胞（约 14%）和体液（约 0.03%）。

（2）成年人血浆中无机磷的含量为 1.1~1.3mmol/L。

（3）正常人血液中钙和磷的浓度相当恒定，每 100ml 血液中钙与磷含量之积为一常数，即［Ca］×［P］=35~40。

二、钙、磷的吸收与排泄受多种因素影响

1. 小肠对钙的吸收

（1）主要来源：牛奶、豆类和叶类蔬菜。

（2）主要吸收部位：十二指肠和空肠上段。

（3）影响钙吸收的因素

1）钙盐在酸性溶液中易溶解。

2）碱性磷酸盐、草酸盐和植物酸不利于钙的吸收。

3）活性维生素 D［1,25-$(OH)_2D_3$］能促进钙的吸收。

4）钙的吸收随年龄的增长而下降。

2. 肾对钙的重吸收

（1）正常成人肾小球每日滤过约 9g 游离钙。

（2）肾小管对钙的重吸收量与血钙浓度相关。

（3）肾对钙的重吸收受甲状旁腺激素的严格调控。

3. 磷的吸收

（1）吸收部位：生成无机磷酸盐并在小肠上段被吸收。

（2）影响磷重吸收的因素

1）血磷浓度降低可增高磷的重吸收率。

2）血钙增加可降低磷的重吸收。

3）pH 降低可增加磷的重吸收。

4）甲状旁腺激素抑制血磷的重吸收，增加磷的排泄。

三、骨是人体内的钙、磷储库和代谢的主要场所

人体内钙、磷代谢与动态平衡见图 4-21-1。

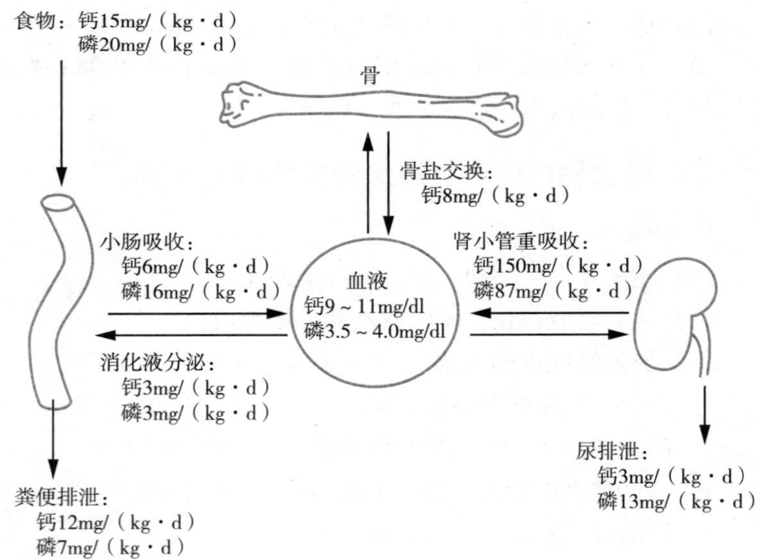

图 4-21-1　钙、磷代谢与动态平衡

四、钙、磷代谢主要受 3 种激素的调节

1. 主要调节的靶器官有小肠、肾和骨。

2. 3 种激素　见表 4-21-1。

表 4-21-1　调节钙、磷代谢的 3 种激素

激素	主要靶器官	调　　节
活性维生素 D	小肠和骨	①1, 25-（OH）$_2$D$_3$与小肠黏膜细胞特异的细胞内受体结合后，刺激钙结合蛋白的生成，促进小肠对钙的吸收，增加磷的吸收也随之增加 ②1, 25-（OH）$_2$D$_3$可促进骨盐沉积，刺激成骨细胞分泌胶原，促进骨基质的成熟，有利于成骨
甲状旁腺激素（PTH）	骨和肾	①刺激破骨细胞的活化，促进骨盐溶解，使血钙增高与血磷下降 ②促进肾小管对钙的重吸收，抑制对磷的重吸收；刺激肾合成 1, 25-（OH）$_2$D$_3$，间接地促进小肠对钙、磷的吸收 ③总体作用是使血钙升高
降钙素（CT）	骨和肾	①通过抑制破骨细胞的活性、激活成骨细胞，促进骨盐沉积，从而降低血钙与血磷含量 ②抑制肾小管对钙、磷的重吸收 ③总体作用是降低血钙与血磷

主治语录：①活性维生素 D 促进小肠钙的吸收和骨盐沉积。②甲状旁腺激素可升高血钙，降低血磷。③降钙素是唯一降低血钙浓度的激素。

五、钙、磷代谢紊乱可引起多种疾病

1. 甲状旁腺功能亢进与维生素 D 中毒　高血钙症、尿路结石。甲状旁腺功能减退症可引起低钙血症。

2. 高磷血症　常见于慢性肾病患者，与冠状动脉、心瓣膜钙化等严重心血管并发症密切相关；是引起继发性甲状旁腺功能亢进、维生素 D 代谢障碍、肾性骨病等的重要因素。

3. 维生素 D 缺乏也可减少肠腔磷酸盐的吸收，是引起低磷血症的原因之一。

第二节　微 量 元 素

微量元素在人体中存在量低于人体体重 0.01%、每日需要量在 100mg 以下。

一、铁

铁是人体含量、需要量最多的微量元素。成年男性平均含铁量为 50mg/kg（体重），女性为 30mg/kg（体重）。

1. 运铁蛋白和铁蛋白分别是铁的运输和储存形式

（1）吸收主要部位：十二指肠及空肠上段。

（2）Fe^{3+} 进入血液与运铁蛋白结合而运输，运铁蛋白是运输铁的主要形式。

（3）铁蛋白和含铁血黄素是铁的储存形式，主要储存于肝、脾、骨髓、小肠黏膜等器官。

（4）体内铁的唯一排泄途径：小肠黏膜上皮细胞的生命周期为 2~6 天，储存于细胞内的铁蛋白铁随着细胞的脱落而排泄于肠腔。

（5）衰老的红细胞释放的铁被重新利用等过程是铁在体内代谢的主要过程。

2. 体内铁主要存在于铁卟啉化合物和其他含铁化合物中

（1）体内的铁可分为储存铁（铁蛋白和含铁血黄素）和功能铁（参与组成多种具有生物学活性的蛋白质）。

（2）铁卟啉化合物约 75%，其他含铁化合物为 25%（如含铁的黄素蛋白、铁硫蛋白、运铁蛋白等）。

3. 铁的缺乏与中毒均可引起严重的疾病

（1）铁的缺乏：小细胞低血色素性贫血（缺铁性贫血）。

（2）铁中毒：持续摄入铁过多或误服大量铁剂。

（3）体内沉积过多：血色素沉积症、肝硬化、肝癌、糖尿病等。

主治语录：铁是血红蛋白、呼吸链的主要复合物等的重要组成部分。

二、锌

在人体的含量仅此于铁，为 1.5～2.5g。成人每日需 15～20mg。

1. 清蛋白和金属硫蛋白分别参与锌的运输和储存

（1）运输方式：在血中与清蛋白结合。

（2）储存的主要形式：与金属硫蛋白结合。

（3）排泄方式：由粪便排出，部分可从尿及汗排出。

2. 锌是含锌金属酶和锌指蛋白的组成成分　锌是多种含锌酶的组成成分或激动剂。锌在体内参与多种酶的组成或为酶催化活性所必需。

3. 缺锌可导致多种代谢障碍　引起消化功能紊乱、生长发育滞后、智力发育不良、皮肤炎、伤口愈合缓慢、脱发、神经精神障碍，儿童可出现发育不良和睾丸萎缩。

主治语录：锌是含锌金属酶和许多锌指蛋白的组成成分。

三、铜

成人体内铜的含量为 80～110mg，骨骼肌中约占 50%，10%存在于肝。人体各组织均含铜，其中以肝、脑、心、肾和胰含量较多。

1. 铜参与铜蓝蛋白的组成

（1）主要吸收部位：十二指肠。

（2）运输形式：60%的铜与铜蓝蛋白紧密结合，其余的与清蛋白疏松结合或与组氨酸形成复合物。

（3）主要代谢器官：肝脏。

（4）排泄方式：主要随胆汁排泄。

2. 铜是体内多种含铜酶的辅基

（1）铜是体内多种酶的辅基，含铜的酶多以氧分子或氧的衍生物为底物。

（2）增强血管生成素对内皮细胞的亲和力，增加血管内皮生长因子和相关细胞因子的表达与分泌，促进血管生成。

3. 铜缺乏可导致小细胞低色素性贫血等疾病

（1）铜缺乏：小细胞低色素性贫血、白细胞减少、出血性血管改变、骨脱盐、高胆固醇血症和神经疾患等。

（2）中毒：蓝绿粪便、唾液以及行动障碍等。

四、锰

正常人体内含锰为12~20mg。成人每日需2~5mg。

1. 大部分锰与血浆中γ球蛋白和清蛋白结合而运输

（1）储存部位：骨、肝、胰和肾。

（2）运输形式：入血后大部分与血浆中γ球蛋白和清蛋白结合而运输。

（3）排泄方式：主要从胆汁排泄，少量从胰液、尿液排出。

2. 锰是多种酶的组成部分和激活剂

（1）体内正常免疫功能、血糖与细胞能量调节、生殖、消化、骨骼生长、抗自由基等均需要锰。

（2）缺锰时生长发育会受到影响。

3. 过量摄入锰可引起中毒

（1）引起慢性神经系统中毒。

（2）干扰多巴胺代谢，导致精神病或帕金森神经功能障碍。

主治语录：体内锰对多种酶的激活作用可被镁所代替。

五、硒

人体含硒为14~21mg。成人日需要量在30~50μg。

1. 大部分硒与α和β球蛋白结合而运输

（1）运输形式：入血后与α和β球蛋白结合，小部分与VLDL结合而运输。

（2）存在形式：含硒蛋白质。

（3）排泄方式：尿及汗液。

2. 硒以硒代半胱氨酸形式参与多种重要硒蛋白的组成

（1）硒蛋白P：是硒的转运蛋白，也是内皮系统的抗氧化剂。

（2）硫氧还蛋白还原酶：参与调节细胞内氧化还原过程，刺激正常和肿瘤细胞的增殖，并参与DNA合成的修复机制。

（3）碘甲腺原氨酸脱碘酶：是一种含硒酶，可激活或去激活甲状腺激素。

（4）硒还参与辅酶Q和辅酶A的合成。

3. 硒缺乏可引发多种疾病

（1）糖尿病、心血管疾病、神经变性疾病、某些癌症等。

（2）克山病（地方性心肌病）和大骨节病。

六、碘

正常成人体内碘为25~50mg，成人每日需碘100~300μg。

1. 碘在甲状腺中富集

（1）甲状腺内（约占30%）合成甲状腺激素，甲状腺外

（占60%~80%）以非激素的形式存在。

（2）来源：食物。

（3）吸收部位：小肠，吸收率可高达100%。

（4）排泄方式：尿（主要）、粪便、汗腺和毛发排出。

2. 碘是甲状腺激素的组成成分　主要参与甲状腺激素的合成。另一个重要功能是抗氧化作用。

3. 碘缺乏可引起地方性甲状腺肿

（1）甲状腺肿：成人缺碘。

（2）地方性甲状腺肿，严重可致发育停滞，痴呆；胎儿期缺碘可致呆小病、智力迟钝、体力不佳等严重发育不良。

七、钴

正常人体钴的含量为1.1mg，人体对钴的需要量小于1μg/d。

1. 钴在小肠的吸收形式是维生素 B_{12}

（1）吸收形式：来自食物中的钴必须在肠内经细菌合成维生素 B_{12}。

（2）储存形式：以维生素 B_{12} 和维生素 B_{12} 辅酶储存于肝。

（3）排泄方式：主要从尿中排泄。

2. 钴是维生素 B_{12} 的组成成分　钴的作用主要以维生素 B_{12} 和维生素 B_{12} 辅酶形式发挥其生物学作用。

3. 钴缺乏

（1）常表现为维生素 B_{12} 缺乏的一系列症状。

（2）钴在胚胎时期就参与造血过程，钴的缺乏可使维生素 B_{12} 缺乏（引起巨幼细胞贫血）。

（3）钴可以治疗巨幼细胞贫血。

八、氟

成人体内含氟为2~6g，生理学量为0.5~1.0mg。

1. 氟主要与球蛋白结合而运输

（1）吸收部位：主要经胃肠道吸收，易吸收且迅速。

（2）运输形式：与球蛋白结合运输，少量以氟化物形式运输。

2. 氟与骨、牙的形成及钙、磷代谢密切相关　氟能与羟磷灰石吸附，形成氟磷灰石，加强对龋齿的抵抗作用。可直接刺激细胞膜中 G 蛋白，激活腺苷酸环化酶或磷脂酶 C，启动细胞内 cAMP 或磷脂酰肌醇信号系统，引起广泛生物效应。

3. 体内氟缺乏或过多均可引起疾病

（1）缺氟：龋齿；可致骨质疏松，易发生骨折。

（2）氟过多：引起骨脱钙和白内障；可影响肾上腺、生殖腺等多种器官的功能；氟斑牙和氟骨症。

主治语录：氟的主要来源于饮用水，若食物和饮水中含氟量过少，影响牙齿的形成，易患龋齿；含量过高，则引起牙齿斑釉及慢性中毒。

九、铬

成人中总量为 6mg 左右，每日需要量为 30～40μg。

1. 细胞内铬主要存在于细胞核中

（1）六价铬比三价铬吸收好。

（2）头发中的铬能提示个体铬的营养状况。

2. 铬与胰岛素的作用密切相关

（1）铬调素：铬是其组成成分。铬调素可促进胰岛素与细胞受体的结合，增强胰岛素的生物学效应。

（2）葡萄糖耐量因子（GTF）：铬是重要组成成分，GTF 可增强胰岛素的生物学作用，促进葡萄糖转化为脂肪。

3. 铬过量对人体具有危害

（1）铬缺乏：胰岛素的有效性降低，造成葡萄糖耐量受损，血清胆固醇和血糖上升。

（2）铬中毒：主要侵害皮肤和呼吸道，出现皮肤黏膜的刺激和腐蚀作用，严重者可发生急性肾衰竭。

十、钒

人体含钒为25mg左右，每日需要量为60μg。

1. 钒以离子状态与转铁蛋白结合而运输

（1）运输：血液中约95%的钒以离子状态（VO^{2+}）与转铁蛋白结合而运输。

（2）储存：主要在脂肪组织中，少量分布于肝、肾、甲状腺和骨等部位。

（3）排泄：尿（主要）、胆汁。

2. 钒可能通过与磷酸和Mg^{2+}竞争结合配体干扰细胞的生化反应过程。

3. 钒可作为多种疾病治疗的辅助药物　造血功能；预防龋齿；降血糖；抑制胆固醇合成。

主治语录：钒可能通过与磷酸和Mg^{2+}竞争结合配体干扰细胞的生化反应过程。

十一、硅

是人体必需的微量元素之一，人体含硅18mg，每日需要量为20~50mg。

1. 血液中的硅以单晶硅的形式存在

（1）硅不与蛋白质结合，几乎全部以非解离的单晶硅的形式存在。

（2）吸收：不易吸收，膳食硅的形式对硅的吸收影响很大。

2. 硅参与结缔组织和骨的形成

（1）硅可增加结缔组织的弹性和强度，并维持其结构的完整性。

（2）硅能增加钙化的速度。

3. 长期吸入大量含硅的粉尘可引起硅沉着病

（1）长期吸入大量含有游离二氧化硅粉尘可引起肺部广泛的结节性纤维化病变，微血管循环受到障碍，是硅沉着病发病的主要原因。

（2）硅摄入不足也可导致一些疾病的发生，如血管壁中硅含量与人和动物粥样硬化程度成反比。

十二、镍

正常成年人体内含镍 6～10mg，每日生理需要量为 25～35μg。

1. 镍主要与清蛋白结合而运输　吸收入血的镍主要与清蛋白结合而运输，一小部分可以与组氨酸、天冬氨酸、α_2巨球蛋白结合。

2. 镍与多种酶的活性有关

（1）镍缺乏时，肝内葡糖-6-磷酸脱氢酶、乳酸脱氢酶、异柠檬酸脱氢酶、苹果酸脱氢酶和谷氨酸脱氢酶等合成减少、活性降低，影响 NADH 的生成、糖的无氧酵解、三羧酸循环等代谢。

（2）镍参与激素作用和生物大分子的结构稳定性及新陈代谢。

（3）镍参与多种酶蛋白的组成，并可刺激造血、促进红细胞生成。

3. 镍是最常见的致敏性金属

（1）镍离子可通过毛囊和皮脂腺渗入皮肤而引起皮肤过敏。

（2）贫血患者血镍含量减少，伴有铁吸收减少，而给予镍增加造血功能。

（3）缺镍可引起糖尿病、贫血、肝硬化、尿毒症、肝脂质和磷脂代谢异常等。

十三、钼

一个体重 70kg 的健康人含钼约 9mg。成人适宜摄入量为每日 60μg。

1. 钼以钼酸根的形式与血液中的红细胞松散结合而转运。

2. 钼是黄嘌呤氧化酶、醛氧化酶和亚硫酸盐氧化酶的辅基。

3. 钼缺乏与多种疾病的发生发展有关　可导致儿童和青少年生长发育不良、智力发育迟缓，并与克山病、肾结石和大骨节病等疾病的发生有关。一些低钼地区食管癌发病率高。

十四、锡

每日需要消耗的锡量非常少，约需 3.5μg。

1. 锡主要由胃肠道和呼吸道进入人体。

2. 体内锡的主要作用为促进生长发育、影响血红蛋白的功能和促进伤口的愈合。

3. 缺锡可导致蛋白质和核酸代谢的异常。

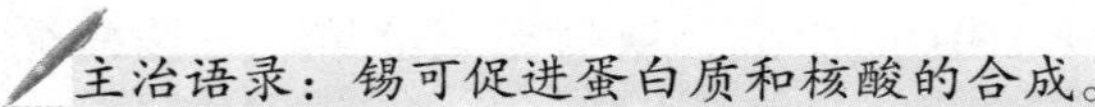
主治语录：锡可促进蛋白质和核酸的合成。

历年真题

正常人血浆钙、磷浓度的乘积等于

A. 20～30

B. 31～40

C. 35～40

D. 41～50

E. 51～60

参考答案：C

第二十二章　癌基因和抑癌基因

核心问题

1. 癌基因、原癌基因和抑癌基因的基本概念。

2. 原癌基因激活和抑癌基因失活的机制及其在肿瘤发生发展中的作用。

内容精要

癌基因是能导致细胞发生恶性转化和诱发癌症的基因。绝大多数癌基因是细胞内正常的原癌基因突变或表达水平异常升高转变而来，某些病毒也携带癌基因。肿瘤的发生发展是多个原癌基因和抑癌基因突变累积的结果，经过起始、启动、促进和癌变几个阶段逐步演化而产生。

第一节　癌　基　因

一、概述

与肿瘤发生密切相关的基因，可分为3类。

1. 细胞内正常的原癌基因　促进细胞的生长和增殖，阻止细胞分化，抵抗凋亡。

2. 抑癌基因（肿瘤抑制基因） 抑制增殖，促进分化，诱发凋亡。

3. 基因组维护基因 参与 DNA 损伤修复，维持基因组完整性。

二、癌基因

1. 癌基因是能导致细胞发生恶性转化和诱发癌症的基因。

2. 原癌基因是人类基因组中具有正常功能的基因

（1）原癌基因的表达产物对细胞正常生长、增殖和分化起着精确的调控作用。

（2）在某些因素（如放射线、有害化学物质等）作用下，这类基因结构发生异常或表达失控，转变为癌基因，导致细胞生长增殖和分化异常，部分细胞发生恶性转化从而形成肿瘤。

（3）原癌基因和癌基因有不同的基因家族

1）*SRC* 家族：包括 *SRC* 和 *LCK* 等多个基因。*SRC* 最初是在引起肉瘤的劳斯肉瘤病毒中发现的，病毒癌基因名为 *v-src*。酶突变而导致的持续活化是其促进肿瘤发生的主要原因。

2）*RAS* 家族：*H-RAS*、*K-RAS*、*N-RAS* 等。原癌基因 *K-RAS* 突变是恶性肿瘤中最常见的基因突变之一。

3）*MYC* 家族：*C-MYC*、*N-MYC* 和 *L-MYC*。MYC 的靶基因多编码细胞增殖信号分子，故细胞内 MYC 蛋白可促进细胞的增殖。

3. 某些病毒的基因组中含有癌基因

（1）肿瘤病毒：大多为 RNA 病毒，目前发现的都是反转录病毒，如 Harvey 大鼠肉瘤病毒等。

（2）DNA 肿瘤病毒：人乳头瘤病毒（HPV）和乙型肝炎病毒（HBV）。

4. 原癌基因活化的机制

（1）定义：从正常的原癌基因转变为具有使细胞发生恶性转化的癌基因的过程称为原癌基因的活化。这种转变属于功能获得突变。

（2）机制

1）基因突变：①常导致原癌基因编码的蛋白质的活性持续性激活。②较为常见和典型的是错义点突变，导致基因编码的蛋白质中的关键氨基酸残基改变，造成突变蛋白质的活性呈现持续性激活。

2）基因扩增：导致原癌基因过量表达，癌基因拷贝数增加。

3）染色体易位：导致原癌基因表达增强或产生新的融合基因。

机制：①染色体易位使原癌基因易位至强的启动子或增强子的附近，导致其转录水平大大提高。②染色体易位导致产生新的融合基因。

4）获得启动子与增强子导致原癌基因表达增强。

5. 原癌基因编码的蛋白质与生长因子密切相关

（1）生长因子：是一类由细胞分泌的、类似于激素的信号分子，多数为肽类或蛋白质类物质，具有调节细胞生长与分化的作用。

（2）生长因子的作用模式

1）内分泌方式：生长因子从细胞分泌出来后，通过血液运输作用于远端靶细胞。如源于血小板的 PDGF 可作用于结缔组织细胞。

2）旁分泌方式：细胞分泌的生长因子作用于邻近的其他类型细胞，对合成、分泌生长因子的自身细胞不发生作用，因为其缺乏相应受体。

3）自分泌方式：生长因子作用于合成及分泌该生长因子的

细胞本身。

（3）常见的生长因子举例（表 4-22-1）

表 4-22-1　常见的生长因子举例

生长因子	来　源	主要功能
表皮生长因子（EGF）	唾液腺、巨噬细胞、血小板等	促进表皮与上皮细胞的增殖
促红细胞生成素（EPO）	肾	调节成红细胞的发育
类胰岛素生长因子（IGF）	血清	促进硫酸盐掺入到软骨组织，促进软骨细胞的分裂、对多种组织细胞起胰岛素样作用
神经生长因子（NGF）	颌下腺含量最高	营养交感和某些感觉神经元，防止神经元退化
血小板源生长因子（PDGF）	血小板、平滑肌细胞	促进间质及胶质细胞的生长，促进血管生成
转化生长因子 α（TGF-α）	肿瘤细胞、巨噬细胞、神经细胞	类似于 EGF，促进细胞恶性转化
转化生长因子 β（TGF-β）	肾、血小板	对某些细胞的增殖具有促进和抑制双向作用

（4）生长因子的功能主要是正调节靶细胞生长：大多数生长因子具有促进靶细胞生长的功能，少数具有负调节功能，还有一些具有正、负双重调节作用。例如，NGF 对神经系统的生长具有促进作用，但对成纤维细胞的 DNA 合成却有微弱的抑制作用。

（5）生长因子通过细胞内信号转导而发挥其功能

1）生长因子的受体多位于靶细胞膜，为一类跨膜蛋白，有的位于细胞质上。

2）位于膜表面的受体是跨膜受体蛋白质，包含具有酪氨酸激酶活性的胞内结构域。

3）当生长因子与这类受体结合后，受体所包含的酪氨酸激酶被活化，使胞内的相关蛋白质被直接磷酸化。

4）另一些膜上的受体则通过胞内信号传递体系，产生相应的第二信使，后者使蛋白激酶活化，活化的蛋白激酶同样可使胞内相关蛋白质磷酸化。

5）这些被磷酸化的蛋白质再活化核内的转录因子，引发基因转录，达到调节生长与分化的作用。

（6）原癌基因编码的蛋白质涉及生长因子信号转导的多个环节：根据信号转换系统的作用分为以下 4 类。

1）细胞外生长因子：生长因子是细胞外增殖信号，它们作用于膜受体，经各种信号通路，如 MAPK 通路等，引发一系列细胞增殖相关基因的转录激活。

2）跨膜生长因子受体：第二类原癌基因的产物为跨膜受体，它们接受细胞外的生长信号并将其传入细胞内。

3）细胞内信号转导分子：生长信号到达胞内后，借助一系列胞内信号转导体系，将接受的生长信号由胞内传至核内，促进细胞生长。

4）核内转录因子。

6. 癌基因是肿瘤治疗的重要分子靶点

（1）*BRAF* 是黑素瘤治疗的重要分子靶点：原癌基因 *BRAF* 所编码的蛋白质属于丝/苏氨酸激酶，是 MAPK 信号通路的重要组成分子，在调控细胞增殖、分化等方面发挥重要作用。

（2）*HER*2 是乳腺癌治疗的重要分子靶点：*HER*2 是表皮生长因子受体家族成员，具有蛋白酪氨酸激酶活性，能激活下游信号通路，从而促进细胞增殖和抑制细胞凋亡。

（3）*BCR-ABL* 是慢性髓性白血病治疗的重要分子靶点：蛋

白质 *BCR-ABL* 具有持续活化的蛋白酪氨酸激酶活性，能促进细胞增殖，并增加基因组的不稳定性。

主治语录：原癌基因活化主要有基因突变、基因扩增、染色体易位、获得启动子或增强子等机制。

第二节 抑癌基因

正常细胞基因组中一些编码增殖负调控信号的基因如果发生失活或丢失，亦可导致细胞恶性变。这些基因被称为抑癌基因。

一、抑癌基因对细胞的负性调控作用

1. 抑癌基因对细胞增殖起负性调控作用，其编码产物的功能有：抑制细胞增殖；抑制细胞周期进程；调控细胞周期检查点；促进凋亡；参与 DNA 损伤修复。

2. 常见的抑癌基因及其编码产物　见表 4-22-2。

表 4-22-2　常见的抑癌基因及其编码产物

名称	染色体定位	相关肿瘤	编码产物及功能
*TP*53	17p13. 1	多种肿瘤	转录因子 p53，细胞周期负调节和 DNA 诱发凋亡
RB	13q14. 2	视网膜母细胞瘤、骨肉瘤	转录因子 p105 RB
PTEN	10q23. 3	胶质瘤、膀胱癌、前列腺癌、子宫内膜癌	磷脂类信使的去磷酸化，抑制 PI3K-AKT 通路
*P*16	9p21	肺癌、乳腺癌、胰腺癌、食管癌、黑素瘤	p16 蛋白，细胞周期检查点负调节

续　表

名称	染色体定位	相关肿瘤	编码产物及功能
*P*21	6p21	前列腺癌	抑制 CDK1、CDK2、CDK4 和 CDK6
APC	5q22.2	结肠癌、胃癌等	G 蛋白，细胞黏附与信号转导
DCC	18q21	结肠癌	表面糖蛋白（细胞黏附分子）
*NF*1	7q12.2	神经纤维瘤	GTP 酶激活剂
*NF*2	22q12.2	神经鞘膜瘤、脑膜瘤	连接膜与细胞骨架的蛋白质
VHL	3p25.3	小细胞肺癌、宫颈癌、肾癌	转录调节蛋白
*WT*1	11p13	肾母细胞瘤	转录因子

二、抑癌基因失活机制

1. 概述　抑癌基因的失活与原癌基因的激活一样，在肿瘤发生中起着非常重要的作用。癌基因的作用是显性的，而抑癌基因的作用往往是隐性的。原癌基因的两个等位基因只要激活一个就能发挥促癌作用，而抑癌基因则往往需要两个等位基因都失活才会导致其抑癌功能完全丧失。

2. 抑癌基因失活的常见方式

（1）基因突变

1）常导致抑癌基因编码的蛋白质功能丧失或降低。

2）属于功能性突变。

3）典型例子是抑癌基因 *TP*53 的突变。

（2）杂合性丢失

1）导致抑癌基因彻底失活。

2）杂合性：指同源染色体在一个或一个以上基因座存在不同的等位基因的状态。

3）杂合性丢失：指一对杂合的等位基因变成纯合状态的现

象。这是肿瘤细胞中常见的异常遗传学现象。

（3）启动子区甲基化

1）导致抑癌基因表达抑制。

2）抑癌基因的启动子区 CpG 岛呈高度甲基化状态，从而导致相应的抑癌基因不表达或低表达。

三、抑癌基因在肿瘤发展中的作用

1. *RB* 基因的调控

（1）*RB* 主要通过调控细胞周期检查点而发挥其抑癌功能。

（2）*RB* 的磷酸化程度

1）受细胞周期中增殖调控蛋白质的直接控制，包括随着细胞周期不同时相的转换，其浓度也随之发生变化的细胞周期蛋白，以及受到这些蛋白质调节的蛋白激酶。

2）限制点：符号“R”表示。G_1/S 期检查点，为哺乳动物细胞周期的重要检查点。

3）低磷酸化的 *RB* 在 G_1期特异的磷酸化是细胞从 G_1期进入 S 期的关键。

2. *TP*53 基因的调控

（1）*TP*53 主要通过调控 DNA 损伤应答和诱发细胞凋亡而发挥其抑癌功能。

（2）是目前研究最多的、也是迄今发现在人类肿瘤中发生突变最广泛的抑癌基因。

（3）*p*53 的结构及其功能（图 4-22-1）

3. PTEN 基因的调控

（1）主要通过抑制 PI3K/AKT 信号通路而发挥其抑癌功能。

（2）结构功能域

1）N-端磷酸酶结构区：是 PTEN 发挥肿瘤抑制活性的主要功能区。

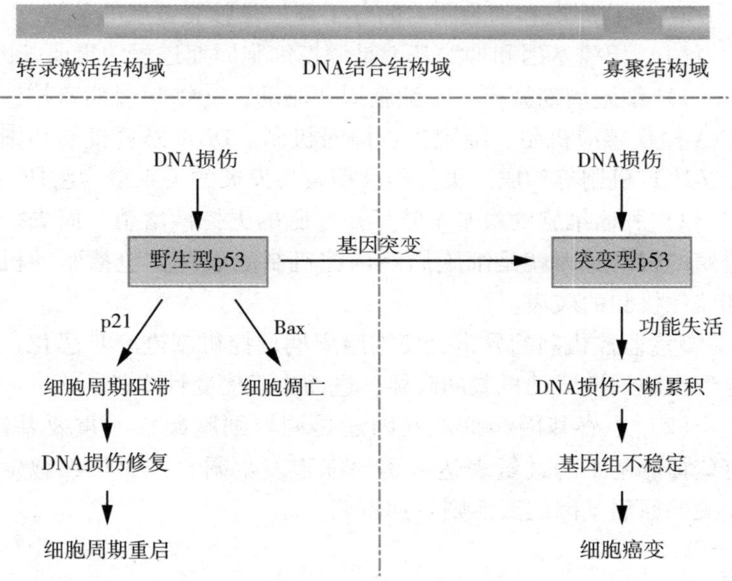

图 4-22-1　*p*53 的结构及其功能

2）C2 区：可介导蛋白质与脂质的结合。

3）C-端区：对调节自身的稳定性和酶活性具有重要作用。

四、肿瘤的发生发展及癌基因和抑癌基因的共同参与

1. 肿瘤发生发展涉及多种相关基因的改变

（1）基因水平：突变基因数目增多，基因组变异逐步扩大。

（2）细胞水平：细胞周期失控水平的细胞生长特性逐步得到强化。

（3）结肠癌的发展变化：①上皮细胞过度增生阶段。②早期腺瘤阶段。③中期腺瘤阶段。④晚期腺瘤阶段。⑤腺癌阶段。

⑥转移癌阶段。

2. 细胞周期和细胞凋亡的分子调控是肿瘤进展的关键

(1) 原癌基因和抑癌基因是调控细胞周期进程的重要基因

1) 细胞周期调控：①细胞周期驱动。②细胞周期监控：由DNA损伤感应机制、细胞生长停滞机制、DNA修复机制和细胞命运决定机制等构成。失控与肿瘤发生发展的关系最为密切。

2) 肿瘤细胞的最基本特征是细胞的失控性增殖，而失控性增殖的根本原因就是细胞周期调控机制的破坏，包括驱动机制和监控机制的破坏。

3) 监控机制的异常会使细胞周期调控机制进一步恶化，并导致细胞周期驱动机制的破坏，进而出现癌变性生长。

(2) 原癌基因和抑癌基因还是调控细胞凋亡的重要基因：有些抑癌基因的过量表达可诱导细胞发生凋亡，而与细胞生存相关的原癌基因的激活则可抑制凋亡。

历年真题

1. 下列关于原癌基因的叙述，正确的是
   A. 只要有就可以引起癌症
   B. 存在于正常细胞中
   C. 只对细胞有害，而无正常功能
   D. 不为细胞因子编码
   E. 总是处于活化状态
2. 关于抑癌基因的正确叙述是
   A. 其产物具有抑制细胞增殖的能力
   B. 与癌基因的表达无关
   C. 肿瘤细胞出现时才表达
   D. 不存在于人类正常细胞
   E. 缺失与细胞的增殖和分化有关的因子

参考答案：1. B　2. A

第五篇　医学分子生物学专题

第二十三章　DNA 重组和重组 DNA 技术

核心问题

1. 重组 DNA 技术（基因工程）概念。
2. 重要的工具酶及其作用。
3. 目的基因获取方法，基因工程的操作过程。

内容精要

DNA 重组是指 DNA 分子内或分子间发生的遗传信息的重新共价组合过程。重组 DNA 技术可获得新的功能 DNA 分子。获取目的基因的方法包括化学合成、从基因组文库或 cDNA 文库获取或 PCR 扩增等。

第一节　自然界的 DNA 重组与基因转移

DNA 重组是 2 个或 2 个以上 DNA 分子重新组合形成 1 个 DNA 分子的过程。包括同源重组、位点特异性重组、转座重组、接合、转化和转导等，其中前3种方式在原核和真核细胞中均可发生，后3种方式通常发生在原核细胞。

一、同源重组

同源重组是指发生在两个相似或相同DNA分子之间核苷酸序列互换的过程，又称基本重组。

1. Holliday模型是最经典的同源重组模式

（1）同源重组主要经历4个关键步骤

1）2个同源染色体DNA排列整齐。

2）一个DNA的一条链断裂，并与另一个DNA对应的链连接，形成Holliday链接。

3）通过分支移动产生异源双链DNA。

4）Holliday中间体切开并修复，形成2个双链重组体DNA。

（2）片段重组体：切开的链与原来断裂的是同一条链，重组体含有一段异源双链区，其两侧来自同一亲本DNA。

（3）拼接重组体：切开的链并非原来断裂的链，重组体异源双链区的两侧来自不同亲本DNA。

2. RecBCD模式

（1）参与细菌RecBCD同源重组的酶

1）RecBCD复合物：具有3种酶活性，包括依赖ATP的核酸外切酶活性、可被ATP增强的核酸内切酶活性和需要ATP的解旋酶活性。

2）RecA蛋白：可结合单链DNA，形成RecA-ssDNA复合物。

3）RuvC蛋白：有核酸内切酶活性，能专一性识别Holliday连接点，并有选择地切开同源重组体的中间体。

（2）*E. coil*的RecBCD同源重组过程。

二、位点特异性重组

位点特异性重组指发生在至少拥有一定程度序列同源性片

段间 DNA 链的互换过程。

1. λ 噬菌体可与宿主染色体 DNA 发生整合

（1）λ 噬菌体 DNA 的整合是在 λ 噬菌体的整合酶催化下完成的，是 λ 噬菌体 DNA 与宿主染色体 DNA 特异靶位点之间的选择性整合。

（2）反转录病毒整合酶可特异地识别、整合反转录病毒 cDNA 的长末端重复序列（LTR）。

2. 基因片段倒位是细菌位特异位点重组的一种方式

（1）鞭毛相转变：在单菌落的沙门菌中经常出现少数另一种含 H 抗原的细菌。

（2）倒转酶 Hin：是 *hin* 基因编码特异的重组酶，为同源二聚体。

3. 免疫球蛋白基因以位点特异性重组发生重排。

三、转座重组

转座重组或专座是指插入序列和转座子介导的基因移位或重排。

1. 插入序列（IS）

（1）能在基因（组）内部或基因（组）间改变自身位置的一段 DNA 序列。

（2）特征：两端为反向重复序列（IR）；中间为一个转座酶编码基因。后者的表达产物可引起 IS 转座。

（3）典型的 IS 两端各一个 9～41bp 的反向重复序列，反向重复序列侧翼连接有短的（4～12bp）、不同的 IS 所特有的正向重复序列。

（4）IS 发生的转座

1）保守性转座：IS 从原位迁至新位。

2）复制性专座：IS 复制后的一个复制本迁至新位。

2. 转座子（Tn）

（1）能将自身或其拷贝插入基因组新位置的DNA序列。即有一个中心区域，两边侧翼序列是插入序列（IS），除有与转座有关的编码基因外，还携带其他基因如抗生素抗性基因等。

（2）Tn普遍存在于原核和真核细胞中，不但可以在一条染色体上移动，也可以从一条染色体跳到另一条染色体上，甚至从一个细胞进入另一个细胞。

四、原核细胞可通过接合、转化和转导进行基因转移或重组

1. 接合作用　指细菌的遗传物质在细菌细胞间通过细胞-细胞直接接触或细胞间桥样连接的转移过程。

2. 转化作用

（1）指受体菌通过细胞膜直接从周围环境中摄取并掺入外源遗传物质引起自身遗传改变的过程，受体菌必须处于敏化状态。

（2）当溶菌时，裂解的DNA片段作为外源DNA被另一细菌（受体菌）摄取，受体菌通过重组机制将外源DNA整合至其基因组上，从而获得新的遗传性状。

3. 转导作用

（1）指由病毒或病毒载体介导外源DNA进入靶细胞的过程。

（2）分类

1）普遍性转导。

2）特异性转导。

主治语录：①接合作用是质粒DNA通过细胞间相互接触发生转移的现象。②转化作用是受体细胞自主摄取外源DNA并与之整合的现象。③转导作用是病毒将供体DNA带入受体并与之染色体发生整合的现象。

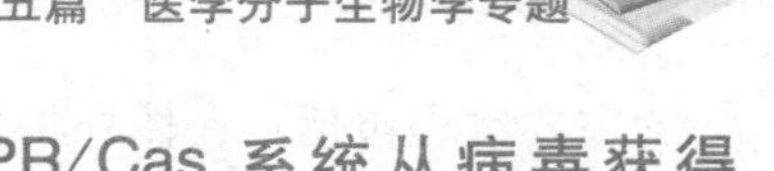

五、细菌可通过 CRISPR/Cas 系统从病毒获得 DNA 片段作为获得性免疫机制

CRISPR/Cas 系统是原核生物的一种获得性免疫系统，用于抵抗存在于噬菌体或质粒的外源遗传元件的入侵。

1. CRISPR 序列的结构特征　成簇规律间隔短回文重复（CRISPR）座是指细菌基因组上成簇排列的、由来自噬菌体 DNA 的间隔序列和宿主菌基因组的重组序列所形成的特殊重复序列-间隔序列阵列，与 *Cas* 基因相邻。

2. 外源 DNA 可插入宿主基因组的 CRISPR 座　以噬菌体为例：噬菌体 DNA 进入宿主细胞并复制；复制所产生的 DNA 片段被宿主细胞的 Cas1-Cas2 复合物捕获；Cas1-Cas2 复合物将所捕获的 DNA 片段插入宿主基因组 CRISPR 座位的第一个位点；Cas1 在此过程中协调切割-连接反应，即在重复序列 5′-端切开，后与 DNA 片段的 3′-端连接。

3. CRISPR/Cas 系统是细菌的获得性免疫机制

（1）CRISPR/Cas 系统：指由 *Cas* 基因编码的 Cas 蛋白催化 CRISPR 形成，以及 CRISPR 转录产物与 Cas 蛋白相配合介导入侵 DNA 切割的机制，并成为细菌抵抗病毒感染的一种获得性免疫机制。

（2）Cas 蛋白按功能分为Ⅰ型、Ⅱ型、Ⅲ型。

第二节　重组 DNA 技术

一、概述

重组 DNA 技术（分子克隆、DNA 克隆或基因工程）是通过体外操作将不同来源的 2 个或 2 个以上 DNA 分子重新组合，并在适当细胞中扩增形成新功能 DNA 分子的方法。

主要过程包括：在体外将目的DNA片段与能自主复制的遗传元件（又称载体）连接，形成重组DNA分子，进而在受体细胞中复制、扩增及克隆化，从而获得单一DNA分子的大量拷贝。

二、重组DNA技术常用的工具酶

1. 常用工具酶　见表5-23-1。

表5-23-1　重组DNA技术中常用的工具酶

工具酶	功　能
RE	识别特异序列，切割DNA
DNA连接酶	催化DNA中相邻的5′-磷酸基团和3′-羟基末端之间形成磷酸二酯键，使DNA切口封合或使两个DNA分子或片段连接起来
DNA聚合酶Ⅰ	具有5′→3′聚合、3′→5′外切及5′-外切活性，用于合成双链cDNA分子或片段连接；缺口平移法制作高比活性探针；DNA序列分析；填补3′末端
Klenow片段	又名DNA聚合酶Ⅰ大片段，具有完整DNA聚合酶Ⅰ的5′→3′聚合及3′→5′外切活性，但缺乏5′→3′外切活性。常用于cDNA第二链合成双链DNA的3′-端标记等
反转录酶	以RNA为模板的DNA聚合酶，用于合成cDNA，也用于替代DNA聚合酶Ⅰ进行缺口填补、标记或DNA序列分析等
多聚核苷酸激酶	催化多聚核苷酸5′-羟基末端磷酸化或标记探针等
碱性磷酸酶	切除末端磷酸基团
末端转移酶	在3′-羟基末端进行同质多聚物加尾

2. 限制性核酸内切酶（RE）　识别双链DNA分子内部的特异序列并裂解磷酸二酯键。

（1）RE的分类及特点

1）类型：Ⅰ型、Ⅱ型和Ⅲ型。

2）Ⅰ型、Ⅲ型为复合功能酶，具有限制和DNA修饰两种

作用，且不在所识别的位点切割DNA；Ⅱ型酶能在DNA双链内部的特异位点识别并切割，故其被广泛用作“分子剪刀”，对DNA进行精确切割。

（2）命名：第一个字母取自产生该酶的细菌属名，用大写；第二、第三个字母是该细菌的种名，用小写；第四个字母代表株；用罗马数字表示发现的先后次序。

（3）RE识别及切割特异DNA序列：回文结构是指两条核苷酸链的特定位点，从5′→3′方向的序列完全一致。

（4）RE同尾酶：有些RE所识别的序列虽然不完全相同，但切割DNA双链后可产生相同的单链末端（黏端）。这样的酶彼此互称同尾酶，所产生的相同黏端称为配伍末端。

（5）异源同工酶：来源不同的限制酶，但能识别同一序列。

主治语录：限制性核酸内切酶是最重要的工具酶。

三、重组DNA技术中常用的载体

载体是为携带目的外源DNA片段、实现外源DNA在受体细胞中无性繁殖或表达蛋白质所采用的一些DNA分子。

1. 克隆载体

（1）用于外源DNA片段的克隆和在受体细胞中扩增的DNA分子。

（2）基本特点

1）至少有一个复制起点使载体能在宿主细胞中自主复制，并能使克隆的外源DNA段得到同步扩增。

2）至少有一个选择标志，从而区分含有载体和不含有载体的细胞。

3）有适宜的RE单一切点，可供外源基因插入载体。

（3）质粒克隆载体：质粒是细菌染色体外的、能自主复制和稳定遗传的双链环状 DNA 分子，具备作为克隆载体的基本特点。

（4）噬菌体 DNA 载体：λ 和 M13 噬菌体 DNA 常用作克隆载体。

（5）其他克隆载体：柯斯质粒载体（又称黏粒载体）、细菌人工染色体（BAC）载体和酵母人工染色体（YAC）载体等。

2. 表达载体能为外源基因提供表达元件　表达载体是指用来在宿主细胞中表达外源基因的载体，依据其宿主细胞的不同可分为原核表达载体和真核表达载体。它们的区别主要在于为外源基因提供的表达元件。

（1）原核表达载体：用于在原核细胞中表达外源基因，除了具有克隆载体的基本特征外，还有供外源基因有效转录和翻译的原核表达调控序列。

（2）真核表达载体

1）该类载体用于在真核细胞中表达外源基因，也是由克隆载体发展而来的，除了具备克隆载体的基本特征外，所提供给外源基因的表达元件是来自真核细胞的。

2）质粒真核表达载体特点：①含有必不可少的原核序列，如复制起点、抗生素抗性基因、多克隆酶切位点等，用于真核表达载体在细菌中复制及阳性克隆的筛选。②真核表达调控元件，如真核启动子、增强子、转录终止序列、poly（A）加尾信号等。③真核细胞复制起始序列，用于载体或基因表达框架在真核细胞中的复制。④真核细胞药物抗性基因，用于载体在真核细胞中的阳性筛选。

四、重组 DNA 技术基本原理及操作步骤

完整 DNA 克隆过程：目的基因的分离获取（分）→载体的

选择和准备（选）→目的 DNA 与载体的连接（连）→重组 DNA 转入受体细胞（转）→重组体的筛选及鉴定（筛）。

1. 目的 DNA 的分离获取

（1）化学合成法：直接合成目的 DNA 片段，通常用于小分子肽类基因的合成，其前提是已知某基因的核苷酸序列，或能根据氨基酸序列推导出相应核苷酸序列。

（2）基因组 DNA 文库和 cDNA 文库中获取。

（3）聚合酶链反应（PCR）：使用前提是已知待扩增目的基因或 DNA 片段两端的序列，并根据该序列合成适当引物。

（4）其他方法：酵母单杂交系统克隆 DNA 结合蛋白和编码基因，或用酵母双杂交系统克隆特异性相互作用蛋白质的编码基因。

2. 克隆载体的选择和准备

（1）DNA 克隆的目的

1）获取目的 DNA 片段（克隆载体）。

2）获取目的 DNA 片段所编码的蛋白质（表达载体）。

（2）选择载体时要考虑目的 DNA 的大小、受体细胞的种类和来源等因素。

主治语录：目的 DNA 的分离获取是 DNA 克隆的第一步；克隆载体的选择和准备是根据目的 DNA 片段决定的。

3. 目的 DNA 与载体连接形成重组 DNA

（1）单一相同黏端连接

1）结果：载体自连（载体自身环化）、载体与目的 DNA 连接和 DNA 片段自连。

2）缺点：容易出现载体自身环化、目的 DNA 可以双向插入载体（即正向和反向插入）及多拷贝连接现象，从而给后续筛选增加了困难。

（2）不同黏端连接：目的基因按特定方向插入载体的克隆方法称为定向克隆。

（3）通过其他措施产生黏端的连接

1）人工接头法：用化学合成方法合成含 RE 位点的平端双链核苷酸接头，并连接在目的 DNA 的平端上，从而连接在载体上。

2）加同聚物尾法：末端转移酶将某一核酸逐一加到目的 DNA 的 3′-端羟基上，形成同聚尾；与之互补的另外一条核苷酸加到目的 DNA 的 3′-端羟基上，形成互补的同聚尾。

3）PCR 法：每条引物的 5′-端分别加上不同的 RE 位点，以目的 DNA 为模板，经 PCR 扩增，再用相应的 RE 切割，产生黏端，便可与之连接。

（4）平端连接：连接结果包括载体自连、载体与目的 DNA 连接和 DNA 片段自连。

（5）黏-平端连接：指目的 DNA 和载体通过一端为黏端、另一端为平端的方式进行连接。

4. 重组 DNA 转入受体细胞使其得以扩增

（1）理想的宿主细胞通常是 DNA/蛋白质降解系统和/或重组酶缺陷株，这样的宿主细胞称为工程细胞。

（2）常用方法

1）转化：将外源 DNA 直接导入细菌、真菌的过程，如重组质粒导入大肠杆菌。

2）转染：将外源 DNA 直接导入真核细胞（酵母除外）的过程。有化学方法（磷酸钙共沉淀法、脂质体融合法）和物理方法（显微注射法、电穿孔法）。

3）感染：以病毒颗粒作为外源 DNA 运载体导入宿主细胞的过程。

5. 重组体的筛选与鉴定

（1）遗传标志筛选法

1）利用抗生素抗性标志筛选：将重组载体转化宿主细胞，然后在含相应抗生素的培养液中培养此细胞。

2）利用基因的插入失活/插入表达特性筛选：针对某些带有抗生素抗性基因的载体，当目的 DNA 插入抗性基因后，可使该抗性基因失活。

3）利用标志补救筛选。①标志补救：当载体上的标志基因在宿主细胞中表达时，宿主细胞通过与标志基因表达产物互补弥补自身的相应缺陷，从而在相应选择培养基中存活。②初步筛选含有载体的宿主细胞；外源基因导入哺乳类细胞后阳性克隆的初筛；α 互补筛选携带重组质粒的细菌。

4）利用噬菌体的包装特性进行筛选：λ 噬菌体在包装时对 λDNA 的大小有严格要求，只有当 λDNA 的长度达到其野生型长度的 75%～105%时，方能包装形成有活性的噬菌体颗粒，进而在培养基上生长时呈现清晰的噬斑，而不含外源 DNA 的单一噬菌体载体 DNA 因其长度太小而不能被包装成有活性的噬菌体颗粒，故不能感染细菌形成噬斑。

（2）序列特异性筛选法

1）RE 酶切法：针对初筛为阳性的克隆，提取其重组 DNA，以合适的 RE 进行酶切消化，经琼脂糖凝胶电泳便可判断有无目的 DNA 片段的插入及插入片段的大小。

2）PCR 法：利用序列特异性引物，经 PCR 扩增，可鉴定出含有目的 DNA 的阳性克隆。

3）核酸杂交法：可直接筛选和鉴定含有目的 DNA 的克隆。常用菌落或噬斑原位杂交法。

4）DNA 测序法：是最准确的鉴定目的 DNA 的方法。

（3）亲和筛选法

1）前提：重组 DNA 进入宿主细胞后能表达出其编码产物。

2）原理：抗原-抗体反应或配体-受体反应。

主治语录：筛选的目的是查看质粒是否进入宿主细胞；进入的质粒是否插入有外源目的DNA片段；所插入外源DNA分子是否能正确表达出相应的蛋白质。

6. 克隆基因的表达

（1）原核表达体系

1）原核表达载体的必备条件：①含E. *coli*适宜的选择标志。②具有能调控转录、产生大量mRNA的强启动子，如*lac*、*tac*启动子或其他启动子序列。③含适当的翻译控制序列，如核糖体结合位点和翻译起始点等。④含有合理设计的MCS，以确保目的基因按一定方向与载体正确连接。

2）重组蛋白质的表达策略：获得蛋白质抗原，以便制备抗体；为目的基因连上一个编码标签肽的序列，从而表达融合基因。

3）*E. coli*表达体系的缺点：①不宜表达从真核基因组DNA上扩增的基因。②不能加工表达的真核蛋白质。③表达的蛋白质常形成不溶性包涵体。④很难表达大量可溶性蛋白质。

（2）真核表达体系

1）真核表达载体通常含有供真核细胞用的选择标记、启动子、转录和翻译终止信号、mRNA的poly（A）加尾信号或染色体整合位点等。

2）不仅可以表达克隆的cDNA，也可表达从真核基因组DNA扩增的基因。

3）优势：①具有转录后加工机制。②具有翻译后加工机制。③表达的蛋白质不形成包含体（酵母除外）。④表达的蛋白质不易被降解。

主治语录：重组DNA技术操作的主要步骤（图5-23-1）。

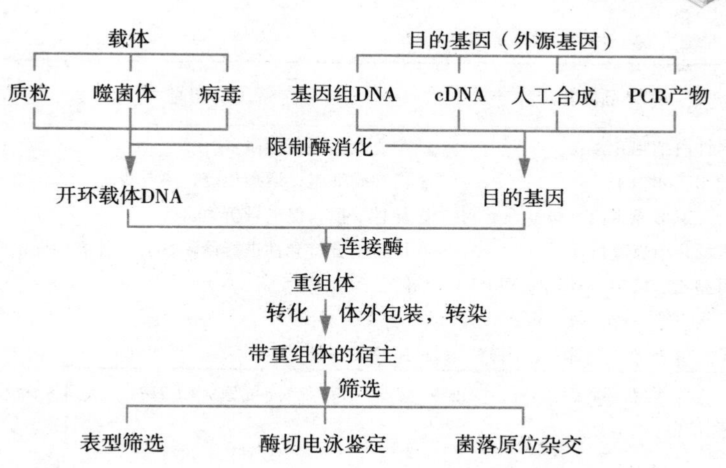

图 5-23-1　重组 DNA 技术操作

第三节　重组 DNA 技术在医学中的应用

一、生物制药

目前上市的基因工程药物已百种以上，表 5-23-2 中仅列出部分药物和疫苗。

表 5-23-2　利用重组 DNA 技术制备的部分蛋白质/多肽类药物及疫苗

产品名称	主要功能
组织纤溶酶原激活剂	抗抗凝，溶解血栓
血液因子Ⅷ/Ⅸ	促进凝血，治疗凝血病
颗粒细胞-巨噬细胞集落刺激因子	刺激白细胞生成
促红细胞生成素	刺激红细胞生成，治疗贫血
多种生长因子	刺激细胞生长与分化
生长激素	治疗侏儒症
胰岛素	治疗糖尿病

续 表

产品名称	主要功能
多种白细胞介素	调节免疫，调节造血
肿瘤坏死因子	杀伤肿瘤细胞，调节免疫，参与炎症
骨形态形成蛋白	修复骨缺损，促进骨折愈合
人源化单克隆抗体	利用其结合特异性进行诊断试验、肿瘤导向治疗
重型乙肝疫苗（HBsAg VLP）	预防乙型肝炎
重组 HPV 疫苗（L1 VLP）	预防 HPV 感染
重组 B 亚单位菌体霍乱菌苗	口服预防霍乱

注：VLP，类病毒颗粒；HBsAg，乙肝病毒表面抗原；L1 HPV，人乳头瘤病毒衣壳蛋白。

二、技术平台

1. 遗传修饰动物模型的医学研究　建立人类疾病的动物模型，如肥胖、糖尿病、癌症等，进而可以攻克较多医学难题。

2. 遗传修饰细胞模型在医学研究中的应用　用于基因替代治疗/靶向治疗，或体内示踪。

3. 基因及基因功能的获得及丧失的研究　可用来发现一些基因的新功能，或发现新基因。

三、重组 DNA 技术是基因及其表达产物研究的技术基础

1. 在基因组水平上干预基因　重组 DNA 技术是基因打靶及基因组编辑等的技术基础。

（1）条件性打靶：在目的基因两侧构建了 Cre 重组酶的切割位点。

（2）基因组编辑：一类能定向地在基因组上改变基因序列的技术。

2. 在 RNA 水平干预基因的功能　RNA 干扰：通过干扰小

RNA 与靶 RNA 结合，从而阻止基因表达的方法。

3. 研究蛋白质的相互作用　重组 DNA 技术也是蛋白质相互作用研究的技术基础，如酵母双杂交系统。

主治语录：重组 DNA 技术操作过程，见表 5-23-3。

表 5-23-3　重组 DNA 技术操作

分	分离目的基因
切	限制酶切目的基因与载体
接	拼接重组体
转	转入受体菌
筛	筛选重组体

历年真题

1. 在 DNA 重组实验中使用 DNA 连接酶的目的是
   A. 使 DNA 片段与载体结合
   B. 坚定重组 DNA 片段
   C. 催化质粒与噬菌体的链接
   D. 获得较小的 DNA 片段
   E. 扩增特定 DNA 序列
2. 下列与重组 DNA 技术直接相关的工作或过程是
   A. mRNA 转录后修饰
   B. 基因的修饰和改造
   C. 蛋白质的分离提取
   D. 蛋白质序列的测定
   E. DNA 分子碱基修饰
3. 关于重组 DNA 技术的叙述，不正确的是
   A. 重组 DNA 分子经转化或转染可进入宿主细胞
   B. 限制性内切酶是主要工具酶之一
   C. 重组 DNA 由载体 DNA 和目标 DNA 组成
   D. 质粒、噬菌体可作为载体
   E. 进入细胞内的重组 DNA 均可表达目标蛋白

参考答案：1. A　2. B　3. E

第二十四章　常用分子生物学技术的原理及其应用

核心问题

1. 分子杂交与印迹技术。
2. PCR 技术的原理与应用。

内容精要

PCR 技术可使目的 DNA 片段得到扩增，基本反应步骤包括变性、退火和延伸。双脱氧法和化学降解法是经典的 DNA 测序方法。

第一节　分子杂交与印迹技术

一、分子杂交和印迹技术的原理

1. 核酸分子杂交　在 DNA 复性过程中，如果把不同 DNA 单链分子放在同一溶液中，或把 DNA 与 RNA 放在一起，只要在 DNA 或 RNA 的单链分子之间有一定的碱基配对关系，就可以在不同的分子之间形成杂化双链。

2. 印迹技术　将经琼脂糖电泳分离的 DNA 片段在胶中变性

使其成为单链，然后将硝酸纤维素（NC）膜平铺在胶上，膜上放置一定厚度的吸水纸巾，利用毛细作用使胶中的 DNA 分子转移到 NC 膜上，使之固相化。将载有 DNA 单链分子的 NC 膜放在核酸杂交反应溶液中，溶液中具有互补序列的 DNA 或 RNA 单链分子就可以结合到存在于 NC 膜上的 DNA 分子上。这一技术类似于用吸墨纸吸收纸张上的墨迹，因此称为“blotting”。

3. 探针技术　探针指带有放射性核素、生物素或荧光物质等可检测标志物的核酸片段，它具有特定的序列，能够与待测的核酸片段依据碱基互补原理结合，故可用于检测核酸样品中存在的特定核酸分子。

二、印迹技术的类别及应用

1. 基本印迹技术（表 5-24-1）。

表 5-24-1　基本印迹技术

类　别	应　用
DNA 印迹	基因组 DNA 的定性和定量分析；分析重组构建的质粒和噬菌体
RNA 印迹	检测特定组织或细胞中已知的特异 mRNA 和非编码 RNA 的表达水平，也可以比较不同组织和细胞中的同一基因的表达情况
蛋白质印迹	检测样品中特异性蛋白质的存在、细胞中特异蛋白质的半定量分析以及蛋白质分子的相互作用研究等

2. 其他方法

（1）斑点印迹：可以不经电泳分离而直接将样品点在 NC 膜上用于核酸杂交分析。

（2）原位杂交：组织切片或细胞涂片可以直接用于杂交

分析。

（3）DNA 芯片技术：将多种已知序列的 DNA 排列在一定大小的尼龙膜或其他支持物上用于检测细胞或组织样品中的核酸种。

第二节　PCR 技术的原理与应用

一、PCR 技术的工作原理

1. 基本工作原理　是在体外模拟体内 DNA 复制的过程（图 5-24-1）。

2. PCR 基本反应步骤

（1）变性：将反应体系加热到 95℃，使模板 DNA 完全变性成为单链，同时引物自身以及引物之间存在的局部双链也得以消除。

（2）退火：将温度下降至适宜温度（一般较 T_m 低 5℃），使引物与模板 DNA 结合。

（3）延伸：将反应温度升至 72℃，在耐热 DNA 聚合酶的催化下，合成两条互补链，从而使模板 DNA 扩增一倍。按照上述步骤重复操作 25~30 次，即可达到扩增 DNA 片段的目的。

主治语录：组成 PCR 反应体系的基本成分包括模板 DNA、特异引物、耐热性 DNA 聚合酶、dNTP 以及含有 Mg^{2+} 的缓冲液。

二、PCR 技术的主要用途

1. 获得目的基因片段

（1）PCR 技术为在重组 DNA 过程中获得目的基因片段提供了简便快速的方法。

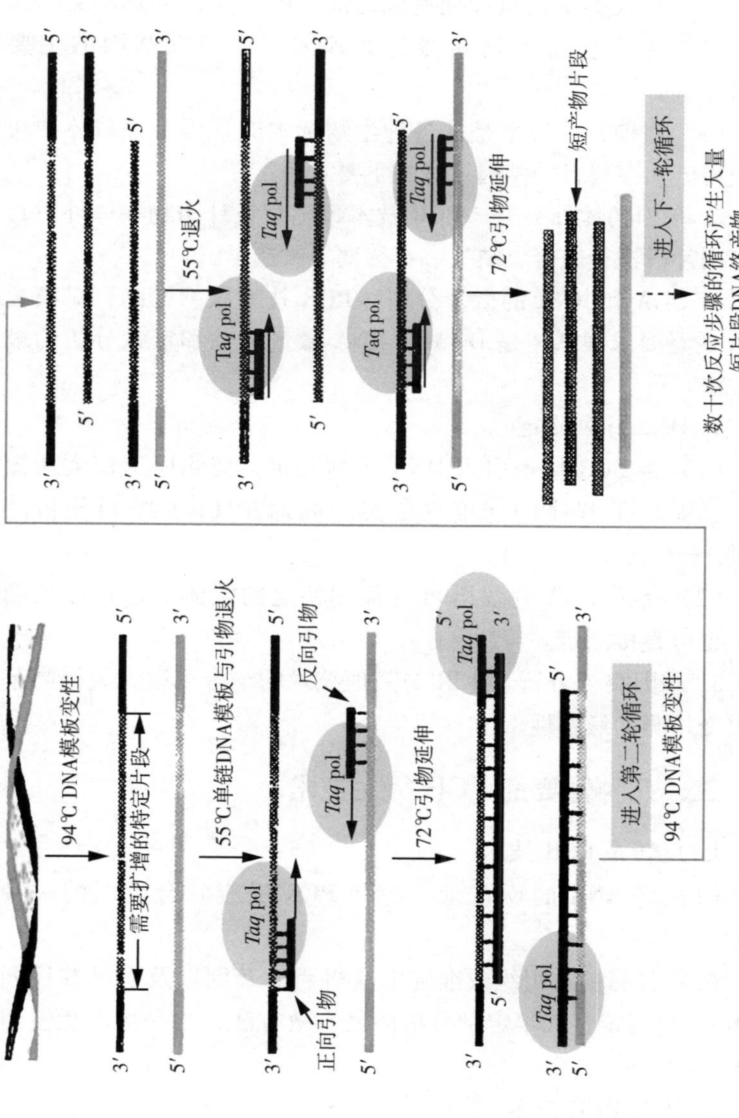

94℃ DNA模板变性

需要扩增的特定片段

55℃单链DNA模板与引物退火

正向引物

反向引物

72℃引物延伸

进入第二轮循环

94℃ DNA模板变性

55℃退火

72℃引物延伸

短产物片段

进入下一轮循环

数十次反应步骤的循环产生大量短片段DNA终产物

图5-24-1 PCR技术原理示意图

（2）在人类基因组计划完成之前，PCR 是从 cDNA 文库或基因组文库中获得序列相似的新基因片段或新基因的主要方法。

（3）目前，该技术是从各种生物标本或基因工程载体中快速获得已知序列目的基因片段的主要方法。

2. 基因的体外突变　PCR 技术可随意设计引物在体外对目的基因片段进行嵌合、缺失、点突变等改造。

3. DNA 和 RNA 的微量分析　PCR 技术敏感性高，对模板 DNA 的量要求很低，是 DNA 和 RNA 微量定性和定量分析的最好方法。

4. DNA 序列测定

（1）将 PCR 技术引入 DNA 序列测定，使测序工作大为简化，也提高了测序的速度，是实现高通量 DNA 序列分析的基础。

（2）待测 DNA 片段既可克隆到特定的载体后进行序列测定，也可直接测定。

5. 基因突变分析　PCR 与其他技术的结合可以大大提高基因突变检测的敏感性。

三、几种重要的 PCR 衍生技术

1. 反转录 PCR 技术

（1）将 RNA 的反转录反应和 PCR 反应联合应用的一种技术。

（2）是目前从组织或细胞中获得目的基因以及对已知序列的 RNA 进行定性和半定量分析的最有效方法，也是最广泛使用的 PCR 方法。

2. 原位 PCR 技术

（1）是利用完整的细胞作为一个微小的反应体系来扩增细

胞内的目的基因片段。

（2）PCR 反应在甲醛溶液固定、石蜡包埋的组织切片或细胞涂片上的单个细胞内进行。PCR 反应后，再用特异性探针进行原位杂交，即可检出待测 DNA 或 RNA 是否在该组织或细胞中存在。

（3）原位 PCR 方法弥补了 PCR 技术和原位杂交技术的不足，将目的基因的扩增与定位相结合，在分子和细胞水平上研究疾病的发病机制和临床过程有重大的实用价值。

3. 实时 PCR 技术　该技术通过动态监测反应过程中的产物量，消除了产物堆积对定量分析的干扰，亦被称为定量 PCR。

（1）实时 PCR 的基本技术原理：在 PCR 反应体系中加入荧光基团，利用荧光信号积累实时监测整个 PCR 进程，故也称实时荧光定量 PCR 或荧光定量 PCR。

（2）实时 PCR 技术的分类

1）非引物探针类实时 PCR：加入的是能与双链 DNA 结合的荧光染料，由此来实现对 PCR 过程中产物量的全程监测，并不使用荧光来标记引物。最常用的染料为 SYBR Green。

2）引物探针类实时 PCR：通过使用荧光标记的引物为探针来产生荧光信号，包括 TaqMan 探针法、分子信标探针法和荧光共振能量转移探针法。

（3）实时 PCR 的应用：实时定量 PCR 技术具有定量、特异、灵敏和快速等特点。

1）实时 PCR 在肿瘤领域的应用：能准确检测癌基因表达量，可用于肿瘤早期诊断、鉴别、分型、分期、治疗及预后评估。实时荧光定量 PCR 可运用特异性荧光探针检测基因突变。

2）实时 PCR 用于多态性分析：实时定量 PCR 技术在单核

苷酸多态性分析方面亦有很好的应用前景。

3）实时 PCR 用于病原体的检测：可用于多种细菌、病毒、支原体、衣原体的检测。例如，实时定量 PCR 不仅能对病毒定性，还能方便、快速、灵敏、准确地定量其 DNA 或 RNA 的序列，动态观测病程中潜在病毒数量。

主治语录：PCR 及其衍生技术主要用于目的基因的克隆、基因突变分析、DNA 和 RNA 的微量分析、DNA 序列测定和基因的体外突变等。

第三节　DNA 测序技术

DNA 测序的目的是确定一段 DNA 分子中 4 种碱基（A、G、C、T）的排列顺序。

一、双脱氧法和化学降解法是经典 DNA 测序方法

1. 双脱氧法 DNA 测序技术

（1）该法是基于对引物的延伸合成反应，在 4 种不同反应体系中分别加入 4 种不同的 ddNTP 底物（A、G、C、T），就可得到终止于相应特定碱基的一系列不同长度 DNA 片段。

（2）经可分辨 1 个核苷酸差别的变性聚丙烯酰胺凝胶电泳分离这些片段，再借助片段的放射性核素或荧光标记，即可读出一段 DNA 序列。

2. 化学降解法 DNA 测序技术　本法费用高且难以实现自动化而被其他方法取代。

二、第一代全自动激光荧光 DNA 测序仪器

早期的全自动 DNA 序列分析仪的工作原理主要是基于

Sanger 法，采用四色荧光标记 ddNTP 而制作的。第一代测序技术的读长可以超过 1000bp，原始数据的准确率高达 99.999%。人类基因组计划的第一个人类基因组草图的绘制采用的就是 Sanger 法。

三、高通量 DNA 测序技术

1. 新一代测序（NGS）的仪器　主要包括：①454 基因组测序仪。②Solexa/Illumina 测序仪。③SOLiD 测序仪。

2. 高通量 DNA 测序技术的快速进步极大促进了人全基因组测序、转录组测序、全外显子测序、DNA-蛋白质相互作用，为医学进入大数据时代提供了核心技术支撑。

四、DNA 测序在医学领域具有广泛应用的价值

1. 通过人群大样本分析，确定单基因遗传病和多基因变异相关疾病的 SNP 位点、基因结构变异、基因拷贝数变异等，鉴定出可用于复杂性疾病易感性预警或早期诊断的疾病标志物，并将这些单一基因或多个基因的变异检测用于临床诊断。这些变异的发现还将指导治疗靶点的确认和药物研发。

2. 检测肿瘤组织的染色体畸变、癌基因和抑癌基因突变位点、融合基因、染色体拷贝数变化等，为肿瘤分子分型和治疗敏感性监测提供依据。

3. 进行个人基因组分析，在大数据平台发展的基础上，建立个人 SNP 位点与疾病易感性、药物敏感性和耐受性以及其他诸多表型之间的联系。

4. 用于病原微生物检测，确定病原微生物的分子分型，为抗病毒或细菌感染治疗提供依据。

5. DNA 测序在法医学领域具有特殊意义。DNA 测序在亲子鉴定中亦具有重要价值。

第四节　生物芯片技术

一、基因芯片

1. 基因芯片指将许多特定的DNA片段有规律地紧密排列固定于单位面积的支持物上，然后与待测的荧光标记样品进行杂交，杂交后用荧光检测系统等对芯片进行扫描，通过计算机系统对每一位点的荧光信号作出检测、比较和分析，从而迅速得出定性和定量的结果。

2. 基因芯片特别适用于分析不同组织细胞或同一细胞不同状态下的基因差异表达情况，其原理是基于双色荧光探针杂交。

二、蛋白质芯片

将高度密集排列的蛋白分子作为探针点阵固定在固相支持物上，当与待测蛋白样品反应时，可捕获样品中的靶蛋白，再经检测系统对靶蛋白进行定性和定量分析的一种技术。最常用的蛋白质探针是抗体。

主治语录：生物芯片技术主要用于基因表达检测、基因突变检测、功能基因组学研究、基因组作图等多个方面。

第五节　蛋白质的分离、纯化与结构分析

一、蛋白质沉淀用于蛋白质浓缩与分离

1. 有机溶剂沉淀蛋白质

（1）丙酮、乙醇等有机溶剂可以使蛋白质沉淀，再将其溶解在小体积溶剂中即可获得浓缩的蛋白质溶液。

（2）为保持蛋白质的结构和生物活性，需要在0~4℃低温下进行丙酮或乙醇沉淀，沉淀后应立即分离，否则蛋白质会发生变性。

2. 盐析分离蛋白质

（1）盐析是将硫酸铵、硫酸钠或氯化钠等加入蛋白质溶液，使蛋白质表面电荷被中和以及水化膜被破坏，导致蛋白质在水溶液中的稳定性因素去除沉淀。

（2）如血清中的清蛋白和球蛋白，前者可溶于pH7.0左右的半饱和硫酸铵溶液中，而后者在此溶液中则发生沉淀。

3. 免疫沉淀分离蛋白质　利用特异抗体识别相应抗原并形成抗原抗体复合物的性质，可从蛋白质混合溶液中分离获得抗原蛋白。

二、透析和超滤法

1. 透析　利用透析袋将大分子蛋白质与小分子化合物分开的方法。

2. 透析袋　具有超小的微孔的膜，如硝酸纤维素膜制成，一般只允许分子量为10kD以下的化合物通过。

3. 超滤法　用正压或离心力使蛋白质溶液透过有一定截留分子量的超滤膜，达到浓缩蛋白质溶液的目的。

三、电泳分离蛋白质

蛋白质在高于或低于其pI的溶液中成为带电颗粒，在电场中能向正极或负极方向移动。这种通过蛋白质在电场中泳动而达到分离各种蛋白质的技术称为电泳。

1. SDS-聚丙烯酰胺凝胶电泳分离蛋白质　若蛋白质样品和聚丙烯酰胺凝胶系统中加入带负电荷较多的十二烷基硫酸钠（SDS），使所有蛋白质颗粒表面覆盖一层SDS分子，导致蛋白质分子间的电荷差异消失。此时蛋白质在电场中的泳动速率仅与蛋白质颗粒大小有关，加之聚丙烯酰胺凝胶具有分子筛效应，因而称为SDS-聚丙烯酰胺凝胶电泳。

2. 等电聚焦电泳分离蛋白质　电泳时被分离的蛋白质处在偏离其等电点的pH位置时带有电荷而移动，当蛋白质泳动至与其自身的pI值相等的pH区域时，其净电荷为零而不再移动，是一种通过蛋白质等电点的差异而分离蛋白质的电泳方法。

3. 双向凝胶电泳分离蛋白质　双向凝胶电泳的第一向是蛋白质的IEE，第二向为SDS-PAGE，利用被分离蛋白质等电点和分子量的差异，将复杂蛋白质混合物在二维平面上分离。

四、层析分离蛋白质

1. 层析是分离、纯化蛋白质的重要手段之一。

2. 待分离蛋白质溶液（流动相）经过一个固态物质（固定相）时，根据溶液中待分离的蛋白质颗粒大小、电荷多少及亲和力等，使待分离的蛋白质组分在两相中反复分配，并以不同速度流经固定相而达到分离蛋白质的目的。

3. 层析种类　电子交换层析、凝胶过滤和亲和层析，前两者应用最广。

五、蛋白质颗粒沉降行为与超速离心分离

1. 超速离心法既可以用来分离纯化蛋白质也可以用作测定蛋白质的分子量。

2. 蛋白质在高达500 000g（g为gravity，即地心引力单位）的重力作用下，在溶液中逐渐沉降，直至其浮力与离心所产生的力相等，此时沉降停止。

3. 蛋白质在离心力场中的沉降行为用沉降系数（S）表示。

六、蛋白质的一级结构分析

1. 离子交换层析分析蛋白质的氨基酸组分　首先分析已纯化蛋白质的氨基酸残基组成。

2. 测定多肽链的氨基端和羧基端的氨基残基　羧基端氨基酸残基可用羧肽酶将其水解下来进行鉴定。

3. 肽链序列的测定

（1）将肽链水解成片段，分别进行分析。常用胰蛋白酶法、胰凝乳蛋白酶法、溴化氰法等。

（2）肽图：蛋白质水解生成的肽段，可通过层析和电泳及质谱将其分离纯化并鉴定。

（3）通过肽图分析和肽段的 Edman 降解法可以获得蛋白质的一级结构。

七、蛋白质的空间结构分析

1. 圆二色光谱（CD）法测定蛋白质二级结构

2. 蛋白质三维空间解析

（1）X 射线衍射和磁共振技术是研究蛋白质三维空间结构的经典方法。

（2）冷冻电镜已经成为结构生物学的主要研究手段。

3. 生物信息学预测蛋白质空间结构。

第六节　生物大分子相互作用研究技术

一、蛋白质相互作用研究技术

常用的研究蛋白质相互作用的技术包括酵母双杂交、各种亲和分离分析（亲和色谱、免疫共沉淀、标签蛋白沉淀等）、FRET 效应分析、噬菌体显示系统筛选等。

1. 标签蛋白沉淀

(1) 标签融合蛋白结合实验是基于亲和色谱原理的、分析蛋白质体外直接相互作用的方法。可用于证明两种蛋白质分子是否存在直接物理结合、分析两种分子结合的具体结构部位及筛选细胞内与融合蛋白相结合的未知分子。

(2) 最常用的标签：谷胱甘肽 S-转移酶（GST）。

2. 酵母双杂交技术

(1) 目前已经成为分析细胞内未知蛋白质相互作用的主要手段之一。

(2) 应用

1) 证明两种已知基因序列的蛋白质可以相互作用。

2) 分析已知存在相互作用的两种蛋白质分子的相互作用功能结构域或关键氨基酸残基。

3) 将待研究蛋白质的编码基因与 *BD* 基因融合成为“诱饵”表达质粒，可以筛选 *AD* 基因融合的“猎物”基因的 cDNA 表达文库，获得未知的相互作用蛋白质。

二、DNA-蛋白质相互作用分析技术

1. 电泳迁移率变动分析　可用于定性和定量分析，已经成为转录因子研究的经典方法。

2. 染色质免疫沉淀技术

(1) 真核生物的基因组 DNA 以染色质的形式存在。研究蛋白质与 DNA 在染色质环境下的相互作用是阐明真核生物基因表达机制的重要途径。

(2) 染色质免疫沉淀技术是目前研究体内 DNA 与蛋白质相互作用的主要方法。

主治语录：蛋白质与 DNA 相互作用是基因表达及其调控的基本机制。

历年真题

（1~2题共用备选答案）

A. 蛋白质紫外吸收的最大波长280nm

B. 蛋白质是两性电解质

C. 蛋白质分子大小不同

D. 蛋白质多肽链中氨基酸是借肽键相连

E. 蛋白质溶液为亲水胶体

1. 等电聚焦电泳分离蛋白质的依据是

2. 盐析分离蛋白质的依据是

参考答案：1. B　2. E

第二十五章　基因结构功能分析和疾病相关基因鉴定克隆

核心问题

1. 鉴定基因顺式作用元件的基本技术。
2. 分析基因表达的产物。

内容精要

1. 人类几乎所有的疾病都与基因结构和表达变化有关，都是遗传因素和环境因素相互作用的结果，因此分析基因的结构与功能、鉴定疾病相关基因是医学分子生物学重要的研究领域。

2. 鉴定疾病相关基因与确定基因功能两者有着密不可分的联系，并可相互促进。

第一节　基因结构分析

一、鉴定基因的顺式元件是了解基因表达的关键

基因的顺式作用元件区域包括基因编码区、启动子区和转录起始点等。

1. 编码序列的确定主要通过生物信息学、cDNA 文库和 RNA 剪接分析法

2. 启动子的确定主要采用生物信息学、启动子克隆法和核酸蛋白质相互作用法

（1）用生物信息学预测启动子

1）在定义启动子或预测分析启动子结构时应包括启动子区域的 3 个部分。①核心启动子。②近端启动子：含有几个调控元件的区域。③远端启动子：有增强子和沉默子等元件。

2）预测启动子的其他结构特征：包括 GC 含量、CpG 比率、转录因子结合位点、碱基组成及核心启动子元件等。

3）数据库：如真核启动子数据库（EPD）主要预测真核 RNA 聚合酶Ⅱ型启动子。

（2）用 PCR 结合测序技术分析启动子结构：该方法最为简单和直接。

（3）用核酸-蛋白质相互作用技术分析启动子结构

1）足迹法用于分析启动子中潜在的调节蛋白结合位点，利用 DNA 电泳条带连续性中断的图谱特点判断与蛋白质结合的 DNA 区域，是研究核酸-蛋白质相互作用的方法。

2）根据切割 DNA 试剂的不同，足迹法可分为酶足迹法和化学足迹法。

3. 转录起始点的确定采用生物信息学、直接克隆测序法和 5′-RACE 法　主要分析真核生物基因转录起点（TSS）的技术如下。

（1）用数据库搜索 TSS。

（2）用 cDNA 克隆直接测序法鉴定 TSS。

（3）用 5′-cDNA 末端快速扩增技术（5′-RACE）鉴定 TSS。

4. 其他顺式作用元件的确定　顺式作用元件：存在于基因非编码序列中，能影响编码基因表达的序列。除上文所描述的

顺式作用元件外，增强子、沉默子、绝缘子等都可以参与基因表达调控。例如，常用于鉴定增强子的方法包括染色质免疫共沉淀技术（ChIP）结合测序技术（ChIP-seq）和位点特异性整合荧光激活细胞分选测序技术分析法。

二、检测基因的拷贝数是了解基因表达丰度的重要因素

1. DNA 印迹　是根据探针信号出现的位置和次数判断基因的拷贝数。

2. 实时定量 PCR　是通过被扩增基因在数量上的差异推测模板基因拷贝数的异同。

3. DNA 测序　是最精确的鉴定基因拷贝数的方法。

三、分析基因表达的产物

1. 通过检测 RNA 在转录水平分析基因表达

(1) 用核酸杂交法检测 RNA 表达水平

1) 用 RNA 印迹分析 RNA 表达。

2) 用核糖核酸酶保护实验分析 RNA 水平及其剪接情况。

3) 用原位杂交进行 RNA 区域定位。

(2) 用 PCR 技术检测 RNA 表达水平

1) 用反转录 PCR 进行 RNA 的半定量分析。

2) 用实时定量 PCR 进行 RNA 的定量分析。

(3) 用基因芯片和高通量测序技术分析 RNA 表达水平

1) 基因芯片已成为基因表达谱分析的常用方法。

2) 用循环芯片测序技术分析基因表达谱。

2. 通过检测蛋白质/多肽而在翻译水平分析基因表达

(1) 用蛋白质印迹技术检测蛋白质/多肽。

(2) 用酶联免疫吸附实验分析蛋白质/多肽：酶联免疫吸附

实验（ELISA）也是一种建立在抗原抗体反应基础上的蛋白质/多肽分析方法，其主要用于测定可溶性抗原或抗体。

（3）用免疫组化实验原位检测组织/细胞表达的蛋白质/多肽：包括免疫组织化学和免疫细胞化学实验，两者都是用标记的抗体在组织/细胞原位对目标抗原（目标蛋白质/多肽）进行定性、定量、定位检测。

（4）用流式细胞术分析表达特异蛋白质的阳性细胞。

（5）用蛋白质芯片分析蛋白质/多肽表达水平。

（6）双向电泳高通量分析蛋白质表达谱。

主治语录：基因表达产物包括 RNA 和蛋白质/多肽，因此分析基因表达可以从 RNA 和蛋白质/多肽水平上进行。

第二节　基因功能研究

基因产物的功能从三个水平研究：①生物化学水平。②细胞水平。③整体水平。

一、生物信息学全面了解基因已知的结构和功能

目前已经对大量的基因功能产物的功能有了详尽的了解，获得了足够多的信息，建立了共享资源数据库。这些数据库是进行基因序列比对，诠释基因功能的基础。

二、基因发挥作用的本质是其编码产物的生物化学功能

1. 编码基因表达的蛋白质分子　包括转录基因、核骨架蛋白质、信号分子、酶、细胞骨架蛋白质、细胞膜受体、离子通道蛋白质、转运体、激素、细胞因子、抗体、凝血因子、载体

蛋白和细胞外基质蛋白。

2. 常用的高通量筛查蛋白质间相互作用的方法　酵母双杂交技术和噬菌体展示技术。

三、利用工程细胞研究基因在细胞水平的功能

1. 采用基因重组技术建立基因高表达工程细胞系。

2. 基因沉默技术抑制特异基因的表达。

四、利用基因修饰动物研究基因在体功能

1. 用功能获得策略鉴定基因功能　基因功能获得策略的本质是将目的基因直接导入某一细胞或个体中，使其获得新的或更高水平的表达，通过细胞或个体生物性状的变化来研究基因功能。常用的方法有转基因技术和基因敲入技术。

2. 用功能失活策略鉴定基因功能　常用的方法主要有基因敲除和基因沉默技术。

3. 用随机突变筛选策略鉴定基因功能。

4. 利用基因编辑技术鉴定基因功能。

主治语录：基因功能失活策略的本质是将细胞或个体的某一基因功能部分或全部失活后，通过观察细胞生物学行为或个体遗传性状表型的变化来鉴定基因的功能。

第三节　疾病相关基因鉴定和克隆原则

1. 鉴定克隆疾病相关基因的关键是确定疾病表型和基因间的实质联系。

2. 鉴定克隆疾病相关基因需要多学科多途径的综合策略。

3. 确定候选基因是多种克隆疾病相关基因方法的交汇。

第四节　疾病相关基因鉴定克隆的策略和方法

一、疾病相关基因鉴定和克隆可采用不依赖染色体定位的策略

1. 从已知蛋白质的功能和结构出发克隆疾病基因

（1）依据蛋白质的氨基酸序列信息鉴定克隆疾病相关基因。

（2）用蛋白质的特异性抗体鉴定病毒的基因。

2. 从疾病的表型差异出发发现疾病相关基因　表型克隆是疾病相关基因克隆领域中一个新的策略。该策略的原理是基于对疾病表型和基因结构或基因表达的特征联系已经有所认识的基础上来分离鉴定疾病相关基因。

3. 采用动物模型鉴定克隆疾病相关基因。

二、定位克隆是鉴定疾病相关基因的经典方法

仅根据疾病基因在染色体上的大体位置，鉴定克隆疾病相关基因，称为定位克隆。

1. 基因定位的方法

（1）体细胞杂交法通过融合细胞的筛查定位基因。

（2）染色体原位杂交是在细胞水平定位基因的常用方法：染色体原位杂交是一种直接进行基因定位的方法。主要步骤是获得组织培养的分裂中期细胞，将染色体 DNA 变性，与带有标记的互补 DNA 探针杂交，显影后可将基因定位于某染色体及染色体的某一区段。

（3）染色体异常有时可提供疾病基因定位的替代方法。

（4）连锁分析是定位疾病未知基因的常用方法：基因定位的连锁分析是根据基因在染色体上呈直线排列，不同基因相互连锁成连锁群的原理，即应用被定位的基因与同一染色体上另

一基因或遗传标记相连锁的特点进行定位。

2. 定位克隆疾病相关基因的过程

(1) 尽可能缩小染色体上的候选区域：定位克隆疾病基因困难的大小取决于染色体候选区域的宽窄。

(2) 构建目的区域的基因列表。

(3) 候选区域优先考虑基因的选择及突变检测

优先考虑的基因情况：①合适的表达。②合适的功能。③同源性和功能关系。

3. 假肥大型肌营养不良基因的克隆是定位克隆的成功例证。

三、确定常见病的基因需要全基因组关联分析和全外显子测序

1. 全基因组关联研究（GWAS） 在复杂疾病的基因定位克隆中，发挥了巨大的作用。该方法有效简化了常见病的相关基因鉴定过程，为研究疾病的发病机制和干预靶点提供了极有价值的信息。

2. 全外显子测序技术 可对全基因组外显子区域 DNA 富集从而进行高通量测序。对常见和罕见的基因变异都具有较高灵敏度。

四、生物信息数据库贮藏丰富的疾病相关基因信息

1. 电子克隆 通过已获得的序列与数据库中核酸序列及蛋白质序列进行同源性比较，或对数据库中不同物种间的序列比较分析、拼接，预测新的全长基因等，进而通过实验证实，从组织细胞中克隆该基因。

电子克隆充分利用网络资源，可大大提高克隆新基因的速度和效率。

2. 应用同源比较，在人类 EST 数据中，识别和拼接与已知

基因高度同源的人类新基因的方法

（1）以已知基因 cDNA 序列对 EST 数据库进行搜索分析，即 BLAST，找出与已知基因 cDNA 序列高度同源的 EST。

（2）用 Seqlab 的 Fragment Assembly 软件构建重叠群，并找出重叠的一致序列。

（3）比较各重叠群的一致序列与已知基因的关系。

（4）对编码区蛋白质序列进行比较，并与已知基因的蛋白质的功能域进行比较分析，推测新基因的功能。

（5）用新基因序列或 EST 序列对序列标签位点（STS）数据库进行 BLAST 分析。

主治语录：基因的功能由基因表达产物体现，也就是编码基因的蛋白质功能和非编码基因 RNA 的功能。

历年真题

检测蛋白质/多肽的技术不包括

A. 蛋白质印迹

B. 酶联免疫吸附实验

C. 免疫组化

D. 流式细胞术

E. 核糖核酸酶保护实验

参考答案：E

第二十六章　基因诊断与基因治疗

核心问题

1. 掌握基因诊断的常用技术方法。
2. 基因治疗的基本程序。

内容精要

1. PCR 扩增和分子杂交是现代基因诊断的基本技术。
2. 基因诊断已成为临床实验医学的一个重要组成部分。
3. 基因治疗是以改变人的遗传物质为基础的生物医学治疗。

第一节　基 因 诊 断

一、概述

基因诊断通常是指针对 DNA 和 RNA 的分子诊断。基因诊断的特点是特异性强、灵敏度高、可进行快速和早期判断、适用性强、诊断范围广。

主治语录：目前的分子诊断方法主要是针对 DNA 分子的。

二、基因诊断的样品

临床上可用的样品来源有血液、组织块、羊水和绒毛、精液、毛发、唾液和尿液等。

三、基因诊断的常用技术方法

基因诊断技术分为定性和定量分析两种技术。基因分型和检测基因突变属于定性分析。测定基因拷贝数及基因表达产物量则属于定量分析。

1. 核酸分子杂交技术　是基因诊断的最基本的方法之一。

（1）DNA 印迹法（Southern 印迹法）

1）可以检测特异的 DNA 序列，用于进行基因的限制性内切核酸酶图谱和基因定位，可以区分正常和突变样品的基因型，并可获得基因缺失或插入片段大小等信息。

2）可显示 50~20 000bp 的 DNA 片段，片段大小的信息是该技术诊断基因缺陷的重要依据。

（2）Northern 印迹法：通过标记的 DNA 或 RNA 探针与待测样本 RNA 杂交，能够对组织或细胞的总 RNA 或 mRNA 进行定性或定量分析，及基因表达分析。

（3）斑点杂交：是核酸探针与支持物上的 DNA 或 RNA 样品杂交，以检测样品中是否存在特异的基因或表达产物，该技术可用于基因组中特定基因及其表达产物的定性与定量分析。

（4）原位杂交：是细胞生物学技术与核酸杂交技术相结合的一种核酸分析方法，核酸探针与细胞标本或组织标本中核酸杂交，可对特定核酸序列进行定量和定位分析。

（5）荧光原位杂交（FISH）：是将荧光素或生物素等标记的寡聚核苷酸探针与细胞或组织变性的核酸杂交，可对待测 DNA 进行定性、定量或相对定位分析。

2. 聚合酶链反应（PCR） PCR 技术能够极其快速、特异性的在体外进行基因或 DNA 片段的扩增。

（1）直接采用 PCR 技术进行基因诊断：PCR 技术可直接用于检测待测特定基因序列的存在与缺失，如跨越基因缺失或插入部位的 PCR 技术，又称裂口 PCR，因其简便灵敏而更适用于临床诊断。

（2）PCR-等位基因特异性寡核苷酸分子杂交

1）检测点突变的有效技术是等位基因特异性寡核苷酸（ASO）分子杂交。PCR-ASO 杂交技术可以检测基因上已知突变、微小的缺失或插入。

2）反向点杂交（ROB）为改进的 ASO 技术。此法一次检测可以同时筛查多种突变，大大提高了基因诊断效率，已在一些常见遗传病，如 β 珠蛋白生成障碍性贫血（β 地中海贫血）和囊性纤维化的基因诊断中得以应用。

（3）PCR-限制性片段长度多态性：可以快速、简便地对已知突变进行基因诊断。

（4）PCR-单链构象多态性（PCR-SSCP）：是基于单链 DNA 构象的差别来检测基因点突变的方法，此技术对于较小 DNA 片段突变分析较为灵敏。

（5）PCR-变性高效液相色谱（PCR-DHPLC）：利用待测样品 DNA 在 PCR 扩增过程的单链产物可以随机与互补链相结合而形成双链的特性，依据最终产物中是否出现异源双链来判断待测样品中是否存在点突变。

3. DNA 序列分析 分离出患者的有关基因，测定出碱基排列顺序，找出其变异所在，这是最为确切的基因诊断方法。主要用于基因突变类型已经明确的遗传病的诊断及产前诊断。

4. 基因芯片技术

（1）可用于大规模基因诊断。

（2）应用：可早期、快速地诊断地中海贫血、异常血红蛋白病、苯丙酮尿症等常见遗传性疾病，也广泛用于肿瘤表达谱研究、突变、SNP 检测、甲基化分析等领域。

主治语录：核酸分子杂交技术是基因诊断的基本方法；PCR 技术是特异、快速的基因诊断方法；DNA 序列分析是基因诊断最直接的方法。

四、基因诊断的医学应用

1. 用于遗传性疾病诊断和风险预测　基因诊断目前可用于遗传筛查和产前诊断。我国部分代表性常见单基因病基因诊断及其方法学案例，见表 5-26-1。

表 5-26-1　我国部分代表性常见单基因遗传病基因诊断举例

疾　病	致病基因	突变类型	诊断方法
α 地中海贫血	α 珠蛋白	缺失为主	Gap-PCR、DNA 杂交、DHPLC
β 地中海贫血	β 珠蛋白	点突变为主	反向点杂交、DHPLC
血友病 A	凝血因子Ⅷ	点突变为主	PCR-RFLP
血友病 B	凝血因子Ⅸ	点突变、缺失等	PCR-STR 连锁分析
苯丙酮尿症	苯丙氨酸羟化酶	点突变	PCR-STR 连锁分析、ASO 分子杂交
马方综合征	原纤蛋白	点突变、缺失	PCR-VNTR 连锁分析、DHPLC

2. 用于多基因常见病的预测性诊断　基于 DNA 分析的预测性诊断可为被测者提供某些疾病发生风险的评估意见。预测性基因诊断结果是开展临床遗传咨询最重要的依据。

3. 用于传染病病原体检测

（1）针对病原体的基因诊断主要依赖于 PCR 技术。

（2）适用情况

1）病原微生物的现场快速检测，确定感染源。

2）病毒或致病菌的快速分型，明确致病性或药物敏感性。

3）需要复杂分离培养条件，或目前尚不能体外培养的病原微生物的鉴定。

4. 用于疾病的疗效评价和用药指导

（1）PCR 等基因诊断技术已成为临床上检测和跟踪微小残留病灶的常规方法，是预测白血病的复发判断化疗效果和制定治疗方案的很有价值的指标。

（2）在系统阐明人类药物代谢酶类及其他相关蛋白的编码基因遗传多态性的基础上，通过对不同药物代谢基因靶点的药物遗传学检测，将为真正实现个体化用药提供技术支撑。

5. DNA 指纹鉴定是法医学个体识别的核心技术

（1）人与人之间的某些 DNA 序列特征具有高度的个体特异性和终生稳定性，正如人的指纹一般，故称 DNA 指纹。

（2）基因诊断在法医学上的应用，主要是采用基于 STR 的 DNA 指纹技术进行个体认定。

第二节　基因治疗

基因治疗是以改变人遗传物质为基础的生物医学治疗，即通过一定方式将人正常基因或有治疗作用的 DNA 片段导入人体靶细胞以矫正或置换致病基因的治疗方法。它针对的是疾病的根源，即异常的基因本身。

一、基因治疗的基本策略

1. 缺陷基因精确的原位修复

（1）基因矫正：对致病基因的突变碱基进行矫正。

（2）基因置换：利用正常基因通过重组原位替换致病基因。

（3）这两种方法均属于对缺陷基因精确的原位修复，既不破坏整个基因组的结构，又可达到治疗疾病的目的。

2. 基因增补　不删除突变的致病基因，而在基因组的某一位点额外插入正常基因，在体内表达出功能正常的蛋白质，达到治疗疾病的目的。这种对基因进行异位替代的方法称为基因添加或称基因增补，是目前临床上使用的主要基因治疗策略。

3. 基因的沉默或失活　向患者体内导入有抑制基因表达作用的核酸，如反义 RNA、核酶、干扰小 RNA 等。

4. 自杀基因　将编码某些特殊酶类的基因导入肿瘤细胞，其编码的酶能够使无毒或低毒的药物前体转化为细胞毒性代谢物，诱导细胞产生“自杀”效应，从而达到清除肿瘤细胞的目的。

主治语录：基因治疗的基本策略主要围绕致病基因；缺陷基因精确的原位修复是基因治疗的理想方法。

二、基因治疗的基本程序

基因治疗的基本过程步骤：①选择治疗基因。②选择携带治疗基因的载体。③选择基因治疗的靶细胞。④在细胞和整体水平导入治疗基因。⑤治疗基因表达的检测。

1. 选择治疗基因　许多分泌性蛋白质如生长因子、多肽类激素、细胞因子、可溶性受体，以及非分泌性蛋白质如受体、酶、转录因子的正常基因等可作为治疗基因。

2. 选择携带治疗基因的载体

（1）载体：病毒载体和非病毒载体。

（2）基因治疗所用病毒载体的改造是剔除其复制必需的基

因和致病基因，消除其感染和致病能力。

（3）目前用作基因转移载体的病毒有反转录病毒、腺病毒、腺相关病毒、单纯疱疹病毒等。

1）反转录病毒载体：①有编码反转录酶和整合酶的基因，可将病毒组 RNA 转录为双链 DNA。②其基因转移效率高、细胞宿主范围较广泛、DNA 整合效率高。③产生有感染性病毒的可能，增加了肿瘤发生机会。

2）腺病毒载体：①没有包膜的大分子双链 DNA 病毒，可引起人上呼吸道和眼部上皮细胞的感染。②其安全性高、可用细胞范围广、基因转染效率高、DNA 包被量大。③基因组较大，载体构建过程较复杂；不能长期表达；免疫原性较强，出现免疫系统排斥。

3. 选择基因治疗的靶细胞

（1）基因治疗所采用的靶细胞通常是体细胞，包括病变组织细胞或正常的免疫功能细胞。

（2）选择特点

1）靶细胞要易于从人体内获取，生命周期较长，以延长基因治疗的效应。

2）应易于在体外培养及易受外源性遗传物质转化。

3）离体细胞经转染和培养后回植体内易成活。

4）选择的靶细胞最好具有组织特异性，或治疗基因在某种组织细胞中表达后能够以分泌小泡等形式进入靶细胞。

（3）目前能成功用于基因治疗的靶细胞主要有造血干细胞、淋巴细胞、成纤维细胞、肌细胞和肿瘤细胞等。

1）造血干细胞（HSC）：在骨髓中具有高度自我更新能力的细胞，能分化为其他细胞，保持 DNA 的稳定。

2）皮肤成纤维细胞：易采集、可在体外扩增培养、易移植。

3）肌细胞：有特殊的 T 管系统与细胞外直接相通，利于注射的质粒 DNA 经内吞作用进入。

主治语录：选择治疗基因是基因治疗的关键。

4. 将治疗基因导入人体

（1）基因递送

1）间接体内疗法：将需要接受基因的靶细胞从体内取出，在体外培养繁殖，将携带有治疗基因的载体导入细胞内，繁殖扩大后再回输体内。

2）直接体内疗法：外源基因直接注入体内的组织器官。

（2）基因导入细胞

1）生物学法：病毒载体所介导的基因导入是通过病毒感染细胞实现的。

2）非生物学法：将治疗基因表达载体导入细胞内或直接导入人体内。

5. 治疗基因表达的检测方法较多

（1）无论以何种方法导入基因，都需要检测这些基因是否能被正确表达。

（2）方法：PCR、RNA 印迹、蛋白质印迹及 ELISA 等。

三、基因治疗的医学应用

1. 单基因遗传病的基因治疗

（1）只受一对等位基因影响而发生的疾病属于单基因遗传病。设计基因治疗方案相对容易，例如镰状细胞贫血、血友病等。

（2）通过一定的方法把正常的基因导入到患者体内，表达出正常的功能蛋白。

2. 针对多基因病的基因治疗

（1）动脉粥样硬化、糖尿病的发生是多个基因相互作用的结果，并受环境因素影响，基因治疗的效果还有待于基础研究的突破。

（2）恶性肿瘤基因的治疗：针对癌基因表达的各种基因沉默、针对抑癌基因的基因增补、针对肿瘤免疫反应的细胞因子基因导入和针对肿瘤血管生成的基因失活等。

四、基因治疗问题

1. 缺乏高效、靶向性的基因转移系统。

2. 缺乏切实有效的治疗靶基因。

3. 对治疗基因的表达还无法做到精确调控，也无法保证其安全性。

4. 缺乏准确的疗效评价。

历年真题

下述关于基因工程与医学之间的关系正确的是

A. 有助于发展新药

B. 有利于新的遗传疾病的发现，但对其治疗无实质意义

C. 利用 RNA 诊断来鉴定遗传疾病

D. 基因治疗就是导入内源性基因以便于纠正其基因缺陷

E. 基因治疗实验常选用人生殖细胞

参考答案：A

第二十七章　组学与系统生物医学

核心问题

1. 基因组学。
2. 基因病。

内容精要

生物遗传信息的传递具有方向性和整体性的特点。组学从组群或集合的角度检视遗传信息传递链中各类分子（DNA、RNA、蛋白质、代谢物等）的结构与功能以及它们之间的联系。按照生物遗传信息流方向，可将组学分为基因组学、转录物组学、蛋白质组学、代谢组学等层次。

第一节　基因组学

基因组的本质是DNA/RNA。

一、结构基因组学揭示基因组序列信息

1. 人类基因组草图

（1）遗传作图就是绘制连锁图

1）是确定连锁的遗传标志位点在一条染色体上的排列顺序

以及它们之间的相对遗传距离。

2）常用遗传标志有限制性片段长度多态性、可变数目串联重复序列和单核苷酸多态性。

（2）物理作图：以物理尺度（bp 或 kb）标示遗传标志在染色体上的实际位置和它们间的距离，是在遗传作图基础上绘制的更为详细的基因组图谱，包括荧光原位杂交图、限制性酶切图及克隆重叠群图。

主治语录：物理图谱反映的是 DNA 序列上两点之间的实际距离，而遗传图谱则反映这两点之间的连锁关系。

（3）通过 EST 文库绘制转录图谱：将 mRNA 反转录合成的 cDNA 片段作为探针与基因组 DNA 进行分子杂交，标记转录基因，就可以绘制出可表达基因的转录图谱。

（4）构建序列图谱

1）BAC 克隆系。BAC 载体是一种装载较大片段 DNA 的克隆载体系统，用于基因文库构建。

2）鸟枪法测序。

二、比较基因组学鉴别基因组的相似性和差异性

1. 种间比较基因组学

（1）阐明物种间基因组结构的异同。

（2）通过比较不同亲缘关系物种的基因组序列，可以鉴别出编码序列、非编码（调控）序列及特定物种独有的基因序列。

2. 种内比较基因组学

（1）阐明群体内基因组结构的变异和多态性。

（2）同种群体内各个个体基因组存在大量的变异和多态性，这种基因组序列的差异构成了不同个体与群体对疾病的易感性和对药物、环境因素等不同反应的分子遗传学基础。

三、功能基因组学系统

1. 鉴定 DNA 序列中的基因　主要采用计算机技术进行全基因组扫描，鉴定内含子与外显子之间的衔接，寻找全长可读框（ORF），确定多肽链编码序列。

2. 通过 BLAST 等程序搜索同源基因　同源基因在进化过程中来自共同的祖先，因此通过核苷酸或氨基酸序列的同源性比较，就可以推测基因组内相似基因的功能。

3. 通过实验验证基因功能　包括转基因、基因过表达、基因敲除或基因沉默等方法。

4. 通过转录物组和蛋白质组描述基因表达模式。

四、ENCODE 计划

人类基因组计划（HGP）提供了人类基因组的序列信息，并定位了大部分蛋白质编码基因。

1. ENCODE 计划是 HGP 的延续与深入　DNA 元件百科全书（ENCODE）计划目标是识别人类基因组的所用功能元件，包括蛋白质编码基因、各类 RNA 编码序列、转录调控元件以及介导染色体结构和动力学元件等。

2. ENCODE 计划已取得重要阶段性成果。

第二节　转录物组学

一、概述

1. 转录物组是指生命单元所能转录出来的全部转录本，包括 mRNA、rRNA、tRNA 和其他非编码 RNA。

2. 转录物组受到内外多种因素的调节，是动态可变的，可揭示不同物种、不同个体、不同细胞、不同发育阶段和不同生理病理状态下的基因差异表达的信息。

二、功能

转录物组学能全面分析基因表达谱，有助于阐明生物体或细胞在特定生理或病理状态下表达的所有种类的 RNA 及其功能。

三、转录物组的研究技术

1. 微阵列

（1）微阵列是大规模基因组表达谱研究的主要技术。

（2）同时测定成千上万个基因的转录活性，甚至可以对整个基因组的基因表达进行对比分析。

2. 基因表达系列分析（SAGE）

（1）基本原理：来自 cDNA 3′-端特定位置 9～10bp 长度的序列所含有的足够信息鉴定基因组中的所有序列。

（2）锚定酶（AE）和位标酶（TE）：这两种限制性内切酶切割 DNA 分子的特定位置，分离 SACE 标签，并将这些标签串联起来，然后对其进行测序。

（3）全面提供生物体基因表达谱信息，定量比较不同状态下组织或细胞的所有差异表达基因。

3. 大规模平行信号测序系统（MPSS）

（1）以序列测定为基础的高通量基因表达谱分析技术。

（2）原理是能够特异识别每个转录信息的序列信号来定量地大规模平行测定相应转录子的表达水平。

（3）MPSS 所测定的基因表达水平是以计算 mRNA 拷贝数为基础的，是一个数字表达系统。

四、转录物组测序和单细胞转录物组分析

1. 高通量转录物组测序　转录物组测序即 RNA 测序，研究对象为特定细胞在某一功能状态下所转录出来的所有 RNA。

2. 单细胞转录物组　不同类型的细胞具有不同的转录物组表型，并决定细胞的最终命运。单细胞转录组分析有助于深入理解细胞分化、细胞重新编程及转分化等过程。

主治语录：高通量转录物组测序是获得基因表达调控信息的基础；单细胞转录物组有助于解析单个细胞行为的分子基础。

第三节　蛋白质组学

一、蛋白质组学

1. 蛋白质组是指细胞、组织或机体在特定时间和空间上表达的所有蛋白质。

2. 蛋白质组学以所有这些蛋白质为研究对象，分析细胞内动态变化的蛋白质组成表达水平与修饰状态，了解蛋白质之间的相互作用与联系，并在整体水平上阐明蛋白质调控的活动规律，故又称为全景式蛋白质表达谱分析。

3. 结构蛋白质组学是关于蛋白质表达模式的研究；功能蛋白质组学是关于蛋白质功能模式的研究。

4. 蛋白质鉴定

（1）蛋白质种类和结构鉴定是蛋白质组研究的基础。

（2）翻译后修饰的鉴定有助于蛋白质功能的阐明。

5. 蛋白质功能

（1）各种蛋白质均需要鉴定其基本功能特性。

（2）蛋白质相互作用研究是认识蛋白质功能的重要内容。

主治语录：蛋白质鉴定是蛋白质组学的基本任务，蛋白质功能确定是蛋白质组学的根本目的。

二、蛋白质组研究的常用技术

主要的两条技术路线：①基于双向凝胶电泳（2-DE）分离为核心的研究路线。②基于液相色谱（LC）分离为核心的技术路线。其中，质谱是研究路线中不可缺少的技术。

1. 2-DE-MALDI-MS 根据等电点和分子量分离鉴别蛋白质

（1）2-DE 是分离蛋白质的有效方法，也是分离蛋白质最基本的方法。

（2）MALGI-MS 鉴定 2-DE 胶内蛋白质点

1）MS 是通过测定样品离子的质荷比来进行成分和结构分析的方法。

2）基质辅助激光解吸附离子化（MALDI）：基本原理是将样品和小分子基质混合供结晶，用不同波长的激光照射晶体时，基质分子所吸收能量转移至样品分子，形成带电离子并进入 MS 进行分析。

利用质谱技术鉴别蛋白质的方法：①肽质量指纹图谱（PMF）和数据库搜索匹配。②肽段串联质谱（MS/MS）的信息与数据库搜索匹配。

2. LC-ESI-MS 通过液相层析技术分离鉴定蛋白质

（1）层析分离肽混合物

1）一维液相分离：一般采用强阳离子交换层析，利用肽段所带电荷数差异进行分离。

2）二维液相分离：常常选择纳升反相层析，利用肽段的疏水性差异进行分离。

（2）电喷雾串联质谱（ESI）鉴定肽段：基本原理是利用高电场使 MS 进样端的毛细管柱流出的液滴带电，带电液滴在电场中飞向与其所带电荷相反的电势一侧。

第四节　代 谢 组 学

代谢组学是测定一个生物/细胞中所有的小分子组成，描绘其变化规律，建立系统代谢图谱，并确定这些变化与生物的联系。

一、代谢组学的任务

分析生物/细胞代谢产物的全貌。

二、代谢组学的层次

1. 代谢物靶标分析　对某个或某几个特定组分进行分析。

2. 代谢谱分析　对一系列预先设定的目标代谢物进行定量分析。如某一类结构、性质相关的化合物或某一代谢途径中所有代谢物或一组由多条代谢途径共享的代谢物进行定量分析。

3. 代谢组学　对某一生物或细胞所有代谢物进行定性和定量分析。

4. 代谢指纹分析　不分离鉴定具体单一组分，而是对代谢物整体进行高通量的定性分析。

三、主要分析工具

1. 核磁共振（NMR）　是当前代谢组学研究中的主要技术。

2. MS　按质荷比进行各种代谢物的定性或定量分析，可以得到相应的代谢产物谱。

3. 色谱-质谱联用技术　联用技术使样品的分离、定性、定量一次完成，具有较高的灵敏度和选择性。

主治语录：核磁共振、色谱及质谱是代谢组学的主要分析工具。

第五节　其他组学

一、糖组学

研究生命体聚糖多样性及其生物学功能。

1. 糖组学分为结构糖组学和功能糖组学两个分支　糖组是指单个个体的全部聚糖，糖组学则对糖组（主要针对糖蛋白）进行全面的分析研究。

2. 色谱分离/质谱鉴定和糖微阵列技术是糖组学研究的主要技术。

3. 糖组学与肿瘤的关系密切　目前，2-DE 用于鉴定糖蛋白差异。已报道有多种血清糖蛋白可作为肾细胞癌、乳腺癌、结直肠癌等的标志物。

主治语录：糖组学主要研究对象为聚糖，重点研究糖与糖之间、糖与蛋白质之间、糖与核酸之间的联系和相互作用。

二、脂组学

脂组学就是对生物样本中脂质进行全面系统的分析，进而揭示其生命活动和疾病中发挥的作用。

1. 脂组学是代谢组学的一个分支　脂组学研究生物体内的所有脂质分子，可根据此推测与脂质作用的生物分子的变化，了解脂质在生命活动中的作用。

2. 脂组学研究的三大步骤

（1）样品分离：脂质从细胞、血浆、组织等样品中提取。可采用氯仿、甲醇及其他有机溶剂的混合溶液。

（2）脂质鉴定：常规技术有薄层色谱（TLC）、气相色谱-质谱联用（GC-MS）、电喷雾质谱（ESL/MS）等。

（3）数据库检索。

3. 脂组学研究可促进脂质生物标志物的发现和疾病诊断。

主治语录：脂组学是对生物样本中脂质进行全面系统的分析并从代谢水平阐明与生命过程的有机联系。

第六节　系统生物医学及其应用

一、系统生物医学

1. 概述　系统生物医学是以整体性研究为特征的一种整合科学，强调机体组成要素和表型的整体性。

2. 系统生物医学将极大地推动现代医学科学的发展，如，应用代谢组学的生物指纹预测冠心病患者的危险程度和肿瘤的诊断、基因多态性图谱预测患者对药物的应答、表型组学的细胞芯片和代谢组学的生物指纹用于新药的发现和开发。

二、分子医学是发展现代学科学的重要基础

1. 疾病基因组学阐明发病的分子基础

（1）疾病基因与疾病易感性的遗传学基础是疾病基因组学研究的两大任务。

（2）SNP 是疾病易感性的重要遗传学基础。

2. 药物基因组学揭示遗传变异对药物效能和毒性的影响

（1）药物基因组学是功能基因组学与分子药理学的有机结合。

（2）使药物治疗模式由诊断定向治疗转为基因定向治疗。

3. 疾病转录物组学阐明疾病发生机制并推动新诊治方式的进步　疾病转录物组学是通过比较研究正常和疾病条件下或疾病不同阶段基因表达的差异情况，从而为阐明复杂疾病的发生发展机制、筛选新的诊断标志物、鉴定新的药物靶点、发展新

的疾病分子分型技术，以及开展个体化治疗提供理论依据。

4. 疾病蛋白质组学发现和鉴别药物新靶点。

5. 医学代谢组学提供新的疾病代谢物标志物　通过对某些代谢产物进行分析，并与正常人的代谢产物比较，可发现和筛选出疾病新的生物标志物，对相关疾病作出早期预警，并发展新的有效的疾病诊断方法。

三、精准医学

1. 目的　全面推动个体基因组研究，依据个人基因组信息"量体裁衣"式制定最佳的个性化治疗方案，以期达到疗效最大化和副作用最小化。

2. 目标　短期：癌症治疗；长期：健康管理。

四、转化医学

核心：是要在实验室和病床之间架起一条快速通道。

主治语录：系统生物医学应用系统生物学原理与方法研究人体（包括模式动物）生命活动的本质、规律以及疾病发生发展机制。

历年真题

下列说法中错误的是

A. 生物遗传信息的传递具有方向性

B. 基因组学是阐明整个基因组结构、功能以及基因之间相互作用的科学

C. 二维电泳和多维色谱是分离蛋白质组的有效方法

D. 糖组学主要研究对象为单糖

E. 系统生物医学研究有助于发现新的有效的疾病预测、预防、诊断和治疗方法

参考答案：D